预拌混凝土应用技术

袁兴龙　杨绍林　易　鹏　杨　雄　主　编
杜新林　顾崇喜　郭　靖　段　威　赵　飞　锁春晖　副主编

中国建筑工业出版社

图书在版编目（CIP）数据

预拌混凝土应用技术 / 袁兴龙等主编；杜新林等副主编. —北京：中国建筑工业出版社，2023.9

ISBN 978-7-112-28985-1

Ⅰ. ①预… Ⅱ. ①袁… ②杜… Ⅲ. ①预搅拌混凝土 Ⅳ. ① TU528.52

中国国家版本馆 CIP 数据核字（2023）第 142442 号

我国预拌混凝土的应用已有40余年的历程，由于其生产快速、使用方便，从最早的城市城区建设应用发展到目前的农村建设应用，已成为大小建设工程首选的工程结构材料。预拌混凝土的应用对环保治理作出了巨大贡献，对推动和加快我国基础设施建设发挥了重要作用。本书共9章，分别为：第 1 章 概述；第 2 章 预拌混凝土常用原材料；第 3 章 预拌混凝土的性能与试验；第 4 章 预拌混凝土生产质量管理；第 5 章 预拌混凝土施工质量控制；第 6 章 混凝土强度试件留置与评定；第 7 章 结构实体混凝土强度检验技术；第 8 章 混凝土常见质量问题分析与防治；第 9 章 典型案例。本书按照国家现行标准规范编写，对行业相关人员有较大的指导作用。

责任编辑：张 磊
文字编辑：王 治
责任校对：张 颖
校对整理：赵 菲

预拌混凝土应用技术

袁兴龙 杨绍林 易 鹏 杨 雄 主 编
杜新林 顾崇喜 郭 靖 段 威 赵 飞 锁春晖 副主编

*

中国建筑工业出版社出版、发行（北京海淀三里河路9号）
各地新华书店、建筑书店经销
北京建筑工业印刷有限公司制版
建工社（河北）印刷有限公司印刷

*

开本：787毫米×1092毫米 1/16 印张：$18^3/_4$ 字数：352千字
2023年12月第一版 2023年12月第一次印刷
定价：**68.00**元

ISBN 978-7-112-28985-1
（41613）

本书编委会

主　　编　袁兴龙　杨绍林　易　鹏　杨　雄

副 主 编　杜新林　顾崇喜　郭　靖　段　威　赵　飞　锁春晖

参编人员　李志鹏　韩红明　潘　伟　桑朝阳　王红亮　冷秀辉　杨绍梁　邹宇良　耿志刚　王　超　袁青波　陈　佳　李军生　郭庆申　葛三刚　王数祥　姚　磊　李祥河　王广亮　沈　鹏　邱迎春　张朝政　陈　鹏　胡光华　方　伟　姚　磊　张晓辉　刘玉彬　孟繁华　李长富　陈景宪　朱彦伟　何建勋　孙玉川　郝斐哲　徐炳南　潘振东　郝金龙　高伟锋　张　剑　段海军　曾利军

前　言

我国预拌混凝土的应用已有 40 余年的历程，由于其生产快速、使用方便，从最早的城市城区建设应用发展到目前的农村建设应用，已成为大小建设工程首选的工程结构材料。

预拌混凝土是一种特殊的半成品建材，其生产与应用一般是由两个独立经营的组织分别完成，因此其最终成品的质量与供需双方是否严格按照相关标准规范进行控制息息相关。但是，由于供需双方所处的角度和利益不同，当应用后结构实体发生质量问题时，常常公说公有理婆说婆有理，发生的纠纷较多。究其原因，主要是预拌混凝土自身质量和施工质量都有可能造成问题的发生，而且有的质量问题往往与多种因素有关。从众多工程实际施工情况来看，如常见的结构裂缝问题，主要是与养护不当、配筋不合理、坍落度过大、往拌合物中加水、拆模过早、环境条件等关系很大。最明显的是养护环节，如果混凝土浇筑后好好保温保湿养护几天，不仅能大大减少结构裂缝问题的产生，而且混凝土的强度和耐久性能将有明显提高。因此，好好养护与不养护对建筑物的使用寿命影响很大。

关于回弹强度“不合格”问题，主要是混凝土表面碳化层变了。如今的混凝土碳化后，其表面并未生成以碳酸钙为主的“硬壳”，反而变“软”了。这种异常碳化现象本来回弹值就偏低，若不顾事实地仍以折减的方式进行强度修正，则碳化深度越深，误差越大，所推定的强度比结构实体强度低 10MPa 以上也屡见不鲜，但采用钻芯法基本都合格。该问题在本书第 7 章中进行了浅析，可供读者参考。

本书是以预拌混凝土应用环节的施工质量控制为目标进行编写，全书共分 9 章。内容包括：概述、预拌混凝土常用原材料、预拌混凝土的性能与试验、预拌混凝土生产质量管理、预拌混凝土施工质量控制、混凝土强度试件留置与评定、结构实体混凝土强度检验技术、混凝土常见质量问题分析与防治、典型案例。典型案例章节汇总了编者多年来遇到的一些与预拌混凝土相关的实际案例，内容包括预拌混凝土的生产、施工、结构实体强度检测及仪器设备等引发的问题、不合格或事故，使本书更具实用性。

本书可供建筑工程施工、监理各级人员参考，也可供混凝土企业技术、销售等人员参考。

本书在编写过程中，得到了河南神力混凝土有限公司及其下属子公司的鼎力支持与帮助，在此表示衷心的感谢。

由于编者水平有限，书中难免有不足之处，恳请专家和读者批评指正。

编者

2024 年 1 月

目　　录

第1章　概述 …… 1

1.1　预拌混凝土的概念及优点 …… 1

1.1.1　概念 …… 1

1.1.2　优点 …… 1

1.2　预拌混凝土的分类、性能等级及标记 …… 2

1.2.1　分类 …… 2

1.2.2　性能等级 …… 3

1.2.3　标记 …… 4

1.3　术语和定义 …… 5

1.4　我国预拌混凝土的发展概况 …… 7

1.5　影响我国预拌混凝土行业发展的一些问题 …… 9

第2章　预拌混凝土常用原材料 …… 11

2.1　水泥 …… 11

2.1.1　概述 …… 11

2.1.2　水泥熟料的主要矿物组成 …… 13

2.1.3　通用硅酸盐水泥 …… 14

2.2　骨料 …… 18

2.2.1　概述 …… 18

2.2.2　术语 …… 19

2.2.3　质量要求 …… 20

2.3　拌合用水 …… 27

2.3.1　拌合用水对混凝土性能的影响 …… 27

2.3.2 技术要求……28
2.4 矿物掺合料……29
2.4.1 粉煤灰……29
2.4.2 矿渣粉……34
2.4.3 硅灰……35
2.4.4 石灰石粉……37
2.5 混凝土外加剂……39
2.5.1 分类……40
2.5.2 术语……40
2.5.3 混凝土外加剂的主要功能……41
2.5.4 对混凝土性能可能产生的负面效应……42
2.5.5 混凝土外加剂的选择、掺量和质量控制……44
2.5.6 常用混凝土外加剂……46
第3章 预拌混凝土的性能与试验……60
3.1 混凝土的组成与分类……60
3.1.1 混凝土的组成……60
3.1.2 混凝土的分类……60
3.2 混凝土的特点……61
3.3 混凝土的主要性能……62
3.3.1 混凝土拌合物性能……62
3.3.2 硬化混凝土性能……64
3.4 混凝土性能要求……68
3.4.1 拌合物性能……68
3.4.2 力学性能……69
3.4.3 长期性能和耐久性能……69
3.5 普通混凝土拌合物性能试验方法……70
3.5.1 基本要求……70
3.5.2 取样……70
3.5.3 坍落度试验……70
3.5.4 扩展度试验……71

3.5.5 倒置坍落度筒排空试验……72
3.5.6 表观密度试验……73

第4章 预拌混凝土生产质量管理……75

4.1 预拌混凝土的生产工艺……75
4.2 预拌混凝土生产设备的基本组成……76
4.2.1 搅拌机……76
4.2.2 物料称量系统……77
4.2.3 物料输送系统……78
4.2.4 物料贮存系统……78
4.2.5 控制系统……78
4.3 原材料管理……78
4.3.1 质量控制……79
4.3.2 检验……83
4.3.3 贮存……84
4.4 配合比控制……84
4.4.1 配合比设计……84
4.4.2 配合比使用控制……86
4.4.3 生产过程调整……86
4.5 生产过程管理……88
4.5.1 供货通知……88
4.5.2 生产前准备……88
4.5.3 计量……89
4.5.4 搅拌……90
4.5.5 出厂质检……91
4.5.6 运输……94
4.6 交货检验……95
4.7 供货量……97
4.8 合格评定……97
4.9 供货协作……98
4.10 技术资料……99

第 5 章　预拌混凝土施工质量控制 …… 101

5.1　施工准备 …… 101
5.2　浇筑 …… 102
5.3　振捣 …… 107
5.4　养护 …… 108
5.5　模板安装及拆除 …… 109
5.6　混凝土施工缝与后浇带 …… 111
5.7　大体积混凝土裂缝控制 …… 112
5.8　质量检查 …… 114
5.9　混凝土缺陷修整 …… 115
5.10　冬期施工质量控制 …… 117
5.10.1　一般规定 …… 117
5.10.2　混凝土原材料加热、搅拌、运输和浇筑 …… 119
5.10.3　混凝土养护 …… 120
5.10.4　混凝土养护方法 …… 121
5.10.5　混凝土质量控制及检查 …… 122
5.10.6　混凝土的热工计算 …… 124
5.11　高温施工质量控制 …… 127
5.12　雨期施工质量控制 …… 129
5.13　水下混凝土灌注桩施工质量控制 …… 130
5.13.1　施工与技术要求 …… 130
5.13.2　注意事项 …… 131

第 6 章　混凝土强度试件留置与评定 …… 133

6.1　强度等级的概念 …… 133
6.2　评定方法 …… 134
6.3　分批评定原则 …… 134
6.4　混凝土试件的留置与强度检验 …… 135
6.4.1　取样 …… 135
6.4.2　试件的制作与养护 …… 136

6.4.3 试件的强度检验……139
6.4.4 同条件养护试件强度检验……139
6.5 混凝土强度检验评定……140
6.5.1 总则……140
6.5.2 基本规定……141
6.5.3 混凝土强度的检验评定……141

第7章 结构实体混凝土强度检验技术……144

7.1 回弹法……145
7.1.1 概述……145
7.1.2 影响回弹法准确性的因素……147
7.1.3 回弹法检测相关的论述与实践经验……151
7.1.4 回弹法检验混凝土抗压强度技术……154
7.1.5 高强混凝土强度检测技术……171
7.2 钻芯法……182
7.2.1 总则……184
7.2.2 术语……184
7.2.3 检测设备……185
7.2.4 芯样钻取……186
7.2.5 芯样加工和试件……186
7.2.6 抗压强度检测……187
7.2.7 推定区间系数表……190
7.3 回弹—钻芯法……191

第8章 混凝土常见质量问题分析与防治……194

8.1 引发混凝土质量问题的主要因素……194
8.1.1 人……195
8.1.2 机……197
8.1.3 料……199
8.1.4 法……202
8.1.5 环……209

8.1.6 小结……209
8.2 混凝土结构裂缝……210
8.2.1 裂缝的类型……211
8.2.2 有害裂缝与无害裂缝……211
8.2.3 产生裂缝的原因……212
8.2.4 混凝土结构裂缝的防治……215
8.2.5 混凝土结构裂缝的处理……219
8.2.6 混凝土裂缝修补效果检验……226
8.3 混凝土亏方……227
8.3.1 不同结算方式对供需双方的利弊分析……227
8.3.2 解决纠纷的方法……229
8.4 混凝土表面起粉、起砂……230
8.4.1 起粉、起砂现象……230
8.4.2 起粉、起砂原因分析……230
8.4.3 预防措施……232
8.4.4 处理方法……233
8.4.5 注意事项……234
8.4.6 小结……234
8.5 混凝土凝结时间异常……234
8.5.1 异常凝结的区别……234
8.5.2 原因分析……235
8.5.3 预防措施……236
8.6 混凝土强度不足……237
8.6.1 “真不合格”原因分析及预防措施……237
8.6.2 “假不合格”原因分析及预防措施……239
8.6.3 小结……243
8.7 水下灌注桩断桩……243
8.7.1 预防断桩措施……243
8.7.2 断桩处理方法……244
8.8 混凝土离析与泌水……245
8.8.1 产生的原因……246

8.8.2 对施工的影响……246
8.8.3 对结构实体的影响……246
8.8.4 防治与处理方法……247
8.9 混凝土堵管……248
8.9.1 一般要求……248
8.9.2 预防堵管的措施……249
8.10 混凝土色差……250

第9章 典型案例……253

9.1 案例1 简析一起回弹法引发的混凝土结构质量纠纷……253
9.1.1 引言……253
9.1.2 工程概况……254
9.1.3 回弹法检测……254
9.1.4 钻芯法检测……256
9.1.5 问题处理……259
9.1.6 检测结果分析……259
9.1.7 总结与思考……260
9.2 案例2 楼板裂缝事故引发四百余万元索赔官司……261
9.2.1 案情起因……261
9.2.2 案情发展……262
9.2.3 需方起诉……263
9.2.4 供方反诉……263
9.2.5 法院判决……266
9.2.6 官司感想……267
9.3 案例3 水下灌注桩发生断桩事故的经验与教训……267
9.3.1 事故情况……267
9.3.2 堵管原因……268
9.3.3 处理方法……268
9.3.4 经验教训……268
9.3.5 配合与沟通……269
9.4 案例4 混凝土浇筑“两掺”引发的质量纠纷……270

9.4.1 案例情况……270
9.4.2 质量追溯……270
9.4.3 处理情况……271
9.4.4 结语……271
9.5 案例5 压力试验机问题导致的混凝土抗压强度不合格……271
9.5.1 案情简介……271
9.5.2 查找原因……271
9.5.3 问题处理……272
9.5.4 结语……272
9.6 案例6 润管砂浆集中浇入主体结构导致质量事故……272
9.6.1 案情简介……272
9.6.2 原因分析……273
9.6.3 原因确定……273
9.6.4 事故处理……273
9.6.5 经验教训……274
9.7 案例7 超长地下室墙体裂缝成因与处理……274
9.7.1 案情描述……274
9.7.2 原因分析……274
9.7.3 事故处理……275
9.7.4 经验总结……276
9.8 案例8 模板问题导致的混凝土结构质量缺陷……276
9.8.1 案情描述……276
9.8.2 原因分析……276
9.8.3 问题处理……277
9.8.4 结语……278
9.9 案例9 混凝土拌合物稠度异常损失导致泵送堵管……278
9.9.1 案情描述……278
9.9.2 原因分析……278
9.9.3 确定原因……278
9.9.4 总结……279
9.10 案例10 随意调整投料时间导致结构质量事故……279

9.10.1 事故简介……279
9.10.2 事故追溯……280
9.10.3 确定原因……280
9.10.4 事故处理……280
9.10.5 经验教训……281

参考文献……282

第1章 概　　述

我国预拌混凝土行业起始于20世纪70年代末期，20世纪90年代开始获得蓬勃发展。预拌混凝土从无到有，生产规模从小到大，技术从落后到先进，经历了40余年的发展历程。预拌混凝土的应用对环保治理作出了巨大的贡献，对推动和加快我国基础设施建设发挥了重要的作用。

1.1 预拌混凝土的概念及优点

1.1.1 概念

预拌混凝土是指由水泥、骨料、水以及根据需要掺入的外加剂、矿物掺合料等组分按一定比例，在搅拌站经计量、拌制后出售并采用运输车运至使用地点的混凝土拌合物。预拌混凝土多作为商品出售，故也称商品混凝土。

预拌混凝土是城市发展和施工技术进步的产物，是从过去施工现场搅拌脱离出来推向市场，在工厂集中搅拌再运送到建筑工地，成为需方根据工程结构设计要求向供方采购的一种半成品建筑材料。

1.1.2 优点

混凝土集中搅拌有利于采用先进的工艺技术，实行专业化生产管理。设备利用率高，计量准确，产品质量好、材料消耗少、工效高、成本较低，又能改善劳动条件，减少环境污染。

1. 环保

预拌混凝土搅拌站主要设置在城市边缘区域，相对于施工现场搅拌的传统工艺减少了粉尘、噪声、污水等对环境的污染，改善了市民工作和居住环境。随着预拌混凝土行业的发展和壮大，在工业废渣和废弃物处理及综合利用方面发挥了很大的作用，预拌混凝土的应用对环保治理作出重大贡献。

2. 半成品

预拌混凝土是一种特殊的建筑材料。在交货时是塑性、流态状的，因此实际上是“半成品”。在所有权转移后，还需要使用方精心施工才能成为满足设计要求的成品。

3. 质量稳定

过去的施工现场搅拌一般都是临时性设施，生产条件差，搅拌设备少且计量精度不高，质量难以保证。而集中预拌的生产方式便于管理，专业化、精细化程度高，生产设备大且配置先进，计量较精确，拌合物搅拌较均匀，有专项试验室和专职的质量检验及管理人员，使混凝土质量更稳定可靠。

4. 利于技术进步

随着混凝土工程的大型化、多功能化、施工与应用环境的复杂化、应用领域的扩大化以及资源与环境的优化，人们对传统的混凝土材料提出了更高的要求。而预拌混凝土生产集中、规模大、便于管理；试验设备较齐全，生产人员水平相对较高，有利于新技术、新材料的推广应用，特别有利于散装水泥、外加剂和矿物掺合料的推广应用，这是提高混凝土性能的必要条件，基本能够生产满足工程设计各种要求的混凝土，同时节约资源和能源。

5. 提高工效

预拌混凝土大规模的现代化生产技术和大方量的连续灌装运送，满足了采用泵送工艺的施工浇筑，不仅提高了生产效率，施工效率也得到了很大提高，大大缩短了在建工程的工期，使投资更快产生效益。

6. 利于文明施工

应用预拌混凝土后，减少了施工现场建筑材料的运输和堆放，明显改变了施工现场脏、乱、差现象。当施工现场场地较为狭窄时，这一作用更显示出其优越性，施工文明程度得到了根本性提高。

1.2 预拌混凝土的分类、性能等级及标记

1.2.1 分类

预拌混凝土分为常规品和特制品。

1. 常规品

常规品应为除表 1-1 特制品以外的普通混凝土，代号 A，混凝土强度等级代号 C。

2. 特制品

特制品代号 B，包括的混凝土种类及其代号应符合表 1-1 的规定。

特制品的混凝土种类及其代号 **表 1-1**

混凝土种类	高强混凝土	自密实混凝土	纤维混凝土	轻骨料混凝土	重混凝土
混凝土种类代号	H	S	F	L	W
强度等级代号	C	C	C（合成纤维混凝土） CF（钢纤维混凝土）	LC	C

1.2.2 性能等级

1. 混凝土强度等级划分

混凝土强度等级应划分为：C10、C15、C20、C25、C30、C35、C40、C45、C50、C55、C60、C65、C70、C75、C80、C85、C90、C95 和 C100。

2. 混凝土拌合物坍落度和扩展度的等级划分（表 1-2）

混凝土拌合物的坍落度、扩展度等级划分 **表 1-2**

坍落度		扩展度	
等级	坍落度（mm）	等级	扩展直径（mm）
S1	10～40	F1	≤ 340
S2	50～90	F2	350～410
S3	100～150	F3	420～480
S4	160～210	F4	490～550
S5	≥ 220	F5	560～620
—	—	F6	≥ 630

3. 混凝土耐久性能的等级划分（表 1-3～表 1-6）

混凝土抗冻性能、抗水渗透性能和抗硫酸盐侵蚀性能的等级划分 **表 1-3**

抗冻等级（快冻法）		抗冻等级（慢冻法）	抗渗等级	抗硫酸盐等级
F50	F250	D50	P4	KS30
F100	F300	D100	P6	KS60
F150	F350	D150	P8	KS90
F200	F400	D200	P10	KS120
＞ F400		＞ D200	P12	KS150
			＞ P12	＞ KS150

混凝土抗氯离子渗透性能（84d）的等级划分（RCM 法）　　表 1-4

等级	RCM-Ⅰ	RCM-Ⅱ	RCM-Ⅲ	RCM-Ⅳ	RCM-Ⅴ
氯离子迁移系数 D_{RCM}（RCM法）（$\times10^{-12}m^2/s$）	≥4.5	≥3.5，＜4.5	≥2.5，＜3.5	≥1.5，＜2.5	＜1.5

混凝土抗氯离子渗透性能的等级划分（电通量法）　　表 1-5

等级	Q-Ⅰ	Q-Ⅱ	Q-Ⅲ	Q-Ⅳ	Q-Ⅴ
电通量 Q_S（C）	≥4000	≥2000，＜4000	≥1000，＜2000	≥500，＜1000	＜500

注：混凝土试验龄期宜为 28d。当混凝土中水泥混合材与矿物掺合料之和超过胶凝材料用量的 50% 时，测试龄期可为 56d。

混凝土抗碳化性能的等级划分　　表 1-6

等 级	T-Ⅰ	T-Ⅱ	T-Ⅲ	T-Ⅳ	T-Ⅴ
碳化深度 d（mm）	$d\geq30$	$20\leq d<30$	$10\leq d<20$	$0.1\leq d<10$	$d<0.1$

1.2.3 标记

1. 预拌混凝土标记应按下列顺序：

（1）常规品或特制品的代号，常规品可不标记；

（2）特制品混凝土种类的代号，兼有多种类情况可同时标出；

（3）强度等级；

（4）坍落度控制目标值，后附坍落度等级代号在括号中；自密实混凝土应采用扩展度控制目标值，后附扩展度等级代号在括号中；

（5）耐久性等级代号，对于抗氯离子渗透性能和抗碳化性能，后附设计值在括号中；

（6）《预拌混凝土》标准号：GB/T 14902—2012。

2. 标记示例

示例 1：采用通用硅酸盐水泥、河砂（也可是人工砂或海砂）、石、矿物掺合料、外加剂和水配制的普通混凝土，强度等级为 C50，坍落度为 180mm，抗冻等级为 F200，抗氯离子渗透性能电通量 Q_S 为 1000C，其标记为：

A-C50-180（S4）-F200 Q-Ⅲ（1000）-GB/T 14902

示例 2：采用通用硅酸盐水泥、砂（也可是陶砂）、陶粒、矿物掺合料、外加剂、合成纤维和水配制的轻骨料纤维混凝土，强度等级为 LC30，坍落度为 180mm，抗渗等级为 P8，抗冻等级为 F200，其标记为：

B-LF-LC30-180（S4）-P8F200-GB/T 14902

1.3 术语和定义

1. 预拌混凝土

由水泥、骨料、水及根据需要掺入的外加剂、矿物掺合料等组分按一定比例计量，在搅拌站（楼）生产，通过运输设备运送至使用地点，交货时为拌合物的混凝土。

2. 普通混凝土

干表观密度为2000～2800kg/m^{3}的混凝土。

3. 轻骨料混凝土

用轻粗骨料、轻细骨料或普通细骨料等配制的干表观密度小于1950kg/m^{3}的混凝土。

4. 重混凝土

用较重的粗细骨料配制的干表观密度大于2800kg/m^{3}的混凝土，如钢屑、重晶石、褐铁矿石等。

5. 高强混凝土

强度等级不低于C60的混凝土。

6. 超高强混凝土

强度等级不低于C100的混凝土。

7. 抗渗混凝土

抗渗等级等于或大于P6级的混凝土。

8. 抗冻混凝土

抗冻等级等于或大于F50级的混凝土。

9. 泵送混凝土

混凝土拌合物的坍落度不低于100mm并用泵送施工的混凝土。

10. 大体积混凝土

混凝土结构物实体最小尺寸不小于1m的大体量混凝土，或预计会因混凝土中胶凝材料水化引起的温度变化和收缩而导致有害裂缝产生的混凝土。

11. 自密实混凝土

具有高流动度、不离析、均匀性和稳定性，浇筑时依靠其自重流动，无需振捣而达到密实的混凝土。

12. 清水混凝土

直接利用混凝土成形后的自然质感作为饰面效果的混凝土。

13. 再生混凝土

全部或部分采用再生骨料作为骨料配制的混凝土。

14. 补偿收缩混凝土

由膨胀剂或膨胀水泥配制的自应力为 0.2～1.0MPa 的混凝土。

15. 纤维混凝土

掺加钢纤维或合成纤维作为增强抗裂材料的混凝土。

16. 干硬性混凝土

混凝土拌合物的坍落度小于 10mm，且必须用维勃稠度来表示其稠度的混凝土。

17. 塑性混凝土

混凝土拌合物坍落度为 10～90mm 的混凝土。

18. 流动性混凝土

混凝土拌合物坍落度为 100～150mm 的混凝土。

19. 大流动性混凝土

混凝土拌合物坍落度等于或大于 160mm 的混凝土。

20. 胶凝材料

混凝土中水泥和活性矿物掺合料的总称。

21. 胶凝材料用量

每立方米混凝土中水泥用量和活性矿物掺合料用量之和。

22. 矿物掺合料

是指在混凝土搅拌过程中加入的，具有一定细度和活性的辅助胶凝材料，主要有粉煤灰、矿渣粉、天然沸石粉、硅灰及其复合物等。

23. 矿物掺合料掺量

混凝土中矿物掺合料用量占胶凝材料用量的质量百分比。

24. 混凝土外加剂

是一种在混凝土搅拌之前或拌制过程中加入的、用以改善新拌合硬化混凝土性能的材料，其掺量一般小于 5%。

25. 外加剂掺量

以外加剂占水泥（或者总胶凝材料）质量的百分数表示。

26. 水胶比

混凝土中用水量与胶凝材料总量的质量比。

27. 出厂检验

在预拌混凝土出厂前对其质量进行的检验。

28. 交货地点

供需双方在合同中确定的交接预拌混凝土的地点。

29. 交货检验

在交货地点对预拌混凝土质量进行的检验。

1.4 我国预拌混凝土的发展概况

预拌混凝土最早出现于欧洲，到20世纪70年代，世界预拌混凝土的发展进入黄金时期，预拌混凝土在混凝土总产量中已经占有绝对优势。

从20世纪60年代，我国在一些大型水利工程中采用了预拌混凝土，但是由于种种原因，我国预拌混凝土的生产发展比较迟缓。20世纪80年代，仅有北京、上海、广州、天津等一些大城市相继建立了预拌混凝土搅拌站。进入20世纪90年代，随着国民经济和大规模基本建设的发展，促进了预拌混凝土行业的迅速发展。

预拌混凝土在建设工程中大规模的应用是从2003年以后开始的。为节约资源、保护环境，商务部、公安部、建设部、交通部联合发布了《关于限期禁止在城市城区现场搅拌混凝土的通知》（商改发［2003］341号）。该文件要求北京等124个城市城区从2003年12月31日起禁止现场搅拌混凝土，其他省（自治区）、直辖市从2005年12月31日起禁止现场搅拌混凝土。随着该文件的出台，各地政府根据国家政策法规及本地实际情况，也纷纷出台了相关文件，大大推动了我国预拌混凝土行业的快速发展，促进了建设单位和施工单位使用预拌混凝土进行施工，为预拌混凝土的快速健康发展提供了保障。预拌混凝土行业发展至今天，已经进入了一个新的阶段。分述如下：

（1）近年来，一些地区预拌混凝土行业进入第三方物流商业模式。第三方物流就是寻找一家有实力、管理运作规范的物流公司，将混凝土的运输与泵送业务全部分包出去，搅拌站专注于混凝土的生产和技术研发。这种模式在发达地区已广泛运作。

搅拌车和泵车采购投资额大，但实际贡献的利润很少，并且在人、财、物的管理上占据管理者很大的精力，给搅拌站的运营管理造成了负担。随着搅拌站利润率逐渐走低，竞争环境越来越恶劣，搅拌车和泵车分割出去运营的趋势越来越明显。随着一些大型水泥企业加快进入整合下游产业搅拌站，以及搅拌站微利时代到来，第三方物流这一全新的商业模式逐渐成为关注的焦点。

（2）目前我国混凝土行业集中度整体不高，大部分为民营或者私人企业，整个行业存在着企业数量多、规模较小、企业层次较低等情况。行业处于买方市场，企业通过恶性竞争来求得发展，处在“诸侯混战”的时候。行业也没有形成统一的联盟，在买方面前没有话语权，企业在面对恶意拖欠等行业潜规则时显得力不从心。

（3）随着水泥企业集团及建筑施工企业涉足预拌混凝土行业，投资人越来越多元化，在很大程度上改变了行业的竞争格局，正在形成建筑施工企业旗下的混凝土企业、水泥企业集团旗下的混凝土企业和独立于建筑和水泥企业之外的混凝土企业，将逐步形成三足鼎立的局面。区域竞争将更加激烈，预拌混凝土行业也必将优胜劣汰，大鱼吃小鱼的现象将不可避免。

（4）国内搅拌设备、混凝土运输车和泵送设备的技术水平基本达到国际先进水平，国产设备已是混凝土企业的主力设备。

（5）一些混凝土企业已延伸到人工砂石行业或掺合料粉磨厂，混凝土外加剂复配线都是大型混凝土企业的选择，可以提高地区竞争力，增强企业的实力，实现企业利润最大化。

（6）目前，全国各地预拌混凝土绿色发展的积极性很高，已涌现出一批预拌混凝土绿色环保标杆企业。绿色环保站实现工厂式全封装，从外观上看即为一个全封闭的现代化工厂，显著降低了扬尘排放和噪声污染；废水、废料循环使用，基本无废水、废渣排放；造型大气、美观，与周边环境相协调。与普通搅拌站相比，真正做到了环境友好，在环保性能方面有质的飞跃。

绿色环保站的推广，是社会发展必然的结果，也是行业进步的标志。企业经营者应领悟绿色生产技术规程的真正含义，不为检查而应付环保，应该将绿色环保生产工作落实到实处、与“实”俱进，积极引领行业创新升级。

（7）混凝土外加剂技术已经成熟或者趋向成熟，工程实际已经大量使用。随着聚羧酸外加剂价格的走低，聚羧酸外加剂已经大量进入预拌混凝土搅拌站使用。目前，各类国产的混凝土外加剂基本可以满足预拌混凝土的需要。混凝土外加剂企业数量众多，产品已经微利，完全可以为预拌混凝土行业提供质优价廉的产品。

（8）由于行业产能严重过剩，同质化竞争激烈是我国混凝土行业的突出问题。合同回款率不断走低，行业整体应收账款额剧增，回款周期长，企业资金成本增加，资金链断裂风险加剧。

（9）生产企业与产量概况

1994 年，我国预拌混凝土生产企业有 200 余个，年产量 1600 万 m^3；2000 年预拌混凝土生产企业 726 个，年产量 7320 万 m^3，占现浇混凝土总量的 8.7%；2003 年预拌混凝土生产企业增加到 1359 个，年产量 2.2 亿 m^3，但仅占现浇混凝土总量的 15.4%。

随着“禁现”工作的推广和预拌混凝土需求的增加，我国预拌混凝土企业数量大幅增加，供应能力迅速提升。2004 年预拌混凝土生产企业发展到 1720 个，年产量 3.0 亿 m^3；2006 年预拌混凝土生产企业增加到 2195 个，年产量达到 4.8 亿 m^3；到 2010 年，我国预拌混凝土生产企业增加到 5000 多家，年产量达到 10.4 亿 m^3；据不完全统计，截至 2015 年，我国预拌混凝土生产企业达 9600 余家，年设计生产能力 50 多亿 m^3，实际年生产量为 18.1 亿 m^3，产能发挥率不到 40%；2018 年我国 28 个主要省、自治区、市预拌混凝土企业共计 10547 家，预拌混凝土设计生产能力为 68.1 亿 m^3/a，实际年生产量为 25.46 亿 m^3；2021 年，我国预拌混凝土总产量达到了 30.6 亿 m^3。

1.5 影响我国预拌混凝土行业发展的一些问题

在预拌混凝土实际生产和应用过程中，仍存在一些问题。

1. 强度第一

强调水泥、混凝土强度，以强度高低评价水泥、混凝土的“好或差”。认为“抗压强度高的混凝土，其他性能都好，好的水泥和混凝土早期强度高”。这是因为对水泥、混凝土的性能及技术缺乏了解。大量的科学试验和实践证明，混凝土强度高不一定耐久，也不一定安全，抗压强度高其他性能未必也高。为了某种目的而超过工程的需要任意提高混凝土抗压强度是有害的。好的混凝土应是满足工程的各项性能要求和具有最大匀质性、体积稳定而无有害裂缝、便于施工的高性能混凝土。

清华大学廉慧珍教授指出：要转变“强度第一（甚至唯一）”的观念，充分认识到混凝土质量的灵魂是耐久性。

2. 掺入矿物掺合料减少水泥用量会影响混凝土质量

随着混凝土技术的发展，人们开始认识到高强不一定耐久，混凝土应具有耐久性。实践证明，在当前水泥强度不断提高和细度越来越细的情况下，如果没有矿物掺合料，混凝土结构耐久性的问题将无法解决。正确使用矿物掺合料将充分改善混凝土性能。

3. 急于提高混凝土早期强度以加快施工速度

现在不少工程都为了加快施工速度，要求混凝土 3d 强度达到 70%、7d 强度达到 90% 以上，甚至 100%。这恰是混凝土结构早期开裂和耐久性下降的主要原因。这样的混凝土，即使早期由于采取某种措施而有幸没有出现严重的可见裂缝，却掩盖不了增加微观裂缝的事实。混凝土有其自身的发展规律，违反了发展规律即会给混凝土质量带来影响。因此必须转变观念，尊重科学，主观意志要符合客观规律，才能使混凝土结构质量得到保证。

4. 高强混凝土必须用高强水泥

其实这是一个“古老”的问题了。在 20 世纪 70 年代初，我国水泥标准最高强度是 500 号，相当于今天 32.5 级的水泥。当配制高强混凝土时，许多人表示不解，认为水泥强度等级应该比混凝土强度等级高，因为传统观念是“水泥强度宜为混凝土强度的 1.5～2 倍”。直到今天，仍有人坚持这个观念，是因为他们的思维定式是把“强度”当成了绝对值，而不了解或忘记了 20 世纪 70 年代检测的 500 号水泥使用的水灰比大约是 0.36（依标准稠度用水量和掺合料而变化），而当前检测水泥强度的水灰比是 0.50。现在的预拌混凝土普遍使用高效减水剂和矿物活性材料，混凝土的水胶比多低于 0.50，采用 42.5 级水泥配制的 C80、C100 混凝土成功用于实际工程中，混凝土的强度不再受水泥强度的制约。

5. 骨料粒径大、用量多的混凝土强度高

传统观念认为骨料粒径大的混凝土强度高，事实恰好相反，由于界面的影响，混凝土强度随石子粒径的增大而下降，水胶比越低，影响越大，混凝土渗透性随石子粒径的增大而增大。传统观念还认为砂率大（石子少）时混凝土强度会降低，实际上还是由于界面的影响，骨料总用量相同而砂率增大时，强度有所提高、渗透性减小、弹性模量下降，收缩增大。骨料的表面粗糙程度影响混凝土强度的原因也与界面有关。

6. 规范施工少

施工单位将混凝土结构质量寄希望于混凝土生产企业，严格按规范施工的范例较少，忘记了混凝土是半成品；一味追求工程施工进度，混凝土的大流动性、早强加大了混凝土的开裂；浇筑后养护工序缺乏，明显影响了混凝土的强度及耐久性能。

第 2 章 预拌混凝土常用原材料

原材料质量的优劣直接影响混凝土性能和工程质量。因此，生产预拌混凝土原材料的选用，必须能够满足结构设计对混凝土性能的要求。一些低价原材料往往品质较差，用于生产混凝土不仅明显影响工程质量，加大企业质量风险，而且混凝土成本可能有所增加，得不偿失。

我国建设规模巨大，优质自然资源逐渐枯竭，以及受环境保护措施的不断加强，使各种原材料的产与用不同程度地存在一些问题。为保证混凝土质量，降低生产成本和质量风险，预拌混凝土企业应采取可靠的技术措施控制原材料质量，选择和使用性价比较高的原材料将使生产成本更为合理，混凝土质量更有保障。

预拌混凝土常用的原材料主要有通用硅酸盐水泥、粗细骨料、水及根据需要掺入的外加剂、矿物掺合料等。本章以国家现行标准规范为主，介绍了预拌混凝土常用原材料及质量要求。

2.1 水泥

2.1.1 概述

水泥是一种粉状水硬性无机胶凝材料。加入适量的水搅拌成浆体，能在空气和水中硬化，并能把砂、石等材料牢固地胶结在一起。长期以来，它作为一种重要的胶凝材料，广泛应用于土木建筑、水利、国防等工程。

水泥的密度一般为 3000～3200kg/m^3；松散堆积密度为 1000～1200kg/m^3，紧密时可达 1600kg/m^3。

1796 年，英国人派克（J • Parker）将黏土质石灰岩磨细制成料球，在高温下煅烧，然后磨细制成水泥，这种水泥被称为罗马水泥。差不多在罗马水泥的同时期，法国人采用泥灰岩也制造出水泥。该泥灰岩被称为水泥灰岩，其制成的水泥则称为天然水泥。1824 年，英国利兹城的泥水匠约瑟夫 • 阿斯普丁（Joseph Aspdin），通过把石灰石捣成细粉，配合一定量黏土，掺水后以人工或机械搅和均匀成泥浆，置泥浆于盘上，加热干燥。将干料打击成块，然后装入石灰窑煅烧，烧至石灰石内碳酸气全部逸出。煅烧后的烧块冷却后打碎磨细，制成水泥。因其凝结后的外观颜色与英国波特兰出产的石灰石相似，故称之为波特兰水泥（我国称为硅酸盐水泥），并获得英国第 5022 号的波特兰水泥专利证书。从这时起，水泥及其制造工艺进入了新的发展阶段。

现代水泥的生产工艺过程可概括为“两磨一烧”。即将石灰质原料、黏土质原料以及少量的校正原料，经破碎或烘干后，按一定比例配合、磨细，并制备为成分合适、质量均匀的生料。第一阶段：生料粉磨；然后将生料加入水泥窑中，在 1350～1450℃的高温中煅烧，得到以硅酸钙为主要成分的水泥熟料。第二阶段：熟料煅烧；熟料加入适量的石膏，或根据水泥品种组成要求掺入混合材料，共同入磨机中磨至适当细度，便制成水泥成品。第三阶段：水泥粉磨。

1949 年，我国水泥产量只有 66 万 t。改革开放以来，我国水泥工业在飞速发展。1985 年，水泥产量达 1.5 亿 t，首次位居世界第一；1990 年为 2.1 亿 t；2000 年为 6.6 亿 t；2005 年已达到 10.69 亿 t，占世界总产量的三分之一。随着我国基础设施建设规模的增大，水泥生产量也在高速增长，2010 年达到 18.7 亿 t；2014 年达到了 24.9 亿 t，创史上最高纪录；2019 年总产量为 23.3 亿 t。巨大的水泥用量背后包含着发展经济的代价，国内知名环保组织在调研后发现，水泥行业是我国重金属汞污染的主要工业排放源之一，对环境造成了严重伤害。

我国于 1963 年发布了第一个水泥标准。随着科学技术的不断进步和生产工艺的不断提高，最早的五大通用水泥标准至今已进行了六次修订，复合硅酸盐水泥标准进行了三次修订。从 1999 年开始，我国水泥强度的检验方法等同采用了 ISO 国际标准，标志着我国水泥标准已与国际接轨。水泥按性能和用途分为通用水泥和特种水泥两大类。目前，我国最新的水泥标准《通用硅酸盐水泥》GB 175—2007，是将《硅酸盐水泥、普通硅酸盐水泥》GB 175—1999、《矿渣硅酸盐水泥、火山灰质硅酸盐水泥及粉煤灰硅酸盐水泥》GB 1344—1999 和《复合硅酸盐水泥》GB 12958—1999 三合为一，并于 2008 年 6 月 1 日起实施。

最新的水泥标准修订后对水泥强度要求高了，水泥厂多采取提高 C_3A 和 C_3S 以及细度的措施来提高水泥的强度，导致许多水泥的实际强度比标称强度高出很多，常常被用户认为是“好水泥”。如 42.5 水泥和 52.5 水泥的 28d 实测强度普遍差距不大，出于价格的考虑，42.5 水泥比 52.5 水泥销路好。但是活性越大的水泥储存性能越差，且强度的大幅度提高增加了水泥的易裂性。单纯以强度评价水泥的“好或坏”是传统思维造成的误区。评价水泥质量优劣不应只看水泥自身强度，而在于它对混凝土各项性能的影响，特别是对混凝土生产、施工性能及对混凝土耐久性的影响尤为重要。应当认识到水泥强度的高限比低限还重要；抗裂性比强度更重要；最重要的是质量均匀。求发展讲效益必须尊重科学，牺牲质量的高速度发展应尽量避免。

水泥中用掺合料主要是为了改变品种、调节等级和增加产量。但是，由于矿渣水泥易泌水、抗渗性和抗冻性差；火山灰水泥由于需水量大影响混凝土的流变性和抗冻性；粉煤灰水泥由于粉煤灰含碳量大、早期强度低、质量不稳定，基本上不受欢迎；而硅酸盐水泥由于价格问题市售量也不大。因此，普通水泥成为市场的主流。

2.1.2　水泥熟料的主要矿物组成

水泥熟料主要由硅酸三钙、硅酸二钙、铝酸三钙、铁铝酸四钙等矿物组成。

1. 硅酸三钙 C_3S

C_3S 是水泥熟料的主要组成部分，其含量为 50%～60%。C_3S 水化反应较快，凝结时间正常，水化反应放热较大。C_3S 对水泥混凝土制品早期强度发展较为有利。含有少量其他氧化物的 C_3S 称作阿利特（Alite），其水化反应速度比 C_3S 更快。

2. 硅酸二钙 C_2S

C_2S 也是组成水泥熟料的主要成分，其含量在 20% 左右。C_2S 水化反应较慢，凝结时间较长，水化放热较低。C_2S 对水泥混凝土制品后期强度发展较为有利。

3. 铝酸三钙 C_3A

C_3A 水化反应极快，凝结时间较短。C_3A 水化放热量甚至大于 C_3S。在大体积混凝土施工中，采用 C_3A 与 C_3S 含量较低、C_2S 含量较高的水泥，采取有效的控制措施，可有效地消除温度裂缝，是控制温度应力破坏的有效途径。硫酸盐与 C_3A 水化产物之间复杂的化学反应将会对混凝土产生严重的侵蚀作用。降低 C_3A 含量，将其转化为 C_4AF 是控制硫酸盐侵蚀的有效途径。

4. 铁铝酸四钙 C_4AF

C_4AF 是铁相或铁的固溶体。其早期水化速度介于铝酸三钙和硅酸三钙之间，但其后期发展速度不如硅酸二钙。其早期强度类似于铝酸三钙，但其后期强度还能像硅酸二钙一样持续增长。C_4AF 水化热较 C_3A 低，具有良好的抗冲击性能与抗硫酸盐侵蚀性能。纯净的 C_4AF 呈巧克力色，当 MgO 存在时其呈黑色，当 MgO 含量较低时水泥呈褐色，多数情况下，存在的 MgO 常使水泥呈灰白色。

2.1.3 通用硅酸盐水泥

以下按国家标准《通用硅酸盐水泥》GB 175—2007 编写。

2.1.3.1 术语和定义

（1）通用硅酸盐水泥：以硅酸盐水泥熟料和适量的石膏，及规定的混合材料制成的水硬性胶凝材料。

（2）硅酸盐水泥：由硅酸盐水泥熟料、0～5% 石灰石或粒化高炉矿渣、适量石膏磨细制成的水硬性胶凝材料；分 P·Ⅰ 和 P·Ⅱ，即国外通称的波特兰水泥。

（3）普通硅酸盐水泥：由硅酸盐水泥熟料、6%～20% 混合材料，适量石膏磨细制成的水硬性胶凝材料，代号 P·O。

（4）矿渣硅酸盐水泥：由硅酸盐水泥熟料、20%～70% 粒化高炉矿渣和适量石膏磨细制成的水硬性胶凝材料，代号 P·S。

（5）火山灰质硅酸盐水泥：由硅酸盐水泥熟料、20%～40% 火山灰质混合材料和适量石膏磨细制成的水硬性胶凝材料，代号 P·P。

（6）粉煤灰硅酸盐水泥：由硅酸盐水泥熟料、20%～40% 粉煤灰和适量石膏磨细制成的水硬性胶凝材料，代号 P·F。

（7）复合硅酸盐水泥：由硅酸盐水泥熟料、20%～50% 两种或两种以上规定的混合材料和适量石膏磨细制成的水硬性胶凝材料，代号 P·C。

2.1.3.2 分类

通用硅酸盐水泥按混合材料的品种和掺量分为硅酸盐水泥、普通硅酸盐水泥、矿渣硅酸盐水泥、火山灰质硅酸盐水泥、粉煤灰硅酸盐水泥和复合硅酸盐水泥。各品种的组分和代号应符合表 2-1 的规定。

2.1.3.3 组分与材料

1. 组分

通用硅酸盐水泥的组分应符合表 2-1 的规定。

通用硅酸盐水泥的组分　　表 2-1

<table>
<tr><th rowspan="2">品种</th><th rowspan="2">代号</th><th colspan="5">组分（质量分数，%）</th></tr>
<tr><th>熟料＋石膏</th><th>粒化高炉矿渣</th><th>火山灰质混合材料</th><th>粉煤灰</th><th>石灰石</th></tr>
<tr><td rowspan="3">硅酸盐水泥</td><td>P·Ⅰ</td><td>100</td><td>—</td><td>—</td><td>—</td><td>—</td></tr>
<tr><td rowspan="2">P·Ⅱ</td><td>≥ 95</td><td>≤ 5</td><td>—</td><td>—</td><td>—</td></tr>
<tr><td>≥ 95</td><td>—</td><td>—</td><td>—</td><td>≤ 5</td></tr>
</table>

续表

品 种	代号	组分（质量分数，%）				
		熟料＋石膏	粒化高炉矿渣	火山灰质混合材料	粉煤灰	石灰石
普通水泥	P·O	≥ 80 且< 95	> 5 且≤ 20①			—
矿渣水泥	P·S·A	≥ 50 且< 80	> 20 且≤ 50②	—	—	—
	P·S·B	≥ 30 且< 50	> 50 且≤ 70②	—	—	—
火山灰质水泥	P·P	≥ 60 且< 80	—	> 20 且≤ 40③	—	—
粉煤灰水泥	P·F	≥ 60 且< 80	—	—	> 20 且≤ 40④	—
复合水泥	P·C	≥ 50 且< 80	> 20 且≤ 50⑤			

注：① 本组分材料为符合标准要求的活性混合材料，其中允许用不超过水泥质量 8% 且符合标准要求的非活性混合材料或不超过水泥质量 5% 且符合标准要求的窑灰代替。

② 本组分材料为符合《用于水泥中的粒化高炉矿渣》GB/T 203—2008 或《用于水泥、砂浆和混凝土中的粒化高炉矿渣粉》GB/T 18046—2017 的活性混合材料，其中允许用不超过水泥质量 8% 且符合标准要求的活性混合材料或非活性混合材料或符合标准要求的窑灰中的任一种材料代替。

③ 本组分材料为符合《用于水泥中的火山灰质混合材料》GB/T 2847—2022 的活性混合材料。

④ 本组分材料为符合《用于水泥和混凝土中的粉煤灰》GB/T 1596—2017 的活性混合材料。

⑤ 本组分材料为两种（含）以上符合标准要求的活性混合材料或/和符合标准要求的非活性混合材料组成，其中允许用不超过水泥质量 8% 且符合标准要求的窑灰代替。掺矿渣时混合材料掺量不得与矿渣硅酸盐水泥重复。

2. 材料

（1）硅酸盐水泥熟料

由主要含 CaO、SiO_2、Al_2O_3、Fe_2O_3 的原料，按适当比例磨成细粉烧至部分熔融所得以硅酸钙为主要矿物成分的水硬性胶凝物质。其中硅酸钙矿物含量（质量分数）不小于 66%，氧化钙和氧化硅质量比不小于 2.0。

（2）石膏

天然石膏：应符合《天然石膏》GB/T 5483—2008 中规定的 G 类或 M 类二级（含）以上的石膏或混合石膏。

工业副产石膏：以硫酸钙为主要成分的工业副产物，采用前应经过试验证明对水泥性能无害。

（3）活性混合材料

应符合《用于水泥中的粒化高炉矿渣》GB/T 203—2008、《用于水泥、砂浆和混凝土中的粒化高炉矿渣粉》GB/T 18046—2017、《用于水泥和混凝土中的粉煤灰》GB/T 1596—2017、《用于水泥中的火山灰质混合材料》GB/T 2847—2022 标准要求的粒化高炉矿渣、粒化高炉矿渣粉、粉煤灰、火山灰质混合材料。

（4）非活性混合材料

活性指标分别低于《用于水泥中的粒化高炉矿渣》GB/T 203—2008、《用于水泥、砂浆和混凝土中的粒化高炉矿渣粉》GB/T 18046—2017、《用于水泥和混凝土中的粉煤灰》GB/T 1596—2017、《用于水泥中的火山灰质混合材料》GB/T 2847—2022 标准要求的粒化高炉矿渣、粒化高炉矿渣粉、粉煤灰、火山灰质混合材料；石灰石和砂岩，其中石灰石中的三氧化二铝含量（质量分数）不大于 2.5%。

（5）窑灰

应符合《掺入水泥中的回转窑窑灰》JC/T 742—2009 的规定。

（6）助磨剂

水泥粉磨时允许加入助磨剂，其加入量应不大于水泥质量的 0.5%，助磨剂应符合《水泥助磨剂》GB/T 26748—2011。

2.1.3.4 强度等级

（1）硅酸盐水泥的强度等级分为：42.5、42.5R、52.5、52.5R、62.5、62.5R 六个等级（R 表示早强型水泥）。

（2）普通硅酸盐水泥的强度等级分为：42.5、42.5R、52.5、52.5R 四个等级。

（3）矿渣硅酸盐水泥、火山灰质硅酸盐水泥、粉煤灰硅酸盐水泥和复合硅酸盐水泥的强度等级分为：32.5、32.5R、42.5、42.5R、52.5、52.5R 六个等级。

2.1.3.5 技术要求

1. 化学指标

通用硅酸盐水泥化学指标应符合表 2-2 的规定。

通用硅酸盐水泥化学指标　　表 2-2

<table>
<tr><th rowspan="2">品种</th><th rowspan="2">代号</th><th colspan="5">化学指标（质量分数，%）</th></tr>
<tr><th>不溶物</th><th>烧失量</th><th>三氧化硫</th><th>氧化镁</th><th>氯离子</th></tr>
<tr><td rowspan="2">硅酸盐水泥</td><td>P·Ⅰ</td><td>≤ 0.75</td><td>≤ 3.0</td><td rowspan="3">≤ 3.5</td><td rowspan="3">≤ 5.0①</td><td rowspan="8">≤ 0.06③</td></tr>
<tr><td>P·Ⅱ</td><td>≤ 1.50</td><td>≤ 3.5</td></tr>
<tr><td>普通水泥</td><td>P·O</td><td>—</td><td>≤ 5.0</td></tr>
<tr><td rowspan="2">矿渣水泥</td><td>P·S·A</td><td>—</td><td>—</td><td rowspan="2">≤ 4.0</td><td>≤ 6.0②</td></tr>
<tr><td>P·S·B</td><td>—</td><td>—</td><td>—</td></tr>
<tr><td>火山灰质水泥</td><td>P·P</td><td>—</td><td>—</td><td rowspan="3">≤ 3.5</td><td rowspan="3">≤ 6.0②</td></tr>
<tr><td>粉煤灰水泥</td><td>P·F</td><td>—</td><td>—</td></tr>
<tr><td>复合水泥</td><td>P·C</td><td>—</td><td>—</td></tr>
</table>

注：① 如果水泥压蒸试验合格，则水泥中氧化镁的含量（质量分数）允许放宽至 6.0%；
② 如果水泥中氧化镁的含量（质量分数）大于 6.0% 时，需进行水泥压蒸安定性试验并合格；
③ 当有更低要求时，该指标由买卖双方确定。

2. 碱含量（选择性指标）

水泥中碱含量按 $Na_2O + 0.658K_2O$ 计算值表示。若使用活性骨料，用户要求提供低碱水泥时，水泥中碱含量应不大于 0.60% 或由买卖双方协商确定。

3. 物理指标

（1）强度

不同品种不同强度等级的通用硅酸盐水泥，其不同龄期的强度应符合表 2-3 的规定。

通用硅酸盐水泥强度指标（MPa）　　　　**表 2-3**

<table>
<tr><th rowspan="2">品种</th><th rowspan="2">强度等级</th><th colspan="2">抗压强度</th><th colspan="2">抗折强度</th></tr>
<tr><th>3d</th><th>28d</th><th>3d</th><th>28d</th></tr>
<tr><td rowspan="6">硅酸盐水泥</td><td>42.5</td><td>≥ 17.0</td><td rowspan="2">≥ 42.5</td><td>≥ 3.5</td><td rowspan="2">≥ 6.5</td></tr>
<tr><td>42.5R</td><td>≥ 22.0</td><td>≥ 4.0</td></tr>
<tr><td>52.5</td><td>≥ 23.0</td><td rowspan="2">≥ 52.5</td><td>≥ 4.0</td><td rowspan="2">≥ 7.0</td></tr>
<tr><td>52.5R</td><td>≥ 27.0</td><td>≥ 5.0</td></tr>
<tr><td>62.5</td><td>≥ 28.0</td><td rowspan="2">≥ 62.5</td><td>≥ 5.0</td><td rowspan="2">≥ 8.0</td></tr>
<tr><td>62.5R</td><td>≥ 32.0</td><td>≥ 5.5</td></tr>
<tr><td rowspan="4">普通硅酸盐水泥</td><td>42.5</td><td>≥ 17.0</td><td rowspan="2">≥ 42.5</td><td>≥ 3.5</td><td rowspan="2">≥ 6.5</td></tr>
<tr><td>42.5R</td><td>≥ 22.0</td><td>≥ 4.0</td></tr>
<tr><td>52.5</td><td>≥ 23.0</td><td rowspan="2">≥ 52.5</td><td>≥ 4.0</td><td rowspan="2">≥ 7.0</td></tr>
<tr><td>52.5R</td><td>≥ 27.0</td><td>≥ 5.0</td></tr>
<tr><td rowspan="6">矿渣硅酸盐水泥、
火山灰质硅酸盐水泥、
粉煤灰硅酸盐水泥、
复合硅酸盐水泥</td><td>32.5</td><td>≥ 10.0</td><td rowspan="2">≥ 32.5</td><td>≥ 2.5</td><td rowspan="2">≥ 5.5</td></tr>
<tr><td>32.5R</td><td>≥ 15.0</td><td>≥ 3.5</td></tr>
<tr><td>42.5</td><td>≥ 15.0</td><td rowspan="2">≥ 42.5</td><td>≥ 3.5</td><td rowspan="2">≥ 6.5</td></tr>
<tr><td>42.5R</td><td>≥ 19.0</td><td>≥ 4.0</td></tr>
<tr><td>52.5</td><td>≥ 21.0</td><td rowspan="2">≥ 52.5</td><td>≥ 4.0</td><td rowspan="2">≥ 7.0</td></tr>
<tr><td>52.5R</td><td>≥ 23.0</td><td>≥ 4.5</td></tr>
</table>

（2）凝结时间

硅酸盐水泥初凝时间不小于 45min，终凝时间不大于 390 min。

普通硅酸盐水泥、矿渣硅酸盐水泥、火山灰质硅酸盐水泥、粉煤灰硅酸盐水泥和复合硅酸盐水泥初凝时间不小于 45min，终凝时间不大于 600 min。

（3）安定性

沸煮法合格。

（4）细度（选择性指标）

硅酸盐水泥和普通硅酸盐水泥的细度以比表面积表示，其比表面积不小于 $300m^2/kg$；

矿渣硅酸盐水泥、火山灰质硅酸盐水泥、粉煤灰硅酸盐水泥和复合硅酸盐水泥的细度以筛余表示，其 80μm 方孔筛筛余不大于 10% 或 45μm 方孔筛筛余不大于 30%。

2.2 骨料

2.2.1 概述

所谓骨料，即建筑用砂石，又称集料。骨料是混凝土的主要组成材料之一，在混凝土中起骨架作用。

骨料的品质对混凝土性能具有重要的影响。为保证混凝土质量，一般来说对骨料性能的要求主要有：具有稳定的物理性能与化学性能，不与水泥发生有害反应；有害杂质含量尽可能少，坚固耐久，具有良好的颗粒形状，表面与水泥石粘结牢固；有适宜的颗粒级配和模数。

混凝土常用的粗骨料为碎石和卵石两种。卵石表面光滑，配制的混凝土和易性好，易捣固密实，缺点是与水泥浆的粘结力较碎石差，使配制的混凝土强度低于碎石，强度越高越明显。碎石表面粗糙且有棱角，与水泥浆的粘结比较牢固，故在配制高强混凝土时宜选用碎石；碎石的形状越近似圆形越好，对混凝土的工作性及强度更有利。

我国建筑用细骨料以天然砂为主已成为过去。天然砂是经过亿万年的时间形成的，是一种地方资源，在短时间内不能再生。随着我国基本建设的日益发展和环境保护措施的逐渐加强，许多地区出现无天然砂资源供应。为解决天然砂供需问题，从 20 世纪 60 年代起，我国水电、建筑部门就开始用当地石材进行人工砂的生产工艺、技术性能和工程使用的研究，并开始工程应用。从 20 世纪 70 年代起，贵州省已在建筑上大规模使用人工砂，并制定了地方标准。20 世纪 90 年代以来，北京、天津、上海、重庆、广东、福建、浙江、云南、河南、河北、山西等十几个省市都有人工砂生产线。

近年来，使用人工砂替代天然砂的地区在迅速增加，并成为目前我国主要建筑用细骨料。通过几十年大量的使用研究和工程实践，证明了人工砂的使用在技术上是可靠的，只是耐磨性比天然砂配制的混凝土稍差，而各项力学性能则比天然砂配制的混凝土更好一些。美、英、日等工业发达国家使用人工砂也有几十年的历史，纳入国家标准的时间已有五十年。

以下根据《普通混凝土用砂、石质量及检验方法标准》JGJ 52—2006 内容编写。

2.2.2　术语

（1）碎石：由天然岩石或卵石经机械破碎、筛分而得的，公称粒径大于 5.00mm 的岩石颗粒。

（2）卵石：由自然条件作用而形成的，公称粒径大于 5.00mm 的岩石颗粒。

（3）针、片状颗粒：凡岩石颗粒的长度大于该颗粒所属粒级的平均粒径 2.4 倍者为针状颗粒；厚度小于平均粒径 0.4 倍者为片状颗粒。平均粒径指该粒级上、下限粒径的平均值。

（4）石的泥块含量：石中公称粒径大于 5.00mm，经水洗、手捏后变成小于 2.50mm 的颗粒的含量。

（5）天然砂：由自然条件作用而形成的，公称粒径小于 5.00mm 的岩石颗粒。按其产源不同，可分为河砂、海砂、山砂。

（6）人工砂：岩石经掘土开采、机械破碎、筛分而成的，公称粒径小于 5.00mm 的岩石颗粒。

（7）混合砂：由人工砂和天然砂按一定比例组合而成的砂。

（8）含泥量；砂、石中公称粒径小于 80μm 颗粒的含量。

（9）砂的泥块含量：砂中公称粒径大于 1.25mm，经水洗、手捏后变成小于 630μm 的颗粒的含量。

（10）石粉含量：人工砂中公称粒径小于 80μm，且其矿物组成和化学成分与被加工母岩相同的颗粒含量。

（11）表观密度：骨料颗粒单位体积（包括内封闭孔隙）的质量。

（12）紧密密度：骨料按规定方法充实后单位体积的质量。

（13）堆积密度：骨料在自然堆积状态下单位体积的质量。

（14）坚固性：骨料在气候、环境变化或其他物理因素作用下抵抗破裂的能力。

（15）轻物质：砂中表观密度小于 2000kg/m^3 的物质。

（16）压碎值指标：人工砂、碎石和卵石抵抗压碎的能力。

（17）碱活性骨料：能在一定条件下与混凝土中的碱发生化学反应导致混凝土产生膨胀、开裂甚至破坏的骨料。

（18）海砂：出产于海洋和入口附近的砂，包括滩砂、海底砂和入海口附近的砂。

（19）滩砂：出产于海滩的砂。

（20）海底砂：出产于浅海或深海海底的砂。

2.2.3 质量要求

在《普通混凝土用砂、石质量及检验方法标准》JGJ 52—2006 标准中，有两条强制性条文，其内容是：

（1）对于长期处于潮湿环境的重要混凝土结构所用的砂、石，应进行碱活性检验。

（2）砂的氯离子含量应符合下列规定：

1）对于钢筋混凝土用砂，其氯离子含量不得大于 0.06%；

2）对于预应力混凝土用砂，其氯离子含量不得大于 0.02%。

2.2.3.1 砂的质量要求

1. 砂的粗细程度

按细度模数 μ_f 分为粗、中、细、特细四级，其范围应符合下列规定：

粗砂：$\mu_f = 3.7 \sim 3.1$　　中　砂：$\mu_f = 3.0 \sim 2.3$

细砂：$\mu_f = 2.2 \sim 1.6$　　特细砂：$\mu_f = 1.5 \sim 0.7$

2. 砂筛应采用方孔筛

砂的公称粒径、砂筛筛孔的公称直径和方孔筛筛孔边长应符合表 2-4 的规定。

砂的公称粒径、砂筛筛孔的公称直径和方孔筛筛孔边长尺寸　　表 2-4

砂的公称粒径	砂筛筛孔的公称直径	方孔筛筛孔边长
5.00mm	5.00mm	4.75mm
2.50mm	2.50mm	2.36mm
1.25mm	1.25mm	1.18mm
630μm	630μm	600μm
315μm	315μm	300μm
160μm	160μm	150μm
80μm	80μm	75μm

3. 砂的颗粒级配

除特细砂外，砂的颗粒级配可按公称直径 630μm 筛孔的累计筛余量（以质量百分率计，下同），分成三个级配区（表 2-5），且砂的颗粒级配应处于表 2-5 中的某一区内。

砂颗粒级配区　　表 2-5

公称粒径 \ 累计筛余（%） \ 级配区	Ⅰ区	Ⅱ区	Ⅲ区
5.00mm	10～0	10～0	10～0
2.50mm	35～5	25～0	15～0
1.25 mm	65～35	50～10	25～0
630μm	85～71	70～41	40～16
315μm	95～80	92～70	85～55
160μm	100～90	100～90	100～90

砂的实际颗粒级配与表 2-5 中的累计筛余相比，除公称粒径为 5.00mm 和 630μm 的累计筛余外，其余公称粒径的累计筛余可稍有超出分界线，但总超出量不应大于 5%。

当天然砂的实际颗粒级配不符合要求时，宜采取相应的技术措施，并经试验证明能确保混凝土质量后，方允许使用。

配制混凝土时宜优先选用Ⅱ区砂。当采用Ⅰ区砂时，应提高砂率，并保持足够的水泥用量，满足混凝土的和易性；当采用Ⅲ区砂时，宜适当降低砂率；当采用特细砂时，应符合相应的规定。配制泵送混凝土宜选用中砂。

4. 天然砂中含泥量规定（表 2-6）

天然砂中含泥量　　表 2-6

混凝土强度等级	≥ C60	C55～C30	≤ C25
含泥量（按质量计，%）	≤ 2.0	≤ 3.0	≤ 5.0

对于有抗冻、抗渗或其他特殊要求的小于或等于 C25 混凝土用砂，其含泥量不应大于 3.0%。

5. 砂中泥块含量规定（表 2-7）

砂中泥块含量　　表 2-7

混凝土强度等级	≥ C60	C55～C30	≤ C25
泥块含量（按质量计，%）	≤ 0.5	≤ 1.0	≤ 2.0

对于有抗冻、抗渗或其他特殊要求的小于或等于 C25 混凝土用砂，其泥块含量不应大于 1.0%。

6. 人工砂或混合砂中石粉含量

由于人工砂是机械破碎制成，其颗粒尖锐有棱角。石粉主要是由 40～75μm 的微粒组成，经试验证明，人工砂中有适量石粉的存在能起到完善其颗粒级配，提高混凝土密实性等益处。人工砂或混合砂中石粉含量应符合表 2-8 的规定。

人工砂或混合砂中石粉含量 **表 2-8**

混凝土强度等级		≥ C60	C55～C30	≤ C25
石粉含量（%）	*MB* < 1.40（合格）	≤ 5.0	≤ 7.0	≤ 10.0
	MB ≥ 1.40（不合格）	≤ 2.0	≤ 3.0	≤ 5.0

7. 砂中的有害物质含量

当砂中含有云母、轻物质、有机物、硫化物及硫酸盐等有害物质时，其含量应符合表 2-9 的规定。

砂中的有害物质含量 **表 2-9**

项目	质量指标
云母含量（按质量计，%）	≤ 2.0
轻物质含量（按质量计，%）	≤ 1.0
硫化物及硫酸盐含量（折算成 SO_3 按质量计，%）	≤ 1.0
有机物含量（用比色法试验）	颜色不应深于标准色。当颜色深于标准色时，应按水泥胶砂强度试验方法进行强度对比试验，抗压强度比不应低于 0.95

对于有抗冻、抗渗要求的混凝土用砂，其云母含量不应大于 1.0%。

当砂中含有颗粒状的硫酸盐或硫化物杂质时，应进行专门检验，确认能满足混凝土耐久性要求后，方可采用。

8. 砂的坚固性

砂的坚固性采用硫酸钠溶液检验，试样经 5 次循环后，其质量损失应符合表 2-10 的规定。

砂的坚固性指标 **表 2-10**

混凝土所处的环境条件及其性能要求	5 次循环后的质量损失（%）
在严寒及寒冷地区室外使用，并经常处于潮湿或干湿交替状态下的混凝土；有腐蚀介质作用或经常处于水位变化区的地下结构或有抗疲劳、耐磨、抗冲击要求的混凝土	≤ 8
其他条件下使用的混凝土	≤ 10

9. 人工砂的总压碎值指标

人工砂的总压碎值指标应小于 30%。

10. 砂的碱活性

对于长期处于潮湿环境的重要混凝土结构用砂，应采用砂浆棒（快速法）或砂浆长度法进行骨料的碱活性检验。经上述检验判断为有潜在危害时，应控制混凝土中的碱含量不超过 3kg/m^3，或采用能抑制碱—骨料反应的有效措施。

11. 海砂质量要求

（1）海砂的颗粒级配应符合表 2-5 的要求。

（2）海砂的质量应符合表 2-11 的要求。

海砂的质量要求　　表 2-11

项目	指标
水溶性氯离子含量（按质量计，%）	≤ 0.03
含泥量（按质量计，%）	≤ 1.0
泥块含量（按质量计，%）	≤ 0.5
云母含量（按质量计，%）	≤ 1.0
轻物质含量（按质量计，%）	≤ 1.0
硫化物及硫酸盐含量（折算成 SO_3 按质量计，%）	≤ 1.0
有机物含量	颜色不应深于标准色。当颜色深于标准色时，应按水泥胶砂强度试验方法进行强度对比试验，抗压强度比不应低于 0.95
坚固性指标（%）	≤ 8.0

（3）海砂应进行碱活性检验，检验方法应符合现行国家标准《建筑用砂》GB/T 14684—2022 的规定。当采用有潜在碱活性的海砂时，应采取有效的预防碱—骨料反应的技术措施。

（4）海砂中贝壳含量应符合表 2-12 的规定。贝壳的最大尺寸不应超过 4.75mm。对于有抗冻、抗渗或其他特殊要求的强度等级不小于 C25 的混凝土用砂，其贝壳含量不应大于 8.0%。

海砂中贝壳含量　　表 2-12

混凝土强度等级	≥ C40	C35～C30	C25～C15
贝壳含量（按质量计，%）	≤ 3.0	≤ 5.0	≤ 8.0

（5）海砂的放射性应符合现行国家标准《建筑材料放射性核素限量》GB 6566 的

规定。

2.2.3.2 石的质量要求

1. 石的公称粒径、石筛筛孔的公称直径与方孔筛筛孔边长

石筛应采用方孔筛。石的公称粒径、石筛筛孔的公称直径与方孔筛筛孔边长应符合表 2-13 的规定。

公称粒径、公称直径和方孔筛筛孔边长尺寸　　　表 2-13

石的公称粒径（mm）	石筛筛孔的公称直径（mm）	方孔筛筛孔边长（mm）
2.50	2.50	2.36
5.00	5.00	4.75
10.0	10.0	9.5
16.0	16.0	16.0
20.0	20.0	19.0
25.0	25.0	26.5
31.5	31.5	31.5
40.0	40.0	37.5

2. 针、片状颗粒含量

碎石或卵石中针、片状颗粒含量应符合表 2-14 的规定。

针、片状颗粒含量　　　表 2-14

混凝土强度等级	≥ C60	C55～C30	≤ C25
针、片状颗粒含量（按质量计，%）	≤ 8	≤ 15	≤ 25

3. 石的颗粒级配

碎石或卵石的颗粒级配应符合表 2-15 的要求。混凝土用石应采用连续粒级。单粒级宜用于组合成满足要求的连续粒级；也可与连续粒级混合使用，以改善其级配或配成较大粒度的连续粒级。

碎石或卵石的颗粒级配范围　　　表 2-15

级配情况	公称粒径（mm）	累计筛余，按质量（%）							
		方孔筛筛孔边长尺寸（mm）							
		2.36	4.75	9.5	16.0	19.0	26.5	31.5	37.5
连续粒级	5～10	95～100	80～100	0～15	0	—	—	—	—
	5～16	95～100	85～100	30～60	0～10	0	—	—	—
	5～20	95～100	90～100	40～80	—	0～10	0	—	—

续表

级配情况	公称粒径（mm）	累计筛余，按质量（%）							
		方孔筛筛孔边长尺寸（mm）							
		2.36	4.75	9.5	16.0	19.0	26.5	31.5	37.5
连续粒级	5～25	95～100	90～100	—	30～70	—	0～5	0	—
	5～31.5	95～100	90～100	70～90	—	15～45	—	0～5	0
	5～40	—	95～100	70～90	—	30～65	—	—	0～5
单粒级	10～20	—	95～100	85～100	—	0～15	0	—	—
	16～31.5	—	95～100	—	85～100	—	—	0～10	0
	20～40	—	—	95～100	—	80～100	—	—	0～10

当卵石的颗粒级配不符合表 2-15 要求时，应采取措施并经试验证实能确保工程质量后，方允许使用。

4. 含泥量

碎石或卵石中含泥量应符合表 2-16 的规定。

碎石或卵石的含泥量　　**表 2-16**

混凝土强度等级	≥ C60	C55～C30	≤ C25
含泥量（按质量计，%）	≤ 0.5	≤ 1.0	≤ 2.0

对于有抗冻、抗渗或其他特殊要求的混凝土，其所用碎石或卵石中含泥量不应大于 1.0%。当碎石或卵石的含泥是非黏土质的石粉时，其含泥量可由表 2-16 的 0.5%、1.0%、2.0%，分别提高到 1.0%、1.5%、3.0%。

5. 泥块含量

碎石或卵石中泥块含量应符合表 2-17 的规定。

碎石、卵石的泥块含量　　**表 2-17**

混凝土强度等级	≥ C60	C55～C30	≤ C25
泥块含量（按质量计，%）	≤ 0.2	≤ 0.5	≤ 0.7

对于有抗冻、抗渗或其他特殊要求的强度等级小于 C30 的混凝土，其所用碎石或卵石中泥块含量不应大于 0.5%。

6. 抗压强度和压碎值指标

（1）卵石的强度和压碎值指标

卵石的强度可用压碎值指标表示。其压碎值指标宜符合表 2-18 的规定。

卵石的压碎值指标　　　　表 2-18

混凝土强度等级	C60～C40	≤ C35
压碎值指标（%）	≤ 12	≤ 16

（2）碎石的抗压强度和压碎值指标

碎石的强度可用岩石的抗压强度和压碎值指标表示。岩石的抗压强度应比所配制的混凝土强度至少高 20%。当混凝土强度等级大于或等于 C60 时，应进行岩石的抗压强度检验。岩石强度首先应由生产单位提供，工程中可采用压碎值指标进行质量控制。碎石的压碎值指标宜符合表 2-19 的规定。

碎石的压碎值指标　　　　表 2-19

岩石品种	混凝土强度等级	压碎指标值（%）
沉积岩	C60～C40	≤ 10
	≤ C35	≤ 16
变质岩或深成的火成岩	C60～C40	≤ 12
	≤ C35	≤ 20
喷出的火成岩	C60～C40	≤ 13
	≤ C35	≤ 30

注：沉积岩包括石灰岩、砂岩等；变质岩包括片麻岩、石英岩等；深成的火成岩包括花岗石、正长岩、闪长岩和橄榄岩等；喷出的火成岩包括玄武岩和辉绿岩等。

7. 有害物质

碎石或卵石中的硫化物和硫酸盐含量以及卵石中有机物等有害物质含量，应符合表 2-20 的规定。

碎石或卵石中的有害物质含量　　　　表 2-20

项目	质量要求
硫化物及硫酸盐含量（折算成 SO_3，按质量计，%）	≤ 1.0
卵石中有机物含量（用比色法试验）	颜色不应深于标准色。当颜色深于标准色时，应配制成混凝土进行强度比对试验，抗压强度比应不低于 0.95

当碎石或卵石中含有颗粒状硫酸盐和硫化物杂质时，应进行专门检验，确认能满足混凝土耐久性要求后，方可采用。

8. 坚固性

碎石或卵石的坚固性应用硫酸钠溶液法检验，试样经 5 次循环后，其质量损失应符合表 2-21 的规定。

碎石或卵石的坚固性指标　　表 2-21

混凝土所处的环境条件及其性能要求	5 次循环后的质量损失（%）
在严寒及寒冷地区室外使用，并经常处于潮湿或干湿交替状态下的混凝土；有腐蚀性介质作用或经常处于水位变化区的地下结构或有抗疲劳、耐磨、抗冲击要求的混凝土	≤ 8
在其他条件下使用的混凝土	≤ 12

9. 碎石或卵石的碱活性

对于长期处于潮湿环境的重要结构混凝土，其所使用的碎石或卵石应进行碱活性检验。

进行碱活性检验时，首先应采用岩相法检验碱活性骨料的品质、类型和数量。当检验出骨料中含有活性二氧化硅时，应采用快速砂浆棒法或砂浆长度法进行骨料的碱活性检验；当检验出骨料中含有活性碳酸盐时，应采用岩石柱法进行碱活性检验。

经上述检验，当判定骨料存在潜在碱—碳酸盐反应危害时，不宜用作混凝土骨料；否则，应通过专门的混凝土试验，做最后评定。

当判定骨料存在潜在碱—硅反应危害时，应控制混凝土中的碱含量不超过3kg/m^3，或采用能抑制碱—骨料反应的有效措施。

2.3　拌合用水

2.3.1　拌合用水对混凝土性能的影响

水是混凝土的重要组成部分。拌合用的水质不纯，可能产生多种有害作用，最常见的有：

（1）影响混凝土的和易性及凝结；

（2）有损混凝土强度的发展；

（3）降低混凝土的耐久性，加快钢筋腐蚀及导致预应力钢筋脆断；

（4）污染混凝土表面；

（5）影响混凝土外加剂的应用效果等。

为保证混凝土的各项技术性能符合使用要求，必须使用合格的水拌制混凝土。

2.3.2 技术要求

1. 混凝土拌合用水

（1）按我国现行标准《混凝土用水标准》JGJ 63—2006，混凝土拌合用水水质要求应符合表 2-22 的规定。对于设计使用年限为 100 年的结构混凝土，氯离子含量不得超过 500mg/L；对使用钢丝或经热处理钢筋的预应力混凝土，氯离子含量不得超过 350mg/L。

混凝土拌合用水水质要求 **表 2-22**

项目	素混凝土	钢筋混凝土	预应力混凝土
pH 值	≥ 4.5	≥ 4.5	≥ 5.0
不溶物（mg/L）	≤ 5000	≤ 2000	≤ 2000
可溶物（mg/L）	≤ 10000	≤ 5000	≤ 2000
Cl^-（mg/L）	≤ 3500	≤ 1000	≤ 500
SO_4^{2-}（mg/L）	≤ 2700	≤ 2000	≤ 600
碱含量（mg/L）	≤ 1500	≤ 1500	≤ 1500

注：碱含量按 Na_2O + 0.658K_2O 计算值来表示。采用非碱活性骨料时，可不检验碱含量。

（2）地表水、地下水、再生水的放射性应符合现行国家标准《生活饮用水卫生标准》GB 5749—2022 的规定。

（3）被检验水样应与饮用水样进行水泥凝结时间对比试验。对比试验的水泥初凝时间及终凝时间差均不应大于 30min；同时，初凝和终凝时间应符合现行国家标准《通用硅酸盐水泥》GB 175—2007 的规定。

（4）被检验水样应与饮用水样进行水泥胶砂强度对比试验，被检验水样配制的水泥胶砂 3d 和 28d 强度不应低于饮用水配制的水泥胶砂 3d 和 28d 强度的 90%。

（5）混凝土拌合水不应有漂浮明显的油脂和泡沫，水不应有明显的颜色和异味。

（6）混凝土企业设备洗刷水不宜用于预应力混凝土、装饰混凝土、加气混凝土和暴露于腐蚀环境的混凝土；不得用于使用碱活性或潜在碱活性骨料的混凝土。

（7）未经处理的海水严禁用于钢筋混凝土和预应力混凝土。

（8）在无法获得水源的情况下，海水可用于素混凝土，但不宜用于装饰混凝土。

2. 混凝土养护用水

混凝土养护用水可不检验不溶物、可溶物、水泥凝结时间和水泥胶砂强度，其他检验项目应符合生活饮用水标准的规定。

2.4　矿物掺合料

混凝土用矿物掺合料是指具有一定细度和活性的辅助胶凝材料。

一方面，矿物掺合料掺入混凝土中不仅可以取代部分水泥，改善新拌混凝土的工作性，而且能够提高硬化后混凝土的耐久性，是高强混凝土和优质混凝土必不可缺的组分。另一方面，混凝土中大量掺用矿物掺合料，可减少自然资源和能源的消耗，减少对环境的污染，有利于实现混凝土技术的可持续发展。

混凝土中常用的矿物掺合料主要有粉煤灰、矿渣粉、天然沸石粉、硅灰及其复合物等。粉煤灰、天然沸石粉和硅灰属于火山灰质材料。通常情况下其本身无胶凝性，但它们能与石灰或水泥熟料水化时释放出的 $Ca(OH)_2$ 发生反应，生成具有胶凝性的水化产物，这一反应称为火山灰反应。而矿渣粉在活性方面不同于火山灰质材料，它存在着相当数量的水泥熟料矿物，与水的反应不属于火山灰反应，而是类似于水泥熟料的反应，具有胶凝性，但远不及水泥熟料。

由于矿物掺合料在混凝土中的应用使其具有胶凝条件或自身就具有胶凝作用，因此矿物掺合料与水泥一起被称为胶凝材料。

2.4.1　粉煤灰

粉煤灰是燃煤电厂从烟道气体中收集的细灰，其粒径一般在 1～100μm 之间。

2.4.1.1　概述

粉煤灰是我国当前排量较大的工业废渣之一。根据我国用煤情况，燃用 1t 煤产生 250～300kg 粉煤灰。大量粉煤灰如不加控制或处理，会造成大气污染，进入水体会淤塞河道，其中某些化学物质对生物和人体造成危害。

1. 粉煤灰在混凝土中应用的研究情况

1935 年，美国学者 R·E 戴维斯（Davis）首先进行粉煤灰混凝土应用的研究，他是粉煤灰混凝土技术研究的先驱。1940 年，美国首先在水坝等工程中使用掺粉煤灰的混凝土，由于其性能优越，所以很快就被广泛使用。随着火力发电业的发展，粉煤灰的排放量日益增多，各国都很重视粉煤灰的应用，并先后制定粉煤灰标准。

20 世纪 50 年代，我国对粉煤灰的性能进行了系统研究，后来在干硬性混凝土、大坝混凝土工程中使用，收到了较好的技术和经济效果。1960 年以后，粉煤灰已开始在水工以外的混凝土工程中使用，并成为混凝土的主要掺合料。

20 世纪 70 年代，世界性能源危机、环境污染以及矿物资源的枯竭等，强烈地激发了粉煤灰利用的研究和开发，国际性粉煤灰会议多次召开，研究工作日趋深入，应用方面有了长足的进步，粉煤灰成为国际市场上引人注目的资源，由于价格低廉、应用效益显著而受到人们的青睐。国内外粉煤灰治理的指导思想从过去的单纯环境角度转变为综合治理、资源化利用；粉煤灰综合利用的途径从过去的路基、填方、土壤改造等，发展到水泥混合材料、混凝土掺合料等。

2. 粉煤灰的成分

粉煤灰的活性主要来自活性 SiO_2 和活性 Al_2O_3 在一定碱性条件下的水化作用。因此，粉煤灰中活性 SiO_2、活性 Al_2O_3 和 f-CaO 都是活性的有利成分，硫在粉煤灰中一部分以可溶性石膏的形式存在，它对粉煤灰早期强度的发挥有一定作用，因此粉煤灰中的硫对粉煤灰活性也是有利组成。粉煤灰中的钙含量在 3% 左右，它对胶凝体的形成是有利的。国内外把 CaO 含量超过 10% 的粉煤灰称为 C 类灰，而低于 10% 的粉煤灰称为 F 类灰。C 类灰其本身具有一定的水硬性，可作水泥混合材，F 类灰常作混凝土掺合料，它比 C 类灰使用时的水化热要低。

粉煤灰中少量的 MgO、Na_2O、K_2O 等生成较多玻璃体，在水化反应中会促进碱硅反应。但 MgO 含量过高时，对安定性带来不利影响。

粉煤灰中的未燃炭粒疏松多孔是一种惰性物质，不仅对粉煤灰的活性有害，而且对粉煤灰的压实也不利。过量的 Fe_2O_3 对粉煤灰的活性也不利。

由于煤粉各颗粒间的化学成分并不完全一致，因此燃烧过程中形成的粉煤灰在排出的冷却过程中，形成了不同的物相。一般来说，冷却速度较快时，玻璃体含量较多；反之，玻璃体容易析晶。可见，从物相上讲，粉煤灰是晶体矿物和非晶体矿物的混合物。其矿物组成的波动范围较大。一般晶体矿物为石英、莫来石、磁铁矿、氧化镁、生石灰及无水石膏等，非晶体矿物为玻璃体、无定形碳和次生褐铁矿，其中玻璃体含量占 50% 以上。

3. 粉煤灰的性质

（1）化学性质

粉煤灰是一种人工火山灰质混合材料，它本身略有或没有水硬胶凝性能，但当以粉状及水存在时，能在常温，特别是在水热处理条件下，与氢氧化钙或其他碱土金属氢氧化物发生化学反应，生成具有水硬胶凝性能的化合物，成为一种增加强度和耐久性的材料。

（2）粉煤灰的物理性质

粉煤灰的物理性质包括密度、堆积密度、细度、比表面积、需水量等，这些性质是化学成分及矿物组成的宏观反映。由于粉煤灰的组成波动范围很大，这就决定了其物理性质的差异也很大。我国粉煤灰的基本物理性质见表 2-23。

在粉煤灰的物理性质中，细度和粒度是比较重要的项目。它直接影响着粉煤灰的其他性质，粉煤灰越细，细粉占的比例越大，其活性也越大。粉煤灰的细度影响早期水化反应，而化学成分影响后期的反应。

粉煤灰的基本物理特性　　表 2-23

项目		范围	均值
密度（g/cm^3）		1.9～2.9	2.1
堆积密度（kg/m^3）		530～1260	780
比表面积（cm^2/g）	氮吸附法	800～19500	3400
	透气法	1180～6530	3300
原灰标准稠度（%）		27.3～66.7	48.0
需水量（%）		89～130	106
28d 抗压强度比（%）		37～85	66

4. 粉煤灰在混凝土中的适用范围

原状粉煤灰由于颗粒粗，细度一般在 30% 以上，因此，不利于其活性的发挥。原状粉煤灰经球磨机碾磨以后，其活性较之原状灰大为提高。同时，粉煤灰中实心的和厚壁的玻璃球一般碾磨不碎，仅是表面擦痕，有利于化学反应和颗粒界面的结合，从而提高了粉煤灰的质量和适用范围。粉煤灰的适用范围如表 2-24 所示。

粉煤灰的适用范围　　表 2-24

等级	适用范围
Ⅰ	钢筋混凝土和跨度小于 6m 的预应力混凝土
Ⅱ	钢筋混凝土和无筋混凝土
Ⅲ	主要用于无筋混凝土

注：用于预应力混凝土、钢筋混凝土及强度等级为 C30 或以上的无筋混凝土的粉煤灰等级，如经试验验证，可以采用低一级的粉煤灰。

5. 粉煤灰在混凝土中的适宜掺量

粉煤灰的掺量应根据混凝土所处的环境条件而定。处于比较干燥或不与水接触环境中的混凝土，粉煤灰的掺量宜为胶凝材料总量的 20%～30%；而在潮湿环境中的混凝土，可适当提高粉煤灰的用量。在地下大体积混凝土中可掺 30%～50%。此项技术措施可使新拌混凝土降温 5～10℃，特别是延缓了“峰温”的出现，使混凝土的抗裂性大为改善。在举世瞩目的长江三峡大坝混凝土工程中，Ⅰ级粉煤灰的掺量达45%。

6. 粉煤灰掺合料对混凝土性能的影响

应用粉煤灰不仅可代替部分水泥，降低成本，而且将改善混凝土的诸多性能。

（1）对混凝土拌合物性能的影响

优质粉煤灰能在保持混凝土原有和易性的条件下减少用水量。粉煤灰愈细，球形颗粒含量愈高，减水效果愈好。如果不减少用水量，则可改善混凝土的和易性并能减少混凝土的泌水率，防止离析，因而更适合压浆混凝土及泵送混凝土应用。

（2）对混凝土强度、耐久性的影响

以粉煤灰取代部分水泥时，混凝土的早期强度稍有降低，但后期强度则与基准混凝土相等或略高。粉煤灰对混凝土强度的贡献即使龄期长达180d，仍未达到充分反应的程度。

使用优质粉煤灰能减少混凝土的用水量，相应降低水胶比，因此能提高混凝土的密实性及抗渗性，并改善混凝土的抗化学侵蚀性。粉煤灰对混凝土的抗冻性略有不利影响，当结构设计有抗冻性要求时，应在掺粉煤灰的同时适当加入引气剂。

掺入优质粉煤灰的混凝土干缩性能不会增大，而弹性模量有所提高，能减少混凝土的水化热，对降低混凝土开裂具有良好的效果，易于施工振捣，特别在大体积混凝土工程中尤为明显，但需水量大的粉煤灰使用不当则会增加混凝土的收缩。

7. 混凝土中掺入粉煤灰的经济效益

在混凝土中合理使用1t粉煤灰，可以取代0.6～0.8t水泥，可节约相当于0.12～0.2t标准煤的能源。

8. 粉煤灰外观质量识别

一般来说，灰色、乳白色、颜色较浅的粉煤灰烧失量小、质量较好；黑色烧失量大；颜色微红需水量大；而高钙粉煤灰往往呈浅黄色，掺量超过10%可能会引发安定性不良问题。好的粉煤灰在显微镜下呈现大量的“玻璃珠”体，如果观察到的基本全是形状不规则或发暗的颗粒，则是假灰，应退货。

1979年，我国发布了第一个粉煤灰标准。随着科学技术的不断进步和生产工艺的不断提高，粉煤灰标准至今已进行了三次修订。以下为我国现行标准《用于水泥和混凝土中的粉煤灰》GB/T 1596—2017的部分内容。

2.4.1.2　分类

（1）根据燃煤品种分为F类粉煤灰（由无烟煤或烟煤煅烧收集的粉煤灰）和C类

粉煤灰（由褐煤或次烟煤煅烧收集的粉煤灰，氧化钙含量一般大于或等于10%）。

（2）根据用途分为拌制砂浆和混凝土用粉煤灰、水泥活性混合材料用粉煤灰两种。

2.4.1.3　等级

拌制混凝土和砂浆用粉煤灰分为三个等级：Ⅰ级、Ⅱ级、Ⅲ级。

水泥活性混合材料用粉煤灰不分级。

2.4.1.4　技术要求

（1）理化性能要求：拌制混凝土和砂浆用粉煤灰应符合表2-25的技术要求。

拌制混凝土和砂浆用粉煤灰理化性能要求　　表2-25

项目		技术要求		
		Ⅰ级	Ⅱ级	Ⅲ级
细度（45μm方孔筛筛余）（%）	F类粉煤灰	≤12.0	≤30.0	≤45.0
	C类粉煤灰			
需水量比（%）	F类粉煤灰	≤95	≤105	≤115
	C类粉煤灰			
烧失量（%）	F类粉煤灰	≤5.0	≤8.0	≤10.0
	C类粉煤灰			
含水量（%）	F类粉煤灰	≤1.0		
	C类粉煤灰			
三氧化硫（SO_3）质量分数（%）	F类粉煤灰	≤3.0		
	C类粉煤灰			
游离氧化钙（f-CaO）质量分数（%）	F类粉煤灰	≤1.0		
	C类粉煤灰	≤4.0		
安定性（雷氏法）（mm）	C类粉煤灰	≤5.0		
强度活性指数（%）	F类粉煤灰	≥70.0		
	C类粉煤灰			
密度（g/cm^3）	F类粉煤灰	≤2.6		
	C类粉煤灰			
二氧化硅（SiO_2）、三氧化二铝（Al_2O_3）和三氧化二铁（Fe_2O_3）总质量分数（%）	F类粉煤灰	≥70.0		
	C类粉煤灰	≥50.0		

注：安定性的检验，是对比水泥和被检验粉煤灰按7∶3质量比混合而成。

（2）放射性：符合《建筑材料放射性核素限量》GB 6566—2010中建筑主体材料

规定指标要求。

（3）碱含量：按 Na_2O + 0.658K_2O 计算值表示。当粉煤灰应用中有碱含量要求时，由买卖双方协商确定。

（4）均匀性：以细度表征，单一样品的细度不应超过前 10 个样品细度平均值（如样品少于 10 个时，则为样品试验的平均值）的最大偏差，最大偏差范围由买卖双方协商确定。

（5）半水亚硫酸钙含量：采用干法或半干法脱硫工艺排出的粉煤灰应检测半水亚硫酸钙（$CaSO_3 \cdot 1/2H_2O$）含量，其含量不大于 3.0%。

2.4.2 矿渣粉

2.4.2.1 概述

以粒化高炉矿渣为主要原料，可掺加少量天然石膏磨制成一定细度的粉体，称作粒化高炉矿渣粉，简称矿渣粉或矿粉。矿渣粉的密度一般为 2.90～2.93g/cm^3，堆积密度为 800～1100kg/m^3，细度越大，密度越高。

用于水泥和混凝土中的粒化高炉矿渣粉，是铁矿石在冶炼过程中与石灰石等溶剂化合所得以硅铝酸钙为主要成分的熔融物，经急速与水淬冷后形成的玻璃状颗粒物质，经粉磨工艺达到规定细度的产品。

粒化高炉矿渣粉具有潜在水硬性和良好的活性，但需磨细到一定程度后才能使潜在活性有效地发挥，颗粒愈细，活性愈好。我国的磨细矿渣粉玻璃体含量一般在 85% 以上，是优质的混凝土掺合料和水泥混合材。但是，在混凝土中应用矿渣粉时应注意，由于矿渣粉的保水性能远不及一些优质的粉煤灰和硅灰，使新拌混凝土易出现泌水现象，故在配制低强度等级混凝土时不宜掺入太多，而在配制高强度等级混凝土时可适当掺入矿渣粉。另外，一些专家研究发现，随着矿渣粉掺量的增加，硬化水泥石的收缩也在增大，因此提出磨细矿渣粉的掺量不宜大于水泥用量的 30%。

粒化高炉矿渣粉的活性与其化学成分有很大的关系。矿渣有碱性、酸性和中性之分。酸性矿渣的胶凝性差，而碱性矿渣的胶凝性好，其活性比中性和酸性高。

以下内容为现行国家标准《用于水泥、砂浆和混凝土中的粒化高炉矿渣粉》GB/T 18046—2017 的规定。

2.4.2.2 技术要求

混凝土用粒化高炉矿渣粉成品技术要求应符合表 2-26 的规定。

矿渣粉的技术要求　　表 2-26

项目		级别		
		S105	S95	S75
密度（g/cm^3）		≥ 2.8		
比表面积（m^2/kg）		≥ 500	≥ 400	≥ 300
活性指数（%）	7d	≥ 95	≥ 70	≥ 55
	28d	≥ 105	≥ 95	≥ 75
流动度比（%）		≥ 95		
含水量（%）		≤ 1.0		
三氧化硫（%）		≤ 4.0		
氯离子（%）		≤ 0.06		
烧失量（%）		≤ 1.0		
玻璃体含量（质量分数）（%）		≥ 85		
初凝时间比（%）		≤ 200		
不溶物（%）		≤ 3.0		
放射性		I_{Ra} ≤ 1.0 且 I_{γ} ≤ 1.0		

2.4.3　硅灰

硅灰，又叫硅微粉，也叫微硅粉或二氧化硅超细粉，一般情况下统称硅灰。

硅灰是在冶炼硅铁合金或工业硅时，通过烟道排出的硅蒸气氧化后，经收尘器收集得到的以无定形二氧化硅为主要成分的产品。外观为灰色或灰白色粉末，其颗粒极其细微，根据氮吸附法测试的比表面积，在 15000m^2/kg 以上，平均粒径为 0.1μm，其细度和比表面积为水泥的 80～100 倍；密度为 2.2～2.5g/cm^3，松散密度为 160～320kg/m^3。

硅灰在形成过程中，因相变的过程中受表面张力的作用，形成了非结晶相无定形圆球状颗粒，且表面较为光滑，有些则是多个圆球颗粒粘在一起的团聚体。掺有硅灰的物料，微小的球状体可以起到润滑的作用。硅灰由于其超细特性和二氧化硅含量高（85% 以上），因此表现出显著的填充作用和火山灰活性材料特征，是高强高性能混凝土理想的掺合料。

由于掺硅灰可显著提高混凝土的强度和耐久性，因此在高强高性能混凝土中被普遍应用。掺硅灰的混凝土具有良好的抗氯离子渗透性能，适用于暴露在氯污染环境的混凝土。掺用硅灰能改善混凝土拌合物的黏聚性能和硬化性能，提高混凝土的密实性、稳定性和早期性能等，是喷射混凝土和自密实混凝土的优质掺合料。硅灰已成为多种混凝土的必要组成成分。

2.4.3.1 硅灰的作用

硅灰能够填充水泥颗粒间的孔隙，同时与水化产物生成凝胶体，与碱性材料氧化镁反应生成凝胶体。在水泥基的混凝土、砂浆与耐火材料浇筑料中，掺入适量的硅灰，可起到如下作用：

（1）显著提高抗压、抗折、抗渗、防腐、抗冲击及耐磨性能。

（2）具有保水，防止离析、泌水，大幅降低混凝土泵送阻力的作用。

（3）显著延长混凝土的使用寿命。特别是在氯盐污染侵蚀、硫酸盐侵蚀、高湿度等恶劣环境下，可使混凝土的耐久性提高一倍甚至数倍。

（4）大幅度降低喷射混凝土和浇筑料的落地灰，提高单次喷层厚度。

（5）是高强混凝土常用的材料。

（6）具有约 5 倍水泥的功效，在混凝土中应用可降低成本，提高耐久性。

（7）有效防止发生混凝土碱骨料反应。

2.4.3.2 使用方法及注意事项

硅灰的使用受到一定条件的限制，并不适用于所有的场合，如果应用不当将得不到特有的效果。

（1）混凝土掺入硅灰时有一定坍落度损失。这点需在进行配合比设计、生产和施工时加以注意。

（2）混凝土掺硅灰宜同时与高效减水剂使用，并复掺粉煤灰和磨细矿渣粉，混凝土性能可以得到更好的改善。且水胶比不宜过大，一般情况下，水胶比小于 0.4 掺用硅灰才具有技术经济意义。

（3）掺用硅灰的混凝土应适当延长搅拌时间，使硅灰能均匀分散在混凝土中，从而达到预期的效果。切忌将硅灰加入已拌合的混凝土中。

（4）硅灰混凝土与普通混凝土的施工方法并无重大区别，但硅灰混凝土早强的性能会使终凝时间提前，在抹面时应加注意；同时掺加硅灰会提高混凝土的黏滞性和大幅度减少泌水，使抹面稍显困难。

（5）硅灰混凝土施工安全应严格按照混凝土工程的有关规范进行操作。因硅灰较轻，严禁高空抛撒材料，防止硅灰飞扬。

（6）由于硅灰的颗粒极其细微，具有非常大的比表面积，需水量较大，且掺用硅灰的混凝土随着硅灰掺量的增加，坍落度损失和黏性越大，可泵性越差，因此不宜在混凝土中大量掺用硅灰。一般合适的掺量为取代水泥质量的 5%～10%。

（7）掺用硅灰的混凝土塑性收缩敏感，应加强新浇混凝土结构的保湿养护，养护时间应不少于 14d。若得不到适当保湿养护，很难获得硅灰给混凝土带来的优点。

（8）由于硅灰密度较轻，施工时混凝土不宜过度振捣和过多收面。否则，其颗粒上浮于混凝土表面，影响硅灰应有的性能，并将增加混凝土表面的塑性收缩裂缝。

以下内容为现行国家标准《砂浆和混凝土用硅灰》GB/T 27690—2011 的规定。

2.4.3.3 分类与标记

1. 分类

硅灰按其使用时的状态，可分为硅灰（代号 SF）和硅灰浆（代号 SF-S）。

2. 标记

产品标记由分类代号和标准号组成。

示例：硅灰标记为：SF GB/T 27690—2011

2.4.3.4 技术要求

硅灰的技术要求应符合表 2-27 的规定。

硅灰的技术要求 **表 2-27**

项目	指标
总碱量	≤ 1.5%
比表面积（BET 法）	≥ $15m^2/g$
SiO_2 含量	≥ 85%
烧失量	≤ 4.0%
氯含量	≤ 0.1%
需水量比	≤ 125%
活性指数（7d 快速法）	≥ 105%
放射性	$I_{Ra} \leq 1.0$ 且 $I_r \leq 1.0$
抗氯离子渗透性	28d 电通量之比≤ 40%
抑制碱 - 骨料反应性	14d 膨胀率降低值≥ 35%
含水率	≤ 3.0%

注：抑制碱 - 骨料反应性和抗氯离子渗透性为选择性试验项目，由供需双方协商决定。

2.4.4 石灰石粉

2.4.4.1 概述

石灰石粉是以一定纯度的石灰石为原料，经粉磨至规定细度的粉状材料。

矿物掺合料已成为现代混凝土不可或缺的组分。但是，随着我国基础设施建设的大规模展开，对粉煤灰、矿渣粉等传统矿物掺合料的需求量明显增大，在一些地区出现了供不应求的局面，混凝土企业常因掺合料紧缺而苦恼。而石灰石粉资源在我国分布十分广泛，容易获取，且价格低廉，运输方便，因此将石灰石粉作为一种新型矿物掺合料已在行业内逐步得到应用。从成本和能耗方面考虑，石灰石粉宜以生产石灰石碎石和人工砂石所产生的石粉和石屑为原料，通过进一步粉磨制成粒径不大于0.16mm的微细粒。

国内外研究表明，石灰石粉是生产水泥和配制混凝土的理想掺合料之一，在混凝土中掺入适量的石灰石粉，可以取代部分水泥、改善新拌混凝土和易性、降低水化热及减小收缩，可降低混凝土的孔隙率，从而提高混凝土的密实性能，对提高混凝土的强度和抗渗性有利，并减少环境污染，其技术性能优良，经济效益明显，成为今后混凝土工业的研究热点和发展趋势。

在我国的一些地区和大型工程中，采用石灰石粉取代部分细骨料或作为辅助胶凝材料取代部分水泥，取得了良好的应用效果。如广东、海南等南方城市的预拌混凝土普遍掺入石灰石粉；在普定、岩滩、江垭、汾河二库、白石、黄丹、龙滩、漫湾、大朝山、小湾等水电工程中，石灰石粉得到成功应用。使用石灰石粉替代日益紧缺的传统矿物掺合料，对于解决实际工程的原材料紧缺问题、降低工程造价和环保等将具有重大的现实意义，能有效推动我国混凝土行业的健康发展。

需注意的是：石灰石粉取代水泥掺入混凝土后，对混凝土抗冻融及抗硫酸盐侵蚀有不利影响，特别在冻融环境和硫酸盐中度以上侵蚀的环境中，需要经试验确认混凝土的耐久性。在潮湿、低温且存在硫酸盐的环境中，需要充分重视 $CaSO_3$ 和水化硅酸钙及硫酸盐生成碳硫硅钙石，防止引起混凝土微结构解体。在这种情况下，原则上不得使用石灰石粉。

为规范石灰石粉在混凝土中的应用，保证混凝土质量，2014 年我国发布了石灰石粉标准，即《石灰石粉在混凝土中应用技术规程》JGJ/T 318—2014，该标准从 2014 年 10 月 1 日起实施，以下是该规程的内容：

2.4.4.2 技术要求

（1）石灰石粉的碳酸钙含量、细度、活性指数、流动度比、含水量、亚甲蓝值应符合表 2-28 的规定。

（2）石灰石粉的放射性核素限量应符合现行国家标准《建筑材料放射性核素限量》GB 6566—2010 的规定。

石灰石粉技术要求　　表 2-28

项目		技术指标
碳酸钙含量（%）		≥ 75
细度（45um 方孔筛筛余，%）		≤ 15
活性指数（%）	7d	≥ 60
	28d	≥ 60
流动度比（%）		≥ 100
含水量（%）		≤ 1.0
亚甲蓝值（g/kg）		≤ 1.4

（3）当石灰石粉用于有碱活性骨料配制的混凝土时，可由供需双方协商确定碱含量。

2.5　混凝土外加剂

混凝土外加剂是一种在混凝土搅拌之前或拌制过程中加入的，用以改善新拌合硬化混凝土性能的材料，其掺量一般小于 5%。

20 世纪 30 年代，国外就开始在混凝土中使用外加剂。我国从 20 世纪 50 年代才开始在混凝土中应用外加剂。早期使用的主要产品有松香皂引气剂、亚硫酸纸浆废液为原料生产的减水剂、氯盐防冻剂和早强剂等。20 世纪 70～80 年代减水剂品质和应用有了一定的发展，有 10% 的混凝土使用了外加剂。20 世纪 90 年代以来，随着建筑的高层化和大型化，以及预拌混凝土和泵送施工工艺的快速发展，我国混凝土外加剂的科研、生产和应用有了突飞猛进的发展，外加剂企业规模和产量也有了质的飞跃。

混凝土外加剂发展至今，尤其是减水剂，已成为配制混凝土的一种常用材料。我国的减水剂技术已由第一代发展到了第三代，第一代以减水率为 8%～12% 的木质素磺酸钠普通减水剂为代表；第二代以减水率为 15%～25% 的萘系高效减水剂为代表；第三代以减水率为 25%～40%（最高可达 60%）的聚羧酸盐系高性能减水剂为代表。减水剂的出现是混凝土技术的一大进步，混凝土中掺加减水剂能明显减少水用量，改善混凝土的和易性和可泵性，大幅提高强度，可以节约水泥，降低生产成本，因此被广泛地应用于混凝土中，特别是预拌混凝土中不掺的量只占少数，减水剂在混凝土中起到越来越重要的作用。

各种混凝土外加剂的应用促进了混凝土新技术的发展，促进了工业副产品在胶凝材料系统中更多地应用，还有助于节约资源和环境保护，具有显著的经济效益和社会效益，并逐步成为优质混凝土必不可少的材料。

混凝土外加剂是现代混凝土不可缺少的第五组分，外加剂不仅可以改善新拌混凝土的流变性能、硬化混凝土的物理力学性能和耐久性能，而且推动了混凝土生产与施工技术的进步。混凝土中使用外加剂的主要目的可概括以下几个方面：

（1）改善新拌混凝土的工作性能，减少拌合物的用水量，提高混凝土拌合物的流动性，改善混凝土拌合物的和易性，保持混凝土拌合物不离析、不泌水，易于浇筑、泵送和密实成型。调节混凝土的初凝、终凝时间，推迟混凝土水化热峰值出现的时间和降低峰值的大小。

（2）提高硬化混凝土的物理力学性能和改善混凝土的耐久性，提高混凝土各龄期强度、弹性模量和极限拉伸应变。减少收缩、徐变或补偿收缩，提高混凝土的体积稳定性。增加混凝土密实性，改善混凝土内部结构，提高混凝土抗渗性、抗冻融性和抗碳化能力。抑制碱与活性骨料间的碱骨料反应。

（3）可获得良好的经济效益，减少单方混凝土水泥用量。可缩小构筑物尺寸，减小构件自重，降低建筑成本。可加快施工进度，延长混凝土使用寿命。

（4）推动混凝土科学与技术的进步。混凝土外加剂技术已成为材料科学与工程的一个重要分支。外加剂的应用使混凝土向着高强、流态化和高性能方向发展，为特殊用途（如水下混凝土、海洋石油平台用混凝土等）和特种施工（如喷射混凝土、泵送混凝土、挤压混凝土等）的混凝土的实现提供了可靠保证。

2.5.1 分类

混凝土外加剂按其主要使用功能分为四类：

（1）改善混凝土拌合物流变性能的外加剂，包括各种减水剂和泵送剂等。

（2）调节混凝土凝结时间、硬化性能的外加剂，包括缓凝剂、促凝剂和速凝剂等。

（3）改善混凝土耐久性的外加剂，包括引气剂、防水剂、阻锈剂和矿物外加剂等。

（4）改善混凝土其他性能的外加剂，如膨胀剂、防冻剂、着色剂等。

2.5.2 术语

（1）普通减水剂：在混凝土坍落度基本相同的条件下，减水率不小于 8% 的外加剂。

（2）高效减水剂：在混凝土坍落度基本相同的条件下，减水率不小于 14% 的外加剂。

（3）高性能减水剂：在混凝土坍落度基本相同的条件下，减水率不小于 25%，与高效减水剂相比坍落度保持性能好、干燥收缩小，且具有一定引气性能的减水剂。

（4）缓凝型高效减水剂：具有缓凝功能的高效减水剂。

（5）早强型高效减水剂：具有早强功能的高效减水剂。

（6）缓凝型高性能减水剂：具有缓凝功能的高性能减水剂。

（7）引气型高效减水剂：具有引气功能的高效减水剂。

（8）早强剂：能加速混凝土早期强度发展的外加剂。

（9）缓凝剂：延长混凝土凝结时间的外加剂。

（10）引气剂：能通过物理作用引入均匀分布、稳定而封闭的微小气泡，且能将气泡保留在硬化混凝土中的外加剂。

（11）防水剂：能降低砂浆、混凝土在静水压力下透水性的外加剂。

（12）膨胀剂：在混凝土硬化过程中因化学作用能使混凝土产生一定体积膨胀的外加剂。

（13）防冻剂：能使混凝土在负温下硬化，并在规定养护条件下达到预期性能的外加剂。

（14）泵送剂：能改善混凝土拌合物泵送性能的外加剂。

（15）硫铝酸钙类膨胀剂：与水泥、水拌合后经水化反应生成钙矾石的混凝土膨胀剂。

（16）硫铝酸钙—氧化钙类膨胀剂：与水泥、水拌合后经水化反应生成钙矾石和氢氧化钙的混凝土膨胀剂。

（17）氧化钙类膨胀剂：与水泥、水拌合后经水化反应生成氢氧化钙的混凝土膨胀剂。

2.5.3　混凝土外加剂的主要功能

（1）改善混凝土或砂浆拌合物施工时的和易性；

（2）提高混凝土或砂浆的强度及其他物理力学性能；

（3）节约水泥或代替特种水泥；

（4）加速混凝土或砂浆的早期强度发展；

（5）调节混凝土或砂浆的凝结硬化速度；

（6）调节混凝土或砂浆的含气量；

（7）降低水泥初期水化热或延缓水化放热；

（8）改善混凝土拌合物泌水性和泵送性；

（9）提高混凝土或砂浆耐各种侵蚀盐类的腐蚀性；

（10）减弱碱－骨料反应；

（11）改善混凝土或砂浆的毛细孔结构；

（12）提高钢筋的抗锈蚀能力；

（13）提高集料与砂浆界面的粘结力，提高钢筋与混凝土的握裹力；

（14）提高新老混凝土界面的粘结力等。

2.5.4　对混凝土性能可能产生的负面效应

混凝土外加剂的应用给混凝土工程带来了不可估量的技术经济效益，但随着外加剂的广泛应用，由于选择与使用不当产生的负面影响频频发生，甚至引发工程事故。用外加剂可能对混凝土性能产生的负面效应主要有以下几个方面：

2.5.4.1　外加剂品种对混凝土性能的负面效应

1. 减水剂

研究表明，在混凝土配合比相同的情况下，掺减水剂的混凝土坍落度可增加100mm以上，但与基准混凝土相比，其收缩值却明显增加，因而掺减水剂的混凝土更易开裂。

2. 高效减水剂

萘系、三聚氰胺系高效减水剂会导致混凝土坍落度经时损失加大；在水泥正常情况下采用高浓型萘系高效减水剂无论塑化效果或保塑效果都优于低浓产品；但用于碱含量较高的水泥中，高浓型虽然有效成分含量高，但塑化及保塑效果却不如低浓型；氨基磺酸系高效减水剂虽然减水率大，但单一掺用会增大混凝土离析、泌水，延长混凝土凝结时间。

3. 早强剂

多为无机盐类，对混凝土后期强度不利；氯盐早强剂会引起钢筋锈蚀；硫酸盐早强剂可能产生体积膨胀，使混凝土耐久性降低；钠盐早强剂将增加混凝土中碱含量，与活性二氧化硅骨料产生碱—骨料反应。

4. 缓凝剂

糖类缓凝剂（如蔗糖、糖蜜等）能有效抑制 C_3A 早期水化，糖蜜后期增强效果好，但对水泥相容性差，用于以硬石膏或工业石膏作调凝剂的水泥会产生假凝；柠檬酸、三聚磷酸钠、硫酸锌可增大水泥塑化效果，但也会增大混凝土泌水和混凝土收缩；葡萄糖酸钠能有效抑制 C_3A 水化并有较高的减水效果，但用于 C_3A 含量较低水泥不但增加成本，缓凝效果也不如糖类缓凝剂。高碱水泥应少采用酸性缓凝剂（如柠檬酸），改用碱性缓凝剂（如三聚磷酸钠酸）；酸性缓凝剂不能与 pH 值较低的木钙等减水剂合用。

5. 防冻剂

防冻剂中的早强组分、防冻组分多为无机盐类，使用不当会引起混凝土后期强度倒缩、钢筋锈蚀及碱—骨料反应发生。

6. 膨胀剂

尽管我国膨胀剂的研制开发及应用取得了一定的成绩，但随着膨胀剂工程的增多，使用范围不断扩大，不成功的例子也随之增加。膨胀剂在混凝土中的负面效应主要有：

（1）掺入膨胀剂的混凝土，由于膨胀剂在水化过程中出现与水泥争水的现象，会导致混凝土水化速度加快、坍落度损失增大、凝结时间缩短。

（2）掺入膨胀剂的混凝土若早期养护不到位，膨胀剂中的 $CaSO_4$ 的溶出量将受到影响，导致早期未水化的膨胀剂组分在合适的条件下可能生成二次钙矾石，将对混凝土结构体积的稳定性不利，严重时导致结构开裂甚至破坏。

（3）混凝土中膨胀剂由于含铝相组分和石膏的水化热较大，较不掺膨胀剂的混凝土温升有所提高，如果施工养护不当，将增加混凝土开裂的几率。

（4）研究表明，水泥石中形成的钙矾石抗碳化能力弱，钙矾石含量高时，混凝土抗碳化性能降低。混凝土碳化将打破水泥水化产物稳定存在的平衡条件，使高碱性环境中稳定存在的水化产物转化为胶体物质，使混凝土结构承载能力下降，同时，碳化还将显著增加混凝土的收缩，使混凝土产生微细裂缝，而微细裂缝又降低了混凝土的密实性，导致混凝土的耐久性下降。

2.5.4.2　外加剂掺量对混凝土性能的负面效应

1. 高效减水剂

掺量正常时，新拌混凝土坍落度会随着用量的增加而增大，但它也有一定的饱和点，超量掺入不但减水率不再增长，混凝土泌水率也随之增大，凝结时间延长。

2. 缓凝剂

用量不足无法达到预期缓凝效果，过量加入则混凝土长时间不凝结或增加混凝土开裂倾向。

3. 早强剂

过量加入，虽然混凝土早期效果好，但后期强度损失大，盐析加剧影响混凝土饰面；增加混凝土导电性能及增大混凝土收缩开裂的危险。

4. 引气剂

过量加入混凝土工作性反而降低，更会对混凝土抗压强度、抗渗、抗碳化性能产生不良影响。

5. 膨胀剂

掺量过大时会导致混凝土强度降低、耐久性下降。

综上所述，正确采用外加剂品种及掺量是保证混凝土质量的关键。使用时一定要结合工程实际情况（如环境、施工、材料条件及结构设计对混凝土性能要求等），进行掺外加剂混凝土的试配与检验，杜绝外加剂对混凝土性能发生负面影响。

2.5.5 混凝土外加剂的选择、掺量和质量控制

2.5.5.1 外加剂的选择

（1）外加剂种类应根据设计和施工要求及外加剂的主要作用选择。

（2）当不同供方、不同品种的外加剂同时使用时，应经试验验证，并应确保混凝土性能满足设计和施工要求后再使用。

（3）含有六价铬盐、亚硝酸盐和硫氰酸盐成分的混凝土外加剂，严禁用于饮水工程中建成后与饮水直接接触的混凝土。

（4）含有强电解质无机盐的早强型普通减水剂、早强剂、防冻剂和防水剂，严禁用于下列混凝土结构：

1）与镀锌钢材或铝铁相接触部位的混凝土结构；

2）有外露钢筋预埋铁件而无防护措施的混凝土结构；

3）使用直流电源的混凝土结构；

4）距高压直流电源 100m 以内的混凝土结构。

（5）含有氯盐的早强型普通减水剂、早强剂、防水剂和氯盐类防冻剂，严禁用于预应力混凝土、钢筋混凝土和钢纤维混凝土结构。

（6）含有硝酸铵、碳酸铵的早强型普通减水剂、早强剂和含有硝酸铵、碳酸铵、

尿素的防冻剂，严禁用于办公、居住等有人员活动的建筑工程。

（7）含有亚硝酸盐、碳酸盐的早强型普通减水剂、早强剂、防冻剂和含有亚硝酸盐的阻锈剂，严禁用于预应力混凝土结构。

（8）掺外加剂混凝土所用水泥、砂、石、矿物掺合料及拌合用水，应符合现行相关标准的规定，并应检验外加剂与混凝土原材料的相容性，符合要求后再使用。

（9）试配掺外加剂的混凝土应采用工程实际使用的原材料，检测项目应根据设计和施工要求确定，检测条件应与施工条件相当，当工程所用原材料或混凝土性能要求发生变化时，应重新试配。

2.5.5.2　外加剂的掺量

（1）外加剂掺量应以外加剂质量占混凝土中胶凝材料总质量的百分数表示。

（2）外加剂掺量宜按供方的推荐掺量确定，应采用工程实际使用的原材料和配合比，经试验确定。当混凝土其他原材料或使用环境发生变化时，混凝土配合比、外加剂掺量可进行调整。

2.5.5.3　外加剂的质量控制

（1）外加剂进场时，供方应向需方提供下列质量证明文件：

1）型式检验报告；

2）出厂检验报告与合格证；

3）产品说明书。

（2）外加剂进场时，同一供方、同一品种的外加剂应按规定的检验项目与检验批量进行检验与验收，检验样品应随机抽取。外加剂进场检验方法应符合现行相关标准的规定，经检验合格后再使用。

（3）进场检验合格的外加剂应按不同厂家、不同品种和牌号分别存放，标识清楚。

（4）当同一品种外加剂的供方、批次、产地和等级等发生变化时，需方应对外加剂进行复验，应合格并满足设计和施工要求后再使用。

（5）粉状外加剂应防止受潮结块，有结块时，应进行检验，合格者应经粉碎至全部通过公称直径为 630μm 方孔筛后再使用；液体外加剂应贮存在密闭容器内，并应防晒和防冻，有沉淀、异味、漂浮等现象时，应经检验合格后再使用。

（6）外加剂计量系统在投入使用前，应经标定合格后再使用，标识应清楚、计量应准确，计量允许偏差应为 ±1%。

（7）在贮存、运输和使用过程中应根据不同种类和品种分别采取安全防护措施。

2.5.6 常用混凝土外加剂

2.5.6.1 混凝土外加剂

以下内容摘自《混凝土外加剂》GB 8076—2008。

《混凝土外加剂》GB 8076—2008 虽然称为“混凝土外加剂”，但是只包括了高性能减水剂、高效减水剂、普通减水剂、引气减水剂、泵送剂、早强剂、缓凝剂及引气剂共八类混凝土外加剂。其他外加剂如膨胀剂、防冻剂、防水剂等，由于性能指标和试验方法与《混凝土外加剂》GB 8076—2008 差异较大，未被纳入。

1. 代号

采用以下代号表示各种外加剂的类型：

早强型高性能减水剂：HPWR-A；

标准型高性能减水剂：HPWR-S；

缓凝型高性能减水剂：HPWR-R；

标准型高效减水剂：HWR-S；

缓凝型高效减水剂：HWR-R；

早强型普通减水剂：WR-A；

标准型普通减水剂：WR-S；

缓凝型普通减水剂：WR-R；

引气减水剂：AEWR；

泵送剂：PA；

早强剂：Ac；

缓凝剂：Re；

引气剂：AE。

2. 质量要求

（1）受检混凝土性能指标

掺外加剂混凝土的性能指标应符合表 2-29 的要求。

（2）匀质性指标

匀质性指标应符合表 2-30 要求。

2.5.6.2 膨胀剂

抗渗混凝土不是指一定要掺加膨胀剂。在德国防渗混凝土基本不使用膨胀剂，只是在某些构件的连接处才掺膨胀剂。

受检混凝土性能指标　　　　**表 2-29**

项目		外加剂品种												
		高性能减水剂 HPWR			高效减水剂 HWR		普通减水剂 WR			引气减水剂 AEWR	泵送剂 PA	早强剂 Ac	缓凝剂 Re	引气剂 AE
		早强型 HPWR-A	标准型 HPWR-S	缓凝型 HPWR-R	标准型 HWR-S	缓凝型 HWR-R	早强型 WR-A	标准型 WR-S	缓凝型 WR-R					
减水率（%），不小于		25	25	25	14	14	8	8	8	10	12	—	—	6
泌水率比（%），不大于		50	60	70	90	100	95	100	100	70	70	100	100	70
含气量（%）		≤ 6.0	≤ 6.0	≤ 6.0	≤ 3.0	≤ 4.5	≤ 4.0	≤ 4.0	≤ 5.5	≥ 3.0	≤ 5.5	—	—	≥ 3.0
凝结时间之差（min）	初凝	-90～+ 90	-90～+ 120	>+ 90	-90～+ 120	>+ 90	-90～+ 90	-90～+ 120	>+ 90	-90～+ 120	—	-90～+ 90	>+ 90	-90～+ 120
	终凝			—		—			—			—	—	
1h 经时变化量	坍落度（mm）	—	≤ 80	≤ 60	—	—	—	—	—	—	≤ 80	—	—	—
	含气量（%）	—	—	—						-1.5～+ 1.5	—			-1.5～+ 1.5
抗压强度比（%），不小于	1d	180	170	—	140	—	135	—	—	—	—	135	—	—
	3d	170	160	—	130	—	130	115	—	115	—	130	—	95
	7d	145	150	140	125	125	110	115	110	110	115	110	100	95
	28d	130	140	130	120	120	100	110	110	100	110	100	100	90
28d 收缩率比（%），不大于		110	110	110	135	135	135	135	135	135	135	135	135	135
相对耐久性（200 次）（%），不小于		—	—	—	—	—	—	—	—	80	—	—	—	80

注：① 表中抗压强度比、收缩率比、相对耐久性为强制性指标，其余为推荐性指标。

② 除含气量和相对耐久性外，表中所列数据为掺外加剂混凝土与基准混凝土的差值或比值。

③ 凝结时间之差性能指标中的“-”号表示提前，“+”号表示延缓。

④ 相对耐久性（200 次）性能指标中的“≥ 80”表示将 28d 龄期的受检混凝土试件快速冻融循环 200 次后，动弹性模量保留值≥ 80%。

⑤ 1h 含气量经时变化量指标中的“-”号表示含气量增加，“+”号表示含气量减少。

⑥ 其他品种的外加剂是否需要测定相对耐久性指标，由供、需双方协商确定。

⑦ 当用户对泵送剂等产品有特殊要求时，需要进行的补充试验项目、试验方法及指标，由供、需双方协商决定。

外加剂匀质性指标 表 2-30

项目	指标
含固量（%）	$S>25\%$ 时，应控制在 $0.95S\sim1.05S$； $S\leqslant25\%$ 时，应控制在 $0.90S\sim1.10S$
含水率（%）	$W>5\%$ 时，应控制在 $0.90W\sim1.10W$； $W\leqslant5\%$ 时，应控制在 $0.80W\sim1.20W$
密度（g/cm^3）	$D>1.1$ 时，应控制在 $D\pm0.03$； $D\leqslant1.1$ 时，应控制在 $D\pm0.02$
氯离子含量（%）	不超过生产厂控制值
细度	应在生产厂控制范围内
pH 值	应在生产厂控制范围内
总碱量（%）	不超过生产厂控制值
硫酸钠含量（%）	不超过生产厂控制值

注：① 生产厂应在相关的技术资料中明示产品匀质性指标的控制值；
② 对相同和不相同批次之间的匀质性和等效性的其他要求，可由供需双方商定；
③ 表中的 S、W 和 D 分别为含固量、含水率和密度的生产厂控制值。

膨胀剂在混凝土工程结构中的应用，业界一直存在争议。原因在于，掺膨胀剂的膨胀混凝土其试验是在特定条件下进行的，其体积尺寸、养护条件、试体温湿度等与结构实体之间存在巨大的差异，使掺膨胀剂的膨胀混凝土在实际结构工程中，膨胀剂的膨胀效能是否与规定试验条件下的试验结果相当还值得商榷。应用膨胀剂的混凝土工程仍有许多不成功案例，主要是发生了开裂问题，影响因素较多，不仅与养护条件有关，还与其结构尺寸、混凝土温度、配筋、环境条件、施工振捣、使用模板及拆除时间等密切相关。

研究表明，无论使用何种膨胀剂，仅靠拌合水并不足以使其正常发挥膨胀作用，膨胀混凝土浇筑后更需要浇水养护才能达到预期的效果，且湿养时间不得少于 14d。如果早期湿养不足，膨胀能没有正常释放，在后期产生膨胀效应可能会引起混凝土结构开裂。对于浇筑后无法做到浇水养护或湿养时间不足的结构，掺加膨胀剂是无意义的。在干燥环境条件下，掺膨胀剂的混凝土由于凝结时间的加快，将加速干燥收缩的进程，其裂缝风险大于不掺膨胀剂的混凝土；膨胀剂也不能解决后期天气变化过程中产生的温差和干燥收缩裂缝问题。因此，膨胀剂并非是“一掺就灵”的万能产品。在许多工程中，不掺膨胀剂也满足了设计要求的抗渗性能。

关于膨胀剂的掺量问题，《补偿收缩混凝土应用技术规程》JGJ/T 178—2009 的推荐掺量为：用于补偿混凝土收缩时为 30～50kg/m^3；用于后浇带、膨胀加强带和工程接缝填充时为40～60kg/m^3。由此可见，要实现补偿收缩的目的，膨胀剂在混凝土中的掺量低于30kg/m^{3}基本达不到设计要求的限制膨胀率。

以下内容摘自《混凝土膨胀剂》GB/T 23439—2017。

1. 分类与标记

（1）分类

1）混凝土膨胀剂按水化产物分为：硫铝酸钙类混凝土膨胀剂（代号A）、氧化钙类混凝土膨胀剂（代号C）和硫铝酸钙—氧化钙类混凝土膨胀剂（代号AC）三类。

2）混凝土膨胀剂按限制膨胀率分为Ⅰ型和Ⅱ型。

（2）标记

所有混凝土膨胀剂产品名称标注为EA，按下列顺序进行标记：产品名称、代号、型号、标准号。

示例：

Ⅰ型硫铝酸钙类混凝土膨胀剂的标记：EA A Ⅰ GB/T 23439—2017。

Ⅱ型氧化钙类混凝土膨胀剂的标记：EA C Ⅱ GB/T 23439—2017。

Ⅱ型硫铝酸钙—氧化钙类混凝土膨胀剂的标记：EA AC Ⅱ GB/T 23439—2017。

2. 适用范围

（1）用膨胀剂配制的补偿收缩混凝土宜用于混凝土结构自防水、工程接缝、填充灌浆，采取连续施工的超长混凝土结构，大体积混凝土工程等；用膨胀剂配制的自应力混凝土宜用于自应力混凝土输水管、灌注桩等。

（2）含硫铝酸钙类、硫铝酸钙—氧化钙类膨胀剂配制的混凝土（砂浆）不得用于长期环境温度为80℃以上的工程。

（3）膨胀剂应用于钢筋混凝土工程和填充性混凝土工程。

3. 技术要求

（1）化学成分

1）氧化镁

混凝土膨胀剂中的氧化镁含量应不大于5%。

2）碱含量（选择性指标）

混凝土膨胀剂中的碱含量按$Na_2O + 0.658K_2O$计算值表示。若使用活性骨料，用户要求提供低碱混凝土膨胀剂时，混凝土膨胀剂中的碱含量应不大于0.75%，或由供需双方协商决定。

（2）物理性能

混凝土膨胀剂的物理性能指标应符合表 2-31 的规定。

混凝土膨胀剂物理性能指标 表 2-31

项目			指标值	
			Ⅰ型	Ⅱ型
细度	比表面积（m^2/kg）	≥	200	
	1.18mm 筛筛余（%）	≤	0.5	
凝结时间	初凝（min）	≥	45	
	终凝（min）	≤	600	
限制膨胀率（%）	水中 7d	≥	0.035	0.050
	空气中 21d	≥	−0.015	−0.010
抗压强度（MPa）	7d	≥	22.5	
	28d	≥	42.5	

2.5.6.3 防水剂

防水剂是一种能降低混凝土在静水压力下的渗透性的外加剂。

混凝土内存在很多互相连通的毛细孔隙，这也是混凝土产生渗漏的根本原因。防水剂作为混凝土抗渗剂，其作用也就在于通过物理和化学作用改变混凝土中孔隙的状态。减少孔隙的生成，堵塞和切断毛细孔隙，使开孔的毛细孔隙变为封闭的毛细孔隙，从而提高抗渗性能。

混凝土防水剂的种类很多，作用各不相同，大致可分为下列四种作用。

（1）产生胶体或沉淀，阻塞和切断毛细孔隙。

（2）起憎水作用，使产生的气泡彼此机械地分割开来，互不连通。

（3）改善工作性，减少用水量，从而减少由于水分蒸发而产生的毛细管通道。

（4）加入橡胶、合成树脂等物质，使在水泥石中的气泡壁上形成一层憎水薄膜。

常用的防水剂主要是指能起第一种作用的物质，即产生胶体或沉淀，阻塞和切断毛细管通道，从而发挥防水作用。

1. 品种

防水剂按照种类可分为：

无机化合物类：氯化铁、改性硅、锆化合物等。

有机化合物类：脂肪酸及其盐类、有机硅表面活性剂（甲基硅醇钠、乙基硅醇钠、聚乙基羟基硅氧烷，用于内外墙、地下室、水池、卫生间及楼体）、石蜡、地沥青、橡胶及水溶性树脂乳液、硅酮锆（用于水泥基渗透结晶防水体系）。

混合物类：无机类混合物、有机类混合物、无机类与有机类混合物。

复合类：上述各类与引气剂、减水剂、调凝剂等外加剂复合的复合型防水剂。

2. 使用方法

（1）掺量范围 4%～6%，具体使用量应少量实验后确定。

（2）现场搅拌使用，先与石子、砂、水泥及其他掺合料一次混合均匀，然后加水搅拌（应适当延长搅拌时间）。

3. 适用范围

（1）防水剂可用于有防水抗渗要求的混凝土工程。

（2）对有抗冻要求的混凝土工程宜选用复合引气组分的防水剂。

4. 质量要求

以下内容摘自《砂浆、混凝土防水剂》JC/T 474—2008 标准，但未入编砂浆部分内容。

（1）防水剂匀质性指标

匀质性指标应符合表 2-32 的规定。

防水剂匀质性指标 **表 2-32**

试验项目	指标	
	液体	粉状
固体含量（%）	$S \geqslant 20\%$ 时，$0.95S \leqslant X < 1.05S$； $S < 20\%$ 时，$0.90S \leqslant X < 1.10S$。 S 是生产厂提供的固体含量（质量 %）； X 是测试的固体含量（质量 %）	—
含水率（%）	—	$W \geqslant 5\%$ 时，$0.90W \leqslant X < 1.10W$； $W < 5\%$ 时，$0.80W \leqslant X < 1.20W$。 W 是生产厂提供的含水率（质量 %）； X 是测试的含水率（质量 %）
密度（g/cm^3）	$D > 1.1$ 时，要求为 $D \pm 0.03$； $D \leqslant 1.1$ 时，要求为 $D \pm 0.02$。 D 是生产厂提供的密度值	—
细度（%）	—	0.315mm 筛筛余应小于 15%
氯离子含量（%）	应小于生产厂最大控制值	应小于生产厂最大控制值
总碱量（%）	应小于生产厂最大控制值	应小于生产厂最大控制值

注：生产厂应在产品说明书中明示产品匀质性指标的控制值。

（2）受检混凝土的性能指标

受检混凝土的性能指标应符合表 2-33 的规定。

受检混凝土的性能指标 **表 2-33**

试验项目			性能指标	
			一等品	合格品
安定性			合格	合格
泌水率比（%）	≤		50	70
凝结时间差（min）	≥	初凝	−90	−90
抗压强度比（%）	≥	3d	100	90
		7d	110	100
		28d	100	90
渗透高度比（%）	≤		30	40
吸水量比（48h）（%）	≤		65	75
收缩率比（28d）（%）	≤		125	135

注：① 安定性为受检净浆的试验结果，凝结时间差为受检混凝土与基准混凝土的差值，其他数据为受检混凝土与基准混凝土的比值。
② “−” 号表示提前。

5. 注意事项

（1）在水泥变更或新进水泥时，应做混凝土兼容性实验。

（2）与其他外加剂混用时，应先检验其兼容性。

（3）按配合比正确配料，浇筑混凝土时严格按施工规范操作。

（4）与常规混凝土一样，必须按施工规范加强养护。

（5）混凝土防水剂 应存放于干燥处，注意防潮，保质期 2 年，在保质期内，如遇受潮结块，经磨碎过筛后仍可使用。

（6）处于侵蚀介质中的防水剂混凝土，当耐腐蚀系数小于 0.8 时，应采取防腐措施。防水剂混凝土结构表面温度不应超过 100℃，否则必须采取隔断热源的保护措施。

2. 5. 6. 4 防冻剂

我国规定当室外日平均气温连续 5d 稳定低于 5℃时即进入冬期施工。为了保证混凝土施工的质量和效率，掺用防冻剂是混凝土冬期施工最常用、最经济的技术措施。防冻剂一般由减水组分、防冻组分、引气组分以及早强组分等多种组分构成。

在我国北方地区，冬期混凝土施工较为普遍。为了使新浇混凝土在环境温度为低温或负温下达到规定的强度，在冬期施工中常采用两种方法：其一是采用保温和加温措施使混凝土在正温硬化直到所需要的强度；其二是将防冻剂水溶液掺入混凝土混合物中，保证混凝土在较低的正温和负温下硬化。如果将这两种方法结合，相互补充，能使冬期施工的温度范围扩大。

冬期混凝土施工的实质是在自然负温环境中要创造可能的养护条件，使混凝土得以硬化并达到临界强度以上。混凝土冬期施工的特点是：混凝土凝结时间长，0～4℃时的混凝土凝结时间比 15℃时延长 3 倍；混凝土温度低到 −0.3～−0.5℃时开始冻结，水化反应基本停止，在 −10℃时，水泥水化完全停止，混凝土强度不再增长。

混凝土中掺入防冻剂后，在负温条件下能降低游离水的冰点，改变冰晶结构，使混凝土在不会发生冻胀破坏，且内部仍然保持足够的液相，以使水泥水化作用得以继续进行；转入正温后，混凝土强度能进一步增长，达到或超过设计强度要求。

1. 适用范围

（1）防冻剂用于冬期施工混凝土。

（2）亚硝酸钠防冻剂或亚硝酸钠与碳酸锂复合防冻剂，可用于冬期施工的硫铝酸盐水泥混凝土。

（3）适用于规定温度为 −5℃、−10℃、−15℃的混凝土防冻剂，按标准规定温度检测合格的可在比规定温度低 5℃的条件下使用。

2. 分类

防冻剂按其成分可分为强电解质无机盐类（氯盐类、氯盐阻锈类、无氯盐类）、水溶性有机化合物类、有机化合物与无机盐复合类、复合型防冻剂。

（1）氯盐类：以氯盐（如氯化钠、氯化钙等）为防冻组分的外加剂；

（2）氯盐阻锈类：含有阻锈组分，并以氯盐为防冻组分的外加剂；

（3）无氯盐类：以亚硝酸盐、硝酸盐等无机盐为防冻组分的外加剂；

（4）有机化合物类：以某些醇类、尿素等有机化合物为防冻组分的外加剂；

（5）复合型防冻剂：以防冻组分复合早强、引气、减水等组分的外加剂。

3. 技术要求

（1）匀质性

防冻剂的匀质性应符合表 2-34 的要求。

混凝土防冻剂匀质性指标　　　　表 2-34

试验项目	指标
固体含量（%） （液体防冻剂）	$S \geq 20\%$ 时，$0.95S \leq X < 1.05S$； $S < 20\%$ 时，$0.90S \leq X < 1.10S$。 S 是生产厂提供的固体含量（质量 %），X 是测试的固体含量（质量 %）

续表

试验项目	指标
含水率（%） （粉状防冻剂）	$W \geq 5\%$ 时，$0.90W \leq X < 1.10W$； $W < 5\%$ 时，$0.80W \leq X < 1.20W$。 W 是生产厂提供的含水率（质量 %），X 是测试的含水率（质量 %）
密度 （液体防冻剂）	$D > 1.1$ 时，要求为 $D \pm 0.03$； $D \leq 1.1$ 时，要求为 $D \pm 0.02$。 D 是生产厂提供的密度值
氯离子含量（%）	无氯盐防冻剂：≤ 0.1%（质量百分比） 其他防冻剂：不超过生产厂控制值
碱含量（%）	不超过生产厂提供的最大值
水泥净浆流动度（mm）	应不小于生产厂控制值的 95%
细度（%）	粉状防冻剂细度应不超过生产厂提供的最大值

（2）掺防冻剂混凝土性能

掺防冻剂混凝土性能应符合表 2-35 的要求。

掺防冻剂混凝土性能 **表 2-35**

<table>
<tr><td colspan="2" rowspan="2">试验项目</td><td colspan="6">性能指标</td></tr>
<tr><td colspan="3">一等品</td><td colspan="3">合格品</td></tr>
<tr><td colspan="2">减水率（%） ≥</td><td colspan="3">10</td><td colspan="3">—</td></tr>
<tr><td colspan="2">泌水率比（%） ≤</td><td colspan="3">80</td><td colspan="3">100</td></tr>
<tr><td colspan="2">含气量（%） ≥</td><td colspan="3">2.5</td><td colspan="3">2.0</td></tr>
<tr><td>凝结时间差（mm）</td><td>初凝和终凝</td><td colspan="3">−150～+150</td><td colspan="3">−210～+210</td></tr>
<tr><td rowspan="5">抗压强度比（%） ≥</td><td>规定温度（℃）</td><td>−5</td><td>−10</td><td>−15</td><td>−5</td><td>−10</td><td>−15</td></tr>
<tr><td>R_{-7}</td><td>20</td><td>12</td><td>10</td><td>20</td><td>10</td><td>8</td></tr>
<tr><td>R_{28}</td><td colspan="2">100</td><td>95</td><td colspan="2">95</td><td>90</td></tr>
<tr><td>R_{-7+28}</td><td>95</td><td>90</td><td>85</td><td>90</td><td>85</td><td>80</td></tr>
<tr><td>R_{-7+56}</td><td colspan="3">100</td><td colspan="3">100</td></tr>
<tr><td colspan="2">28d 收缩率比（%） ≤</td><td colspan="6">135</td></tr>
<tr><td colspan="2">渗透高度比（%） ≤</td><td colspan="6">100</td></tr>
<tr><td colspan="2">50 次冻融强度损失率比（%） ≤</td><td colspan="6">100</td></tr>
</table>

（3）释放氨量

含有氨或氨基类的防冻剂释放氨量应符合《混凝土外加剂中释放氨的限量》GB 18588—2001 规定的限值。

2.5.6.5 聚羧酸系高性能减水剂

21 世纪初，我国开始研究聚羧酸盐系减水剂并应用于工程中。

聚羧酸系高效减水剂具有大减水、高保坍和高增强等功能，并具有一定的引气性和较小的混凝土收缩率。产品对水泥适应性强，掺量低，不含氯离子，使用方便，特别适用于配制C30～C100的高流态、高保坍、高强甚至超高强的混凝土工程，适用于原子能发电厂、高速铁路路基、液化天然气保管用贮存罐、超高层大厦、桥梁等混凝土工程。

聚羧酸盐系高性能减水剂的出现和推广应用可以说是外加剂发展史上的一个重要飞跃，已经成为世界性的研究热点和发展重点，也是对其他外加剂生存的一个挑战。但由于各种外加剂都有自己的特点和特性，所以聚羧酸盐高性能减水剂和其他各种高效减水剂将在相当长的时期内共存发展，并在共存发展中不断地完善和提高其性能。

聚羧酸系减水剂被认为是一种高性能减水剂，人们总是期望其在应用中比传统减水剂更安全、更高效、适应能力更强，但工程中总是碰到这样那样的问题，常常事与愿违，而且有些问题还是使用其他品种减水剂时所从未遇到的，如混凝土拌合料异常干涩、无法卸料，更无法泵送浇筑，或者混凝土拌合料分层严重等。无疑给聚羧酸系减水剂的安全、高效应用带来很大阻力。

以下内容按《混凝土外加剂应用技术规范》GB 50119—2013和《聚羧酸系高性能减水剂》JG/T 223—2017编写。

1. 品种

（1）混凝土工程中可采用标准型、早强型和缓凝型聚羧酸系高性能减水剂。

（2）混凝土工程中可采用具有其他特殊功能的聚羧酸系高性能减水剂。

2. 适用范围

（1）可用于素混凝土、钢筋混凝土和预应力混凝土。

（2）宜用于高强混凝土、泵送混凝土、清水混凝土、自密实混凝土、预制构件混凝土和钢管混凝土。

（3）宜用于具有高体积稳定性、高耐久性或高工作性要求的混凝土。

（4）缓凝型宜用于大体积混凝土，不宜用于日最低气温5℃以下施工的混凝土。

（5）早强型宜用于有早强要求或低温季节施工的混凝土，但不宜用于日最低气温−5℃以下施工的混凝土，且不宜用于大体积混凝土。

（6）具有引气型用于蒸养混凝土时，应经试验验证。

3. 分类与标记

（1）分类

1）按产品类型分类，见表2-36。

聚羧酸高性能减水剂的类型　　表 2-36

名称	代号	名称	代号
标准型	S	缓释型	SR
早强型	A	减缩型	RS
缓凝型	R	防冻型	AF

2）按产品形态分类

聚羧酸系高性能减水剂按其形态，可分为液体（代号 L）和粉体（代号 P）。

（2）标记

1）标记方法

按产品代号（PCE）、型号、形态和标准编号进行标记。

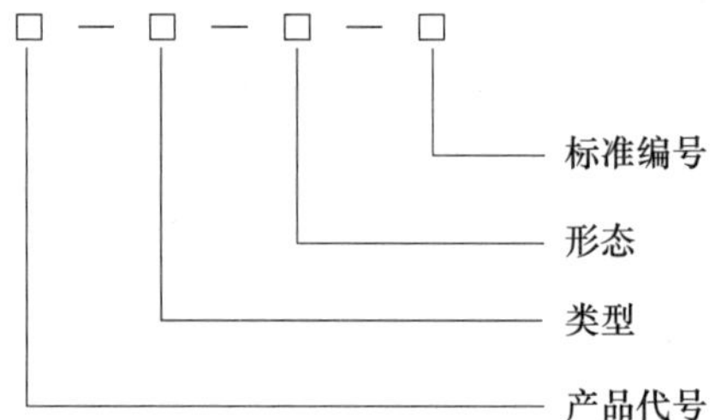

2）标记示例

示例：液体的防冻型聚羧酸系高性能减水剂标记为：

PCE-AF-L-JG/T 223—2017

4. 技术要求

（1）掺聚羧酸系高性能减水剂混凝土性能

掺聚羧酸系高性能减水剂混凝土性能指标应符合表 2-37 的要求。掺防冻型聚羧酸系高性能减水剂的混凝土性能除满足表 2-37 的要求，还应同时满足表 2-38 的要求。

聚羧酸系高性能减水剂混凝土性能指标　　表 2-37

<table>
<tr><th colspan="2" rowspan="2">项目</th><th colspan="6">产品类型</th></tr>
<tr><th>标准型
S</th><th>早强型
A</th><th>缓凝型
R</th><th>缓释型
SR</th><th>减缩型
RS</th><th>防冻型
SF</th></tr>
<tr><td colspan="2">减水率（%）</td><td colspan="6">≥ 25.0</td></tr>
<tr><td colspan="2">泌水率比（%）</td><td>≤ 60</td><td>≤ 50</td><td>≤ 70</td><td>≤ 70</td><td>≤ 60</td><td>≤ 60</td></tr>
<tr><td colspan="2">含气量（%）</td><td colspan="5">≤ 6.0</td><td>2.5～6.0</td></tr>
<tr><td rowspan="2">凝结时间差（min）</td><td>初凝</td><td rowspan="2">-90～+120</td><td rowspan="2">-90～+90</td><td>＞+120</td><td>＞+30</td><td rowspan="2">-90～+120</td><td rowspan="2">-150～+90</td></tr>
<tr><td>终凝</td><td>—</td><td>—</td></tr>
</table>

续表

项目		产品类型					
		标准型 S	早强型 A	缓凝型 R	缓释型 SR	减缩型 RS	防冻型 SF
坍落度经时损失（mm）（1h）		≤+80	—	—	≤-70（1h），≤-60（2h），≤-60（3h）且>-120	≤+80	≤+80
抗压强度比（%）	1d	≥170	≥180	—	—	≥170	—
	3d	≥160	≥170	≥160	≥160	≥160	—
	7d	≥150					—
	28d	≥140					—
收缩率比（%）		≤110					
50次冻融强度损失率比（%）		—					≤90

注：坍落度损失中正号表示坍落度经时损失的增加，负号表示坍落度经时损失的减少。

掺防冻型聚羧酸系高性能减水剂混凝土力学性能指标　　表 2-38

性能		规定温度（℃）		
		-5	-10	-15
抗压强度比（%）	R_{28}	≥120		
	R_{-7}	≥20	≥14	≥12
	R_{-7+28}	≥100		

（2）聚羧酸系高性能减水剂匀质性

聚羧酸系高性能减水剂匀质性应符合表 2-39 要求。

聚羧酸系高性能减水剂匀质性指标　　表 2-39

项目	产品类型					
	标准型 S	早强型 A	缓凝型 R	缓释型 SR	减缩型 RS	防冻型 SF
甲醛含量（mg/kg）	≤300					
氯离子含量（%）	≤0.1					
总碱量（kg/m^3）	应在生产厂控制范围内					
含固量（质量分数）	应符合《混凝土外加剂》GB 8076—2008 的规定					
含水率（质量分数）	应符合《混凝土外加剂》GB 8076—2008 的规定					
细度	应在生产厂控制范围内					
pH 值	应在生产厂控制范围内					
密度	应符合《混凝土外加剂》GB 8076—2008 的规定					

（3）氨释放量

用于民用建筑室内混凝土的聚羧酸系高性能减水剂，其氨释放量应符合《混凝土外加剂中释放氨的限量》GB 18588—2001 的规定。

2.5.6.6 早强剂

混凝土早强剂是指能提高混凝土早期强度，并且对后期强度无显著影响的外加剂，多在冬季采用。其主要作用在于加速水泥水化速度，促进混凝土早期强度的发展。早强剂及早强减水剂主要适用于混凝土制品蒸养及常温、低温和最低温度不低于 −5℃环境中施工的有早强要求的混凝土工程。

提高混凝土早期强度的方法可以采用：① 使用特种水泥，但由于价格较贵使用受到限制。② 改进混凝土施工和养护方法，如热拌混凝土、振动压轧成型、蒸养处理等，对设备和工艺有较高要求。③ 使用早强型外加剂，实践证明，该方法最为简单易行，且成本低廉，是目前冬期施工以及其他有早强要求混凝土普遍采用的方法。我国东北、华北、西北等常年冬期较长地区以及华东、华南在冬季气温降至 −5℃以下的施工中常掺用早强剂和早强减水剂，以尽快达到临界强度防止冻坏。

混凝土早强剂是外加剂发展历史中最早使用的外加剂品种之一。到目前为止，人们已先后开发了氯盐、硫酸盐、硝酸盐、三乙醇胺等多种早强功能组分，并且在早强剂的基础上，生产应用多种复合型外加剂，如早强减水剂、早强防冻剂和早强型泵送剂等。这些种类的早强型外加剂都已经在实际工程中使用，在改善混凝土性能、提高施工效率和节约投资成本方面发挥了重要作用。

1. 品种

（1）混凝土工程中可采用下列早强剂：

1）硫酸盐、硫酸复盐、硝酸盐、碳酸盐、亚硝酸盐、氯盐、硫氰酸盐等无机盐类；

2）三乙醇胺、甲酸盐、乙酸盐、丙酸盐等有机化合物类。

（2）混凝土工程中可采用两种或两种以上无机盐类早强剂或有机化合物类早强剂复合而成的早强剂。

2. 适用范围

（1）早强剂宜用于蒸养、常温、低温和最低温度不低于 −5℃环境中施工的有早强要求的混凝土工程。炎热环境条件下以及环境温度低于 −5℃时不宜使用早强剂。

（2）早强剂不宜用于大体积混凝土；三乙醇胺等有机胺类早强剂不宜用于蒸养混凝土。

（3）无机盐类早强剂不宜用于下列情况：

1）处于水位变化的结构；

2）露天结构及经常受水淋、受水流冲刷的结构；

3）相对湿度大于 80% 环境中使用的结构；

4）直接接触酸、碱或其他侵蚀性介质的结构；

5）有装饰要求的混凝土，特别是要求色彩一致或表面有金属装饰的混凝土。

3. 掺量

早强剂中硫酸钠掺入混凝土的量应符合表 2-40 的规定，三乙醇胺掺入混凝土的量不应大于胶凝材料质量的 0.05%，早强剂在素混凝土中引入的氯离子含量不应大于胶凝材料质量的 1.8%。其他品种早强剂的掺量应经试验确定。

硫酸钠掺量限值　　表 2-40

混凝土种类	使用环境	掺量限值（胶凝材料质量 %）
预应力混凝土	干燥环境	≤ 1.0
钢筋混凝土	干燥环境	≤ 2.0
	潮湿环境	≤ 1.5
有饰面要求的混凝土	—	≤ 0.8
素混凝土	—	≤ 3.0

4. 质量要求

早强剂受检混凝土性能指标见表 2-29。

第3章　预拌混凝土的性能与试验

3.1　混凝土的组成与分类

3.1.1　混凝土的组成

混凝土工程结构常用的是普通混凝土。它是由胶凝材料（水泥、粉煤灰、矿渣粉等）、骨料（粗骨料、细骨料等）、水及外加剂、掺合料，按一定比例配制，经计量、搅拌、捣实成型，并在一定条件下硬化而成的一种人造石材。

普通混凝土广泛应用于工业与民用建筑工程、水利工程、地下工程、公路、铁路、桥涵及国防建设等工程中，是当今世界上用途最广、用量最大的人造建筑材料。

3.1.2　混凝土的分类

混凝土品种繁多，其分类方法也各不相同。常见的分类有以下几种：

1. 按干表观密度分

重混凝土（大于2800kg/m^3）、普通混凝土（2000～2800kg/m^3，一般在2400kg/m^3左右）、轻混凝土（不大于1950kg/m^3）。

2. 按胶凝材料分

（1）无机胶凝材料混凝土，如水泥混凝土、石膏混凝土、硅酸盐混凝土、水玻璃混凝土等；

（2）有机胶结料混凝土，如沥青混凝土、聚合物混凝土等。

3. 按使用功能分

结构混凝土、保温混凝土、装饰混凝土、防水混凝土、耐火混凝土、水工混凝土、海工混凝土、道路混凝土、防辐射混凝土等。

4. 按施工工艺分

离心混凝土、真空混凝土、灌浆混凝土、喷射混凝土、碾压混凝土、挤压混凝土、泵送混凝土等。

5. 按抗压强度分

低强混凝土（＜30MPa）、中强混凝土（30～55MPa）、高强混凝土（≥60MPa）、超高强混凝土（≥100MPa）。

6. 按配筋方式分

素混凝土（无筋混凝土）、钢筋混凝土、钢丝网混凝土、纤维混凝土，预应力混凝土等。

7. 按拌合物稠度分

干硬性混凝土、半干硬性混凝土、塑性混凝土、流动性混凝土、高流动性混凝土、流态混凝土等。

3.2　混凝土的特点

混凝土问世至今，已经成为现代社会建筑的基础。“凡有人群的地方，就有混凝土在闪光”。混凝土在土木工程中得以广泛应用是由于它具有以下优点。

（1）原料丰富，成本低廉。原材料中砂、石等地方材料占80%左右，符合就地取材和经济性原则。

（2）具有良好的可塑性。可以按工程结构要求浇筑成任意形状和尺寸的构件或整体结构。

（3）抗压强度高。传统的混凝土抗压强度为20～40MPa，近30年来，混凝土向高强方向发展，60～100MPa的混凝土已经较广泛地应用于工程中。目前，在技术上可以配出300MPa以上的超高强混凝土。

（4）与钢筋有牢固的粘结力，与钢材有基本相同的线膨胀系数。混凝土与钢筋二者复合成钢筋混凝土，利用钢材抗拉强度的优势弥补混凝土脆性弱点，混凝土的碱性保护钢筋不生锈，从而大大扩展了混凝土的应用范围。

（5）具有良好的耐久性。木材易腐朽，钢材易生锈，而混凝土在自然环境下使用，其耐久性比木材和钢材优越得多。

（6）生产能耗低，维修费用少。其能源消耗较烧土制品和金属材料低，且使用中一般不需维护保养，故维修费用少。

（7）有利于环境保护。混凝土可以充分利用工业废料，如粉煤灰、磨细矿渣粉、硅粉等，降低环境污染。

（8）耐火性好。普通混凝土的耐火性远比木材、钢材和塑料好，可耐数小时的高温作用而保持其力学性能。

混凝土的主要缺点：自重大，比强度小，抗拉强度低，呈脆性，易裂缝；保温性能较差；生产周期长；视觉和触觉性能欠佳等。这些缺陷使混凝土的应用受到了一定的限制。

3.3 混凝土的主要性能

混凝土的主要性能包括新拌混凝土的表观密度、和易性、凝结时间、含气量、泌水与离析等。硬化后混凝土的强度、抗裂性、抗冻性、抗渗性及抗碳化性等。

3.3.1 混凝土拌合物性能

3.3.1.1 表观密度

混凝土拌合物捣实后的单位体积质量，称为拌合物的表观密度。混凝土烘至恒重时的单位体积质量，称为干表观密度，以 kg/m^3 表示。

混凝土拌合物的表观密度因组成材料密度、粗骨料的最大尺寸、配合比、含气量以及捣实程度不同而不同。

3.3.1.2 和易性

和易性是混凝土拌合物重要的性能。但和易性在试验中尚无统一的衡量指标，一般凭眼睛观察，并根据经验判断。它是指混凝土拌合物的施工操作难易程度和抵抗离析作用程度的性质。和易性良好的拌合物易于施工操作，成型后混凝土结构或构件密实均匀。为了确保混凝土具有良好的和易性，各种原材料品质必须要好，砂率与用水量适中，应掺入适量的外加剂或矿物掺合料，外加剂与水泥有良好的相容性、用量合理等。和易性是一个综合性的技术指标，它包括流动性、黏聚性、保水性三个方面。

1. 流动性

流动性是指混凝土拌合物在自重或机械振捣作用下，能产生流动并均匀密实地填满模型的性能。

流动性的大小主要取决于砂率、单位用水量、骨料级配和粒形、减水剂及水泥浆量的多少。砂率适中，单位用水量、减水剂或水泥浆量多，骨料级配和粒形好，混凝土拌合物的流动性就大，流动性大的混凝土便于施工浇筑。但混凝土拌合物的流动性并非越大越好，流动性过大容易产生体积稳定性不良问题。混凝土拌合物依其流动性的大小分别以坍落度、扩展度或维勃稠度来表示。其中坍落度适用于塑性和流动性混凝土拌合物，维勃稠度适用于干硬性混凝土拌合物。

2. 黏聚性

黏聚性是指混凝土拌合物组成材料相互间有一定的黏聚力，在施工过程中不致产生分层和离析现象，能保持整体均匀的性能。

在外力作用下，混凝土拌合物各组成材料的沉降各不相同，如果配合比例不当，黏聚性差，则施工中易发生浆骨分层、离析的情况，致使混凝土硬化后产生一些质量缺陷，影响混凝土强度和耐久性。

3. 保水性

保水性是指混凝土拌合物具有一定的保水能力，在静置过程中或施工浇筑后混凝土表面不产生明显泌水现象。

保水性不良的混凝土拌合物浇筑后，随着较重骨料颗粒的下沉，密度较小的水分将上浮到混凝土表面，造成结构表面疏松、强度较低，如同时伴随离析现象，将增大结构发生开裂的几率。或积聚在骨料、钢筋的下面而形成水囊，硬化后形成空隙，从而削弱了骨料或钢筋与水泥石的粘结力，影响混凝土结构实体质量。

3.3.1.3　凝结时间

凝结时间是混凝土拌合物的一项重要指标，对混凝土的搅拌、运输以及施工具有重要的参考作用。混凝土的凝结时间以贯入阻力来表示，当贯入阻力为 3.5MPa 时为初凝时间，贯入阻力为 28MPa 时为终凝时间。

混凝土的运输、施工浇筑等需要一定的时间，浇筑成型后又要进行下一道工序的施工操作。因此，混凝土的凝结时间不宜过短又不宜过长。混凝土的凝结时间主要以满足运输和施工要求来进行控制，当不满足时可采取掺入适量的外加剂进行调整。

3.3.1.4　含气量

混凝土中气泡体积与混凝土总体积的比值。

混凝土中有一定均匀分布的微小气泡，对混凝土的流动性有明显改善，减少混凝土拌合物离析和泌水现象的发生，并对提高混凝土耐久性有利。未掺引气剂的混凝土含气量一般在 1% 左右，当掺入引气剂后，混凝土含气量可达 5% 以上。少量的含气量对硬化混凝土的性能影响不大，而且当含气量在 3%～5% 时，还可获得足够的抗冻性。但是，含气量超过一定范围时，每增加 1% 混凝土强度降低 3%～5%，含气量过大还将降低混凝土的耐久性能，因此混凝土中的含气量不宜超过 6%。

3.3.1.5 泌水与离析

泌水是指新拌混凝土在开始凝结期间表面出现水积聚的现象。混凝土拌合物中如果胶凝材料用量较低、骨料级配不良、砂率小、高效减水剂掺入量大或外加剂与水泥相容性不良时，就容易出现泌水现象。泌水同时影响混凝土结构内部质量，使积聚在骨料和钢筋下的水干燥后形成空隙或微裂缝，影响结构性能。

沉降是与泌水同时发生的另一种现象，由于泌水的混凝土体积稳定性较差，在水分和轻物质上浮的同时，混凝土中颗粒大、密度大的颗粒会下沉，从而导致了一定程度的浆骨分离，这种现象出现时通常称为离析。

泌水与离析严重的混凝土拌合物容易造成结构“蜂窝”“麻面”、表面疏松、沉降裂缝等，在泵送过程中容易发生堵泵问题。

3.3.2 硬化混凝土性能

混凝土硬化后应具有满足设计要求的强度和耐久性。

影响混凝土硬化性能的因素较多，除与混凝土的自身特性有关外，还与人、机械、原材料、施工方法和所处的环境条件等有关。

3.3.2.1 混凝土的强度

强度是混凝土在外部荷载作用下抵抗破坏的能力。混凝土的强度有抗压强度、抗拉强度及抗折强度等。

虽然许多工程对耐久性能的要求比强度更重要，但是各种性能的混凝土与强度之间存在密切的关系，且混凝土结构物主要是以承受荷载或抵抗其他各种作用力，因此，混凝土的强度仍然是混凝土最重要的质量要求。

1. 混凝土立方体抗压强度

混凝土立方体抗压强度是评定混凝土质量的主要力学指标。

混凝土的强度等级采用符号“C”与立方体抗压强度标准值（以 N/mm^2 计）来表示。目前，混凝土的强度等级划分为：C15、C20、C25、C30、C35、C40、C45、C50、C55、C60、C65、C70、C75、C80、C85、C90、C95 和 C100。

混凝土立方体抗压强度标准值系按标准方法制作和养护的边长为 150 mm 的立方体试块，在规定龄期（可为 28d、60d 或 90d 等），用标准试验方法测得的抗压强度总体分布中的一个值，强度低于该值的不得超过 5%。

2. 混凝土抗拉强度

其值只有抗压强度的 1/10～1/15。抗拉强度与抗压强度的比值随抗压强度的增加而减小。混凝土的强度越高，其脆性越大，断裂韧性越小，抵抗突发荷载（如地震、爆炸）和疲劳（如高耸结构承受的风荷载，道路承受的动力荷载）的能力越差。设计中一般是不考虑混凝土承受拉力的，但混凝土抗拉强度对混凝土的抗裂性却起着重要作用。为此对某些工程（如路面板、水槽、拱坝等），在提出抗压强度的同时，还必须提出抗拉强度的要求，以满足抗裂要求。

测定混凝土抗拉强度的试验方法有两种：轴心拉伸法和劈裂法。轴心拉伸法试验难度很大，故一般都用劈裂试验来间接地取得其抗拉强度。

3. 混凝土抗折强度

混凝土抗折强度是指混凝土的抗弯曲强度，其值只有抗压强度的 1/8～1/12。抗折强度在重要的路面水泥混凝土工程中有明确的设计要求，其他土木建筑工程一般很少有抗折强度的设计要求。

3. 3. 2. 2　混凝土的耐久性

混凝土的耐久性是指混凝土在实际使用条件下抵抗各种破坏因素作用，长期保持强度和外观完整性的能力。主要包括抗冻性、抗渗性、抗侵蚀性、抗碳化性、碱—骨料反应及抗风化性能等。

提高混凝土耐久性的根本措施是增强混凝土的密实性和体积稳定性。因此，对于有耐久性要求的结构，应控制混凝土的水胶比，水胶比过大时混凝土的密实性差，过小时混凝土收缩大（易开裂），都对耐久性不利。原材料的选用和质量控制对耐久性也非常重要，骨料粒径太大和含泥（包括泥块）较多对耐久性不利，而在混凝土中合理掺入外加剂和掺合料是十分有利的做法。

1. 抗冻性

混凝土试件成型后，经过标准养护或同条件养护后，在规定的冻融循环制度下保持强度和外观完整的能力，称为混凝土的抗冻性。抗冻性是评定混凝土耐久性的重要指标。

混凝土抗冻性的试验方法有慢冻法、快冻法和单面冻融法（或称盐冻法）。由于试验方法不同，其抗冻性指标可用抗冻等级和抗冻标号来表示。抗冻等级（快冻法）用符号 F 表示，而抗冻标号（慢冻法）是用符号 D 表示，两种方法均采用龄期 28d 的试件在吸水饱和后，检测其承受反复冻融循环下的性能变化。常用的混凝土抗冻等级有：F50、F100、F150、F200、F250、F300 等，分别表示混凝土能够承受反复冻融循环次数为 50、100、150、200、250 和 300 次。

2. 抗渗性

混凝土抵抗压力水渗透的性能，称为混凝土的抗渗性。

我国一般多采用抗渗等级来表示混凝土的抗渗性，用符号“P”表示，抗渗等级分为 P6、P8、P10、P12。

3. 抗侵蚀性

混凝土的抗侵蚀性是指当混凝土处在含有侵蚀性介质（含酸、盐水等）的环境中，具有一定的抗侵蚀能力。

混凝土的抗侵蚀性与混凝土的密实度、孔隙特征和水泥品种等有关。混凝土拌合物和易性不好、水胶比大，抗侵蚀性就差。

4. 抗碳化性

它是混凝土的一项重要的长期性能，直接影响混凝土对钢筋的保护作用，同时也显著地影响混凝土的强度。

混凝土碳化是指空气中的 CO_2 酸性气体从毛细孔通道和微裂缝侵入内部，与混凝土中的液相碱性物质发生反应，生成碳酸钙或其他物质的现象，造成混凝土碱度下降和混凝土中化学成分改变的中性化反应过程。

水泥在水化过程中生成大量的氢氧化钙，使混凝土空隙中充满了饱和氢氧化钙溶液，其 pH 值为 12～13，在这样高碱性的环境中，钢筋表面被氧化，形成一层极薄的“钝化膜”，这层钝化膜对钢筋有良好的保护作用。碳化使混凝土空隙液的 pH 值降低，当降低到 10 以下时，钝化膜的作用完全被破坏，钢筋处于脱钝状态，所以当混凝土碳化深度达到钢筋表面时，就会引起钢筋锈蚀，当钢筋锈蚀到一定程度时会引起混凝土胀裂和剥落，严重影响钢筋混凝土结构的正常使用和安全。

5. 抗裂性

混凝土抗裂性是指混凝土抵抗开裂的能力。混凝土的抗裂性能是一项综合性能，与抗拉强度、极限拉伸变形能力、抗拉弹性模量、自生体积变形、徐变、热学性能均有一定的关系。

由于混凝土抗拉强度远小于抗压强度，极限拉伸变形很小，在外力、温度变化、湿度变化等作用下，容易发生裂缝。混凝土和钢筋混凝土发生裂缝会影响建筑物的整体性、耐久性甚至安全和稳定。裂缝可分为应力裂缝、干缩裂缝和温度裂缝三类。在外力作用下，混凝土发生开裂，称为应力裂缝；混凝土在硬化及使用过程中，因含水量变化引起的裂缝，称干缩裂缝；混凝土因温度变化而热胀冷缩过程中，产生温度应力而引起的裂缝，称温度裂缝。为提高混凝土抵抗裂缝的能力，采用低热量水泥、各种外加剂，采取表面保温措施等。

通常情况下，抗裂性好的混凝土应该具有较高的抗拉强度、较大的极限拉伸值、较低的弹性模量、较小的干缩值、较低的绝热温升值以及较小的温度变形系数和自身体积收缩变形小等性能。混凝土的抗裂性能受原材料、配合比、施工工艺、结构设计、运行条件等诸多因素的影响，为了提高混凝土的抗裂能力，通常是提高混凝土的抗拉强度和极限拉伸值，降低混凝土的弹性模量及收缩变形等。但一般情况下，提高混凝土的强度会导致弹性模量的增大。为了提高混凝土的极限拉伸值而增加单位水泥用量可能导致混凝土干缩变形增大，而且热变形值也将增加。因此，改善混凝土抗裂性能的基本思路为：在保证混凝土的强度基本不变的情况下，尽可能降低混凝土的弹性模量，提高混凝土的极限拉伸变形能力。

6. 碱—骨料反应

混凝土中碱的含量超过一定范围，且在某种环境条件下能与具有碱活性的骨料间发生膨胀反应，这种反应称为碱—骨料反应。这种反应引起明显的混凝土体积膨胀和开裂，使混凝土力学性能明显下降，严重影响混凝土结构的安全使用性。

发生碱—骨料反应一是混凝土中含有超过一定量的碱（Na_2O 与 K_2O）；二是骨料中含有碱活性矿物；三是混凝土处在潮湿环境。只有当这三个条件同时存在时才会发生碱—骨料反应。

3.3.2.3　防冻混凝土与抗冻混凝土

防冻混凝土与抗冻混凝土是技术要求完全不同的两种混凝土，区别在于：

防冻混凝土：是指冬期施工条件下，新浇混凝土凝结硬化的早期，在未达到规定的强度之前不允许遭受到冻害。因此，这种混凝土只有在冬期施工条件下才会“现身”，而冬季气温均在5℃以上的地区是不存在的。生产时，这种混凝土一般要添加早强剂或防冻剂，并必须做好浇筑后早期的保温养护工作，避免浇筑体遭受到冻胀破坏。

抗冻混凝土：要求这种混凝土浇筑后，结构在遭受50次以上的反复冻融循环下，仍具有强度损失小和外观较完整的抗冻能力。因此，这是一种有长期性能要求的混凝土，即抗冻性能。抗冻性能是评定该混凝土耐久性的重要指标。目前，规范规定的最高抗冻性能指标是能够承受反复冻融循环300次。与普通混凝土一样，这种混凝土根据需要随时都可以生产，在生产时一般要添加引气剂，当混凝土中含气量到达3%～5%时，可获得较高的抗冻性。当然，如果在冬期条件下浇筑时，这种混凝土也会添加早强剂或防冻剂，并须按冬期施工要求进行养护。

目前，在相关的标准规范中查不到防冻混凝土的术语，仅能查到“掺防冻剂的混凝土”或“冬期施工的混凝土”等；抗冻混凝土在规范中的术语是“抗冻等级等于或大于F50级的混凝土”。由于没有“防冻混凝土”的定义，因此这两种感觉差不多的混凝土容易被人误解或混淆不清。

3.4 混凝土性能要求

3.4.1 拌合物性能

（1）混凝土拌合物性能应满足设计和施工要求。混凝土拌合物性能试验方法应符合《普通混凝土拌合物性能试验方法》GB/T 50080—2016的有关规定，也可按本节进行检验。

（2）混凝土拌合物的稠度可采用坍落度、扩展度表示。坍落度适用于骨料最大粒径不大于40mm、坍落度不小于10mm的混凝土拌合物稠度测定；扩展度适用于骨料最大粒径不大于25mm、坍落度不小于220mm或泵送高强混凝土和自密实混凝土的拌合物稠度测定。坍落度、扩展度的允许偏差应符合表3-1的规定。

混凝土拌合物的稠度允许偏差 **表3-1**

项目	控制目标值	允许偏差
坍落度（mm）	50～90	±20
	≥100	±30
扩展度（mm）	≥350	±30

（3）混凝土拌合物应在满足施工要求的前提下，尽可能采用较小的坍落度；泵送混凝土坍落度设计值不宜大于180mm。

（4）泵送高强混凝土的扩展度不宜小于500mm；自密实混凝土的扩展度不宜小于600mm。

（5）混凝土拌合物的坍落度经时损失不应影响混凝土的正常施工。泵送混凝土拌合物的坍落度经时损失不宜大于30mm/h。

（6）混凝土拌合物应具有良好的和易性，并不得离析或泌水。

（7）混凝土拌合物的凝结时间应满足施工要求和混凝土性能要求。

（8）混凝土拌合物中水溶性氯离子最大含量实测值应符合表3-2的要求。混凝土拌合物中水溶性氯离子含量应按照现行行业标准《水运工程混凝土试验检测技术规范》JTS/T 236—2019 中混凝土拌合物中氯离子含量测定方法或其他准确度更好的方法进行测定。

混凝土拌合物中水溶性氯离子最大含量　　表 3-2

环境条件	水溶性氯离子最大含量（水泥质量的百分比，%）		
	钢筋混凝土	预应力混凝土	素混凝土
干燥环境	0.30	0.06	1.00
潮湿但不含氯离子的环境	0.20		
潮湿且含有氯离子的环境、盐渍土环境	0.10		
除冰盐等侵蚀性物质的腐蚀环境	0.06		

（9）掺用引气剂或引气型外加剂混凝土拌合物的含气量宜符合表 3-3 的要求。

混凝土含气量　　表 3-3

粗骨料最大公称粒径（mm）	混凝土含气量（%）
20	≤ 5.5
25	≤ 5.0
40	≤ 4.5

（10）使用在特定部位或环境的预拌混凝土特制品拌合物性能尚应符合国家现行相关标准的要求。

3.4.2　力学性能

（1）混凝土的力学性能应满足设计和施工要求。混凝土力学性能试验方法应符合现行国家标准《混凝土物理力学性能试验方法标准》GB/T 50081—2019 的有关规定。

（2）混凝土抗压强度应按现行国家标准《混凝土强度检验评定标准》GB/T 50107—2010 的有关规定进行检验评定，并应合格。

3.4.3　长期性能和耐久性能

（1）混凝土的长期性能和耐久性能应满足设计要求。试验方法应符合现行国家标准《普通混凝土长期性能和耐久性能试验方法标准》GB/T 50082—2009 的有关规定。

（2）混凝土耐久性能应按现行行业标准《混凝土耐久性检验评定标准》JGJ/T 193—2009 的有关规定进行检验评定，并应合格。

当需方提出其他混凝土性能要求时，应按国家现行有关标准规定进行试验，无相应标准时应按合同规定进行试验。试验结果应满足标准或合同的要求。

3.5 普通混凝土拌合物性能试验方法

以下内容摘自《普通混凝土拌合物性能试验方法标准》GB/T 50080—2016。

3.5.1 基本要求

（1）骨料最大公称粒径应符合现行行业标准《普通混凝土用砂、石质量及检验方法标准》JGJ 52—2006 的规定。

（2）试验环境相对湿度不宜小于 50%，温度应保持在 20℃±5℃。所用材料、试验设备、容器及辅助设备的温度宜与试验室温度保持一致。

（3）现场试验时，应避免混凝土拌合物试样受到风、雨雪及阳光直射的影响。

（4）试验设备使用前应经过校准。

3.5.2 取样

预拌混凝土交货时拌合物坍落度检验试样应在混凝土的交货地点随机抽取，其取样频率和数量宜按第 6 章第 6.4.1 节进行。

3.5.3 坍落度试验

（1）本试验方法宜用于骨料最大公称粒径不大于 40mm、坍落度不小于 10mm 的混凝土拌合物坍落度的测定。

（2）坍落度试验的试验设备应符合下列规定：

1）坍落度仪应符合现行行业标准《混凝土坍落度仪》JG/T 248—2009 的规定；

2）应配备 2 把钢尺，钢尺的量程不应小于 300mm，分度值不应大于 1mm；

3）底板应采用平面尺寸不小于 1500mm×1500mm、厚度不小于 3mm 的钢板，其最大挠度不应大于 3mm。

（3）坍落度试验应按下列步骤进行：

1）坍落度筒内壁和底板应润湿无明水；底板应放置在坚实水平面上，并把坍落度筒放在底板中心，然后用脚踩住两边的脚踏板，坍落度筒在装料时应保持在固定的位置；

2）混凝土拌合物试样应分三层均匀地装入坍落度筒内，每装一层混凝土拌合物，应用捣棒由边缘到中心按螺旋形均匀插捣 25 次，捣实后每层混凝土拌合物试样高度约为筒高的 1/3；

3）插捣底层时，捣棒应贯穿整个深度，插捣第二层和顶层时，捣棒应插透本层至下一层的表面；

4）顶层混凝土拌合物装料应高出筒口，插捣过程中，混凝土拌合物低于筒口时，应随时添加；

5）顶层插捣完后，取下装料漏斗，应将多余混凝土拌合物刮去，并沿筒口抹平；

6）清除筒边底板上的混凝土后，应垂直平稳地提起坍落度筒，并轻放于试样旁边；当试样不再继续坍落或坍落时间达30s时，用钢尺测量出筒高与坍落后混凝土试体最高点之间的高度差，作为该混凝土拌合物的坍落度值。

（4）坍落度筒的提离过程宜控制在3～7s；从开始装料到提坍落度筒的整个过程应连续进行，并应在150s内完成。

（5）将坍落度筒提起后混凝土发生一边崩坍或剪坏现象时，应重新取样另行测定；第二次试验仍出现一边崩坍或剪坏现象，应予记录说明。

（6）混凝土拌合物坍落度值测量应精确至1mm，结果应修约至5mm。

3.5.4 扩展度试验

（1）本试验方法宜用于骨料最大公称粒径不大于40mm、坍落度不小于160mm混凝土扩展度的测定。

（2）扩展度试验的试验设备应符合下列规定：

1）坍落度仪应符合现行行业标准《混凝土坍落度仪》JG/T 248—2009的规定；

2）钢尺的量程不应小于1000mm，分度值不应大于1mm；

3）底板应采用平面尺寸不小于1500mm×1500mm、厚度不小于3mm的钢板，其最大挠度不应大于3mm。

（3）扩展度试验应按下列步骤进行：

1）试验设备准备、混凝土拌合物装料和插捣应与“坍落度试验”相同；

2）清除筒边底板上的混凝土后，应垂直平稳地提起坍落度筒，坍落度筒的提离过程宜控制在3～7s；当混凝土拌合物不再扩散或扩散持续时间已达50s时，应使用钢尺测量混凝土拌合物展开扩展面的最大直径以及与最大直径呈垂直方向的直径；

3）当两直径之差小于50mm时，应取其算术平均值作为扩展度试验结果；当两直径之差不小于50mm时，应重新取样另行测定。

（4）发现粗骨料在中央堆集或边缘有浆体析出时，应记录说明。

（5）扩展度试验从开始装料到测得混凝土扩展度值的整个过程应连续进行，并应在4min内完成。

（6）混凝土拌合物扩展度值测量应精确至1mm，结果修约至5mm。

3.5.5 倒置坍落度筒排空试验

（1）本试验方法可用于倒置坍落度筒中混凝土拌合物排空时间的测定。

（2）倒置坍落度筒排空试验的试验设备应符合下列规定：

1）倒置坍落度筒的材料、形状和尺寸应符合现行行业标准《混凝土坍落度仪》JG/T 248—2009的规定，小口端应设置可快速开启的密封盖；

2）底板应采用平面尺寸不小于1500mm×1500mm、厚度不小于3mm的钢板，其最大挠度不应大于3mm；

3）支撑倒置坍落度筒的台架应能承受装填混凝土和插捣，当倒置坍落度筒放于台架上时，其小口端距底板不应小于500mm，且坍落度筒中轴线应垂直于底板；

4）捣棒应符合现行行业标准《混凝土坍落度仪》JG/T 248—2009的规定；

5）秒表的精度不应低于0.01s。

（3）倒置坍落度筒排空试验应按下列步骤进行：

1）将倒置坍落度筒支撑在台架上，应使其中轴线垂直于底板，筒内壁应湿润无明水，关闭密封盖。

2）混凝土拌合物应分两层装入坍落度筒内，每层捣实后高度宜为筒高的1/2。每层用捣棒沿螺旋方向由外向中心插捣15次，插捣应在横截面上均匀分布，插捣筒边混凝土时，捣棒可以稍稍倾斜。插捣第一层时，捣棒应贯穿混凝土拌合物整个深度；插捣第二层时，捣棒宜插透到第一层表面下50mm。插捣完应刮去多余的混凝土拌合物，用抹刀抹平。

3）打开密封盖，用秒表测量自开盖至坍落度筒内混凝土拌合物全部排空的时间t_{sf}，精确至0.01s。从开始装料到打开密封盖的整个过程应在150s内完成。

（4）宜在5mm内完成两次试验。并应取两次试验测得排空时间的平均值作为试验结果，计算应精确至0.1s。

（5）倒置坍落度筒排空试验结果应符合下式规定：

$$|t_{sf1}-t_{sf2}| \leqslant 0.05\,t_{sf,m} \tag{3-1}$$

式中 $t_{sf,m}$——两次试验测得的倒置坍落度筒中混凝土拌合物排空时间的平均值（s）；

t_{sf1}，t_{sf2}——两次试验分别测得的倒置坍落度筒中混凝土拌合物排空时间（s）。

3.5.6　表观密度试验

（1）本试验方法可用于混凝土拌合物捣实后的单位体积质量的测定。

（2）表观密度试验的试验设备应符合下列规定：

1）容量筒应为金属制成的圆筒，筒外壁应有提手。骨料最大公称粒径不大于40mm 的混凝土拌合物宜采用容积不小于 5L 的容量筒，筒壁厚不应小于 3mm；骨料最大公称粒径大于 40mm 的混凝土拌合物应采用内径与内高均大于骨料最大公称粒径 4 倍的容量筒。容量筒上沿及内壁应光滑平整，顶面与底面应平行并应与圆柱体的轴垂直。

2）电子天平的最大量程应为 50kg，感量不应大于 10g。

3）振动台应符合现行行业标准《混凝土试验用振动台》JG/T 245—2009 的规定。

4）捣棒应符合现行行业标准《混凝土坍落度仪》JG/T 248—2009 的规定。

（3）混凝土拌合物表观密度试验应按下列步骤进行：

1）应按下列步骤测定容量筒的容积：

① 应将干净容量筒与玻璃板一起称重；

② 将容量筒装满水，缓慢将玻璃板从筒口一侧推到另一侧，容量筒内应满水并且不应存在气泡，擦干容量筒外壁，再次称重；

③ 两次称重结果之差除以该温度下水的密度应为容量筒容积 V；常温下水的密度可取 1kg/L。

2）容量筒内外壁应擦干净，称出容量筒质量 m_1，精确至 10g。

3）混凝土拌合物试样应按下列要求进行装料，并插捣密实：

① 坍落度不大于 90mm 时，混凝土拌合物宜用振动台振实：振动台振实时，应一次性将混凝土拌合物装填至高出容量筒筒口：装料时可用捣棒稍加插捣，振动过程中混凝土低于筒口，应随时添加混凝土，振动直至表面出浆为止。

② 坍落度大于 90mm 时，混凝土拌合物宜用捣棒插捣密实。插捣时，应根据容量筒的大小决定分层与插捣次数：用 5L 容量筒时，混凝土拌合物应分两层装入，每层的插捣次数应为 25 次；用大于 5L 的容量筒时，每层混凝土的高度不应大于 100mm，每层插捣次数应按每 10000mm^2 截面不小于 12 次计算。各次插捣应由边缘向中心均匀地插捣，插捣底层时捣棒应贯穿整个深度，插捣第二层时，捣棒应插透本层至下一层的表面；每一层捣完后用橡皮锤沿容量筒外壁敲击 5～10 次，进行振实，直至混凝土拌合物表面插捣孔消失并不见大气泡为止。

③ 自密实混凝土应一次性填满，且不应进行振动和插捣。

4）将筒口多余的混凝土拌合物刮去，表面有凹陷应填平；应将容量筒外壁擦净，称出混凝土拌合物试样与容量筒总质量 m_2，精确至 10g。

（4）混凝土拌合物的表观密度应按下式计算：

$$\rho=\frac{m_2-m_1}{V}\times 1000 \tag{3-2}$$

式中 ρ——混凝土拌合物表观密度（kg/m^3），精确至 $10kg/m^3$；

m_1——容量筒质量（kg）；

m_2——容量筒和试样总质量（kg）；

V——容量筒容积（L）。

第4章　预拌混凝土生产质量管理

预拌混凝土在生产过程中，生产速度的快慢、拌合物质量的优劣、供应速度的协调、生产成本和资源的合理利用等都取决于生产管理水平。生产管理在很大程度上影响着企业的生产经营实际效果，是企业管理的重要组成部分。为此，企业应健全质量保证体系，完善各项规章制度，结合实际情况，制定包括原材料进场检验、生产过程控制、产品出厂检验、产品交付和验收及售后服务等质量控制文件，编制生产过程控制图表及原材料和预拌混凝土产品质量的内控质量指标，以满足市场需求并实现健康发展。

预拌混凝土的质量直接关系到工程质量、企业信誉、经济效益和法律责任。因此，混凝土企业应加强信息化建设，向智能化、精细化方向发展。企业的合同签订、原材料进场验收、试验管理、生产调度、技术质量管理及运输等全过程活动宜使用管理信息系统进行运营管理，将预拌混凝土生产与现代信息技术深度融合，从而实现混凝土生产经营的高效管理。

预拌混凝土生产过程的质量控制应包括对浇筑部位技术要求、结构形式、施工条件的了解和协调，所使用车辆和设备的检查，所需原材料质量与数量的查验以及所用配合比的核对，并对计量、搅拌、检验、运输等过程进行控制。

4.1　预拌混凝土的生产工艺

预拌混凝土生产的工艺布置主要由原材料计量系统（特别是骨料）的型式而确定，目前主要有塔楼式、拉铲式和皮带秤式三种布置。

预拌混凝土的生产工艺流程从整体上看没有太大的区别。它的基本组成部分为：供料系统、计量系统、搅拌系统、电气系统及辅助设备（如空气压缩机、水泵等），用以完成混凝土原材料的输送、上料、贮存、配料、称量、搅拌合出料等工作。生产工艺流程见图4-1。

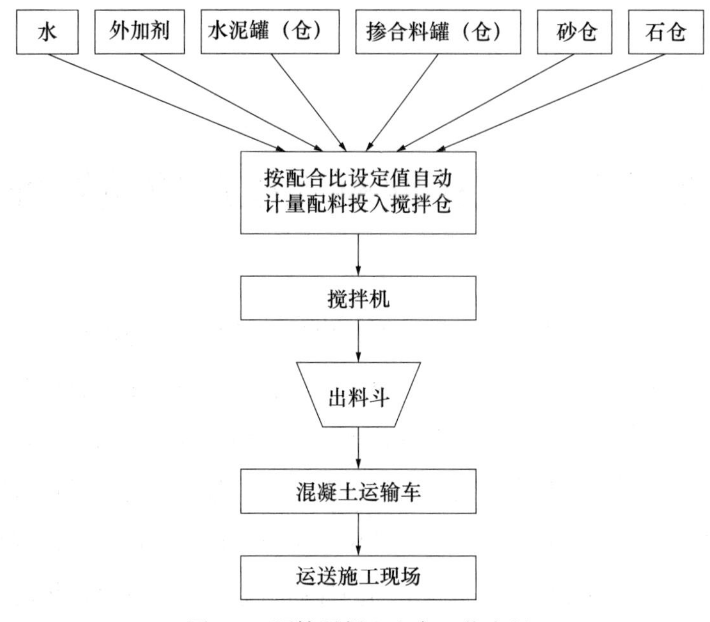

图 4-1　预拌混凝土生产工艺流程

4.2　预拌混凝土生产设备的基本组成

混凝土搅拌站（楼）是用来集中生产混凝土的组合装置，主要由搅拌主机、物料称量系统、物料输送系统、物料贮存系统和控制系统等五大系统和其他附属设施组成。

搅拌楼骨料计量与搅拌站骨料计量相比，由于减少了中间环节，并且是垂直下料计量，节约了计量时间，因此大大提高了生产效率，在同型号的情况下，搅拌楼生产效率比搅拌站生产效率提高约 1/3。比如：HLS120 楼的生产效率约相当于 HZS180 站的生产效率。但搅拌楼是将骨料贮料仓设在搅拌机上方，因此要求厂房高，投资比搅拌站要大。

4.2.1　搅拌机

搅拌机应采用符合《建筑施工机械与设备　混凝土搅拌机》GB/T 9142—2021 标准规定的固定式搅拌机。搅拌机按其搅拌方式分为强制式和自落式。

1. 强制式搅拌机

搅拌筒固定不动，筒内物料由转轴上的拌铲和刮铲强制挤压、翻转和抛掷，使物料得到均匀拌合。这种搅拌机生产率高，拌合质量好，但耗能大，是目前国内外搅拌站使用的主流，它可以搅拌流动性、半干硬性和干硬性等多种混凝土。

强制式搅拌机按结构形式分为立轴式搅拌机、单卧轴搅拌机和双卧轴搅拌机。立轴式搅拌机适用于搅拌干硬性混凝土或坍落度较小的混凝土。单卧轴搅拌机和双卧轴搅拌机适用于搅拌坍落度较大的混凝土，而其中尤以双卧轴强制式搅拌机的综合使用性能最好，比较适合于预拌混凝土生产。

2. 自落式搅拌机

搅拌筒旋转，筒内壁固定的叶片将物料带到一定高度，然后物料靠自重自由坠落，周而复始，使物料得到均匀拌合。自落式搅拌机主要搅拌流动性混凝土，目前在搅拌站中很少使用。

4.2.2 物料称量系统

物料称量系统是影响混凝土质量和混凝土生产成本的关键部件，主要分为骨料称量、粉料称量和液体称量三部分。多采用各种物料独立称量的方式，所有称量都采用电子秤及微机控制。

称量系统是预拌混凝土生产的核心，按照国家标准的规定，在预拌混凝土生产中通常都采用质量法计量。计量精度直接影响预拌混凝土质量，计量速度直接影响预拌混凝土生产能力。

（1）砂和石的计量

砂和石的计量形式决定了预拌混凝土生产的工艺布置。

在塔楼式工艺布置中，砂和石的计量一般设置在搅拌机的上方，砂石采用分别计量。而在拉铲式和皮带秤式工艺布置中，砂和石的计量布置在地面或较低的位置，计量后再用提升斗或皮带机送至设在搅拌机上方的中间仓内，有的砂石采用叠加计量的方法，即砂和石在同一计量斗内计量。生产时先将砂或石计量到设定值后，再自动切换进行另一种材料的计量。

（2）水泥和掺合料的计量

水泥和掺合料的计量一般设在搅拌机上方，有分别计量的，也有叠加计量的。

（3）水计量

水计量一般设在搅拌机上方，目前基本都是采用质量法。

（4）外加剂计量

外加剂有液体和粉状两种。搅拌站一般使用液体外加剂，外加剂计量后同计量好的水一起加入搅拌机。这种方法较简单，但对外加剂的计量精度要求较高。

4.2.3 物料输送系统

物料输送由三个部分组成。

骨料输送：目前搅拌站骨料输送有料斗输送和皮带输送两种方式。料斗输送的优点是占地面积小、结构简单。皮带输送的优点是输送距离大、效率高、故障率低。皮带输送主要适用于有骨料暂存仓的搅拌站，从而提高搅拌站的生产率。

粉料输送：预拌混凝土常用的粉料主要有水泥、粉煤灰和矿粉。目前普遍采用的粉料输送方式是螺旋输送机输送，大型搅拌楼有采用气动输送和刮板输送的。螺旋输送的优点是结构简单、成本低、使用可靠。

液体输送：主要指水和液体外加剂，它们是分别由水泵输送的。

4.2.4 物料贮存系统

骨料贮存主要看当地对环保的要求，有些地区封闭堆放，有些地区仍然露天堆放；粉料用全封闭钢结构筒仓贮存；液体外加剂用钢结构容器或塑料容器贮存。

4.2.5 控制系统

搅拌站的控制系统是整套设备的中枢神经。控制系统根据用户不同要求和搅拌站的大小而有不同的功能和配置，一般情况下施工现场可用的小型搅拌站控制系统简单一些，而大型搅拌站的系统相对复杂一些。

其他附属设施如：水路、气路、料（筒）仓等。

4.3 原材料管理

混凝土企业应按照有关规定对进厂原材料进行验收、取样、存样和检验，并对验收和检验资料存档备查，确保可追溯性。原材料应按不同规格、批次、批量复验，复验合格后方可使用，杜绝使用未经验收或检验不合格的原材料。

为降低质量风险，保证混凝土质量和降低生产成本，混凝土企业应根据质量控制要求选择具有相应资格的原材料合格供方，应对供方的原材料质量、供货能力、环保、服务能力进行评价，建立并保存合格供方的评价档案，形成稳定的原材料采购渠道。采购合同应具备质量验收标准，以保证所采购的原材料符合规定要求；采购部门应严格按照原材料质量标准组织进货。

混凝土企业应对进场原材料实施分类管理，及时建立原材料验收、检验、使用台账，并做好相应的记录。

4.3.1　质量控制

4.3.1.1　水泥

混凝土的强度主要来源于水泥，其质量对混凝土质量影响重大，应做好以下质量控制工作：

（1）水泥品种与强度等级的选用应根据结构设计、施工要求以及工程所处环境确定。对于一般建筑结构及预制构件的普通混凝土，宜采用通用硅酸盐水泥；高强混凝土和有抗渗、抗冻要求的混凝土，宜选用硅酸盐水泥或普通硅酸盐水泥；有预防混凝土碱—骨料反应要求的混凝土工程宜采用碱含量低于 0.6% 的水泥；处于潮湿环境的混凝土结构，当使用碱活性骨料时，宜采用低碱水泥。水泥应符合现行国家标准《通用硅酸盐水泥》GB 175—2007 的有关规定。

（2）水泥质量主要控制项目应包括凝结时间、安定性、胶砂强度、氧化镁和氯离子含量，碱含量低于 0.6% 的水泥主要控制项目还应包括碱含量。

（3）宜采用新型干法生产的水泥，用于生产混凝土的水泥温度不宜高于 60℃。

（4）应用统计技术，逐月对水泥质量进行综合评价。

（5）水泥的存储应采取防潮措施，出现结块不得用于混凝土工程；水泥出厂超过三个月（硫铝酸盐水泥 45d），应进行复验，并根据复验结果合理使用。

4.3.1.2　粗骨料

粗骨料宜选用粒形良好、质地坚硬的洁净碎石或卵石；经试验能保证结构设计和施工要求时，也可使用再生粗骨料配制混凝土。

（1）粗骨料应符合现行行业标准《普通混凝土用砂、石质量及检验方法标准》JGJ 52—2006 的规定；再生粗骨料应符合现行国家标准《混凝土用再生粗骨料》GB/T 25177—2010 的规定。

（2）粗骨料质量主要控制项目应包括颗粒级配、针片状颗粒含量、含泥量、泥块含量、压碎值指标和坚固性，用于高强混凝土的粗骨料主要控制项目还应包括岩石抗压强度；再生粗骨料主要控制项目还应增加微粉含量和吸水率。

（3）粗骨料在应用方面应符合下列要求：

1）混凝土用粗骨料宜采用连续粒级，也可采用两种单粒级混合成满足要求的连续粒级。

2）对于混凝土结构，粗骨料最大公称粒径不得大于构件截面最小尺寸的 1/4，且不得大于钢筋最小净间距的 3/4；对混凝土实心板，骨料的最大公称粒径不宜大于板厚的 1/3，且不得超过 40mm。

3）对于有抗冻、抗渗、抗腐蚀、耐磨或其他特殊要求的混凝土，粗骨料中含泥量和泥块含量分别不应大于 1.0% 和 0.5%；坚固性检验的质量损失不应大于 8.0%。

4）对于高强混凝土，粗骨料的岩石抗压强度应至少比混凝土设计强度高 30%；最大公称粒径不宜大于 25mm；针片状颗粒含量不宜大于 5% 且不应大于 8%；含泥量和泥块含量分别不应大于 0.5% 和 0.2%。

5）对于泵送混凝土，粗骨料的种类、形状、粒径和级配，对泵送混凝土的性能有很大的影响，应予以控制。其最大公称粒径与输送管径之比宜满足相关规范的要求。

6）对粗骨料或用于制作粗骨料的岩石，应进行碱活性检验，包括碱—硅酸反应活性检验和碱—碳酸盐反应活性检验；对于有预防混凝土碱—骨料反应要求的混凝土工程，不宜采用有碱活性的粗骨料。

7）Ⅰ类再生粗骨料可用于配制各种强度等级的混凝土；Ⅱ类再生粗骨料宜用于配制 C40 及以下强度等级的混凝土；Ⅲ类再生粗骨料可用于配制 C25 及以下强度等级的混凝土，不宜用于配置有抗冻性能要求的混凝土。

4.3.1.3 细骨料

细骨料宜选用级配良好、质地坚硬、颗粒洁净的天然砂或人工砂；经试验能保证结构设计和施工要求时，也可使用再生细骨料配制混凝土。

（1）细骨料应符合现行行业标准《普通混凝土用砂、石质量及检验方法标准》JGJ 52—2006 的规定；海砂应符合现行行业标准《海砂混凝土应用技术规范》JGJ 206—2010 的规定；再生细骨料应符合现行国家标准《混凝土和砂浆用再生细骨料》GB/T 25176—2010 的规定。

（2）细骨料质量主要控制项目应包括颗粒级配、细度模数、含泥量、泥块含量、氯离子含量、坚固性和有害物质含量；海砂或有氯离子污染的砂，主要控制项目还应增加氯离子含量及贝壳含量；人工砂及混合砂主要控制项目还应增加压碎值指标和石粉含量，但可不包括氯离子含量和有害物质含量；再生细骨料主要控制项目还应增加微粉含量、吸水率、最大压碎指标值、再生胶砂需水量比和再生胶砂强度比。

（3）细骨料的应用应符合下列要求：

1）泵送混凝土宜采用中砂，且 300μm 筛孔的颗粒通过量不宜少于 15%。

2）对于有抗冻、抗渗或其他特殊要求的混凝土，砂中的含泥量和泥块含量分别不应大于 3.0% 和 1.0%；坚固性检验的质量损失不应大于 8.0%。

3）对于高强混凝土，砂的细度模数宜控制在 2.6～3.0 范围内，含泥量和泥块含量分别不应大于 2.0% 和 0.5%。

4）混凝土细骨料中氯离子含量，对钢筋混凝土，按干砂的质量百分率计算不得大于 0.06%；对预应力混凝土，按干砂的质量百分率计算不得大于 0.02%。

5）混凝土用海砂应经过净化处理。

6）混凝土用海砂氯离子含量不应大于 0.03%，贝壳含量应符合第 2 章表 2-12 的要求；海砂和再生砂不得用于预应力混凝土。

7）人工砂或混合砂中石粉含量应符合第 2 章表 2-8 的要求。

8）不宜单独采用特细砂作为细骨料配制混凝土。

9）河砂和海砂应进行碱—碳酸盐反应活性检验；人工砂应进行碱—碳酸盐反应活性检验和碱—硅酸盐反应活性检验；对于有预防混凝土碱—骨料反应要求的工程，不宜采用有碱活性的细骨料。

10）Ⅰ类再生细骨料可用于配制 C40 及以下强度等级的混凝土；Ⅱ类再生细骨料宜用于配制 C25 及以下强度等级的混凝土；Ⅲ类再生细骨料不宜用于配制结构混凝土。

4.3.1.4　矿物掺合料

（1）用于混凝土中的矿物掺合料可包括粉煤灰、矿渣粉、硅灰、天然沸石粉、钢渣粉、磷渣粉、石灰石粉；可采用两种或两种以上的矿物掺合料按一定的比例混合使用。所使用的矿物掺合料应符合现行相关标准的规定要求。

（2）粉煤灰质量的主要控制项目应包括细度、需水量比、烧失量和三氧化硫含量，C 类粉煤灰的主要控制项目还应包括游离氧化钙含量和安定性；矿渣粉的主要控制项目应包括比表面积、活性指数和流动度比；硅灰的主要控制项目应包括比表面积和二氧化硅含量；石灰石粉的主要控制项目应包括碳酸钙含量、活性指数、流动度比和亚甲蓝值。矿物掺合料的主要控制项目还应包括放射性。

（3）矿物掺合料的应用应符合下列要求：

1）掺用矿物掺合料的混凝土，宜采用硅酸盐水泥或普通硅酸盐水泥。

2）在混凝土中掺用矿物掺合料时，其种类和掺量应经试验确定。

3）矿物掺合料宜与高效减水剂同时使用。

4）对于高强混凝土或有抗冻、抗渗、抗腐蚀、耐磨等其他特殊要求的混凝土，不宜采用低于Ⅱ级的粉煤灰。

5）对于高强混凝土和有耐腐蚀要求的混凝土，当需要采用硅灰时，不宜采用二氧化硅含量小于 90% 的硅灰。

（4）在进行矿物掺合料选用时，应对其可能影响混凝土性能的指标进行试验，并根据对混凝土拌合物性能、力学性能以及长期耐久性能的影响，合理使用。

4. 3. 1. 5　外加剂

由于工程对混凝土要求的高性能化，混凝土施工与应用环境条件的复杂化及混凝土施工工艺和原材料的多样化，使合理选用外加剂成为一项重要的技术工作。外加剂的选用应根据混凝土性能要求、施工工艺及气候条件，结合混凝土的原材料性能、配合比以及对胶凝材料的相容性，通过试验确定使用外加剂的品种与掺量。

（1）外加剂应符合现行国家标准《混凝土外加剂》GB 8076—2008、《混凝土防冻剂》JC/T 475—2004 和《混凝土膨胀剂》GB/T 23439—2017 的有关规定。

（2）外加剂质量的主要控制项目应包括掺外加剂混凝土性能和外加剂匀质性两个方面。混凝土性能方面的主要控制项目应包括减水率、凝结时间和抗压强度比；外加剂匀质性方面的主要控制项目应包括 pH 值、氯离子含量和碱含量；引气剂和引气减水剂的主要控制项目还应包括含气量；防冻剂的主要控制项目还应包括含气量和 50 次冻融强度损失率比；膨胀剂的主要控制项目还应包括凝结时间、限制膨胀率和抗压强度。

（3）外加剂的应用除应符合现行国家标准《混凝土外加剂应用技术规范》GB 50119—2013 的有关规定外，尚应符合下列要求：

1）在混凝土中掺用外加剂时，外加剂应与水泥具有良好的相容性，其种类和掺量应经试验确定。

2）高强混凝土宜采用高性能减水剂；有抗冻、抗渗要求的混凝土宜采用引气剂或引气减水剂；大体积混凝土宜采用缓凝剂或缓凝减水剂；混凝土冬期施工可采用防冻剂。

3）外加剂中的氯离子含量和碱含量应满足混凝土设计要求。

4）宜采用液态外加剂。贮存的密闭容器应放置于阴凉干燥处，防止日晒、污染、浸水，使用前应搅拌均匀；如有沉淀、变色等异常现象时，应经检验合格后再使用。

（4）对于首次使用的外加剂或使用间断三个月以上时，经型式检验合格后方可使用。存放期超过三个月的外加剂，使用前应重新检验，并相应调整配合比。

4.3.1.6　水

水的质量不仅对混凝土性能有一定的影响，而且对外加剂与水泥的相容性也有一定的影响，因此应对其质量进行控制。

（1）混凝土用水应符合现行行业标准《混凝土用水标准》JGJ 63—2006 的有关规定。

（2）混凝土用水的质量主要控制项目应包括 pH 值、不溶物含量、可溶物含量、硫酸根离子含量、氯离子含量、水泥凝结时间差和水泥胶砂强度比。当混凝土骨料为碱活性时，主要控制项目还应包括碱含量。

（3）混凝土用水的应用应符合下列要求：

1）未经处理的海水严禁用于钢筋混凝土和预应力混凝土。

2）使用生产回收废水的混凝土耐久性能应符合相关标准及合同规定要求；被污染的废水不得用于生产混凝土。

3）生产废水、废浆不宜用于制备预应力混凝土、装饰混凝土、高强混凝土和暴露于腐蚀环境的混凝土。

4）废水应采用均化装置将其固体颗粒分散均匀，使用过程中若对混凝土拌合物性能产生明显影响时，应减少其用量。

4.3.2　检验

（1）原材料进场时，供方应对进场材料按材料进场验收所划分的检验批提供相应的质量证明文件，包括型式检验报告、出厂检验报告或合格证等，外加剂产品尚应提供使用说明书。当能确认连续进场的材料为同一厂家的同批出厂材料时，可按出厂的检验批提供质量证明文件。

（2）混凝土原材料进场时应进行检验，检验样品应随机抽取。

（3）混凝土原材料的检验批量应符合下列规定：

1）散装水泥应按每 500t 为一个检验批；粉煤灰、石灰石粉或矿渣粉等掺合料应按每 200t 为一个检验批；硅灰应按每 30t 为一个检验批；砂、石骨料应按每 400m^3 或 600t 为一个检验批；外加剂应按每 50t 为一个检验批；水应按同一水源不少于一个检验批。

2）当符合下列条件之一时，可将检验批量扩大一倍。

① 对经产品认证机构认证符合要求的产品。

② 来源稳定且连续三次检验合格。

③ 同一厂家的同批次材料，用于同时施工且属于同一工程项目的多个单位工程。

3）不同批次或非连续供应的不足一个检验批量的原材料应作为一个检验批。

4.3.3 贮存

胶凝材料是混凝土强度的主要来源，而搅拌站使用的胶凝材料至少有两种，甚至三、四种，若输送时品种发生错误入错筒仓，将会造成重大的质量事故。因此，胶凝材料的贮存是原材料贮存管理重中之重的工作，搅拌站必须加强管理。

（1）原材料的储存能力应能满足生产任务的需要，各种原材料应分仓存储，标识清晰，先进先用。标识应注明品名、产地、等级、规格、进场时间、检验状态等必要信息。

（2）每只贮存筒仓的进料口应有上锁装置，并有专人负责胶凝材料的入仓管理。

（3）调料技术员与主机操作人员必须准确掌握每只筒仓贮存的是什么材料，避免误用情况的发生。

（4）水泥应防止受潮，出厂超过 2 个月应进行复检，并按检验结果合理使用。

（5）骨料堆场应为能排水的硬质地面，并应有防尘和遮雨设施；不同品种、规格的骨料应分别贮存，避免混杂或污染。

（6）粉状外加剂应防止受潮结块，如有结块，应进行检验，合格者应经粉碎至全部通过 300μm 方孔筛筛孔后方可使用；液态外加剂应贮存在密闭容器内，应避免防晒和防冻，如有沉淀等异常现象，应经检验合格后方可使用。

（7）纤维应按品种、规格和生产厂家分别标识和贮存。

4.4 配合比控制

混凝土企业应严格按照有关技术标准、技术规范、合同等要求设计预拌混凝土配合比，并对其设计的配合比负责；应通过系统试验制定出常用配合比，配合比应定期验证或者根据材料的变化及时修正。

4.4.1 配合比设计

（1）混凝土配合比由混凝土企业试验室根据相关技术标准、合同规定或工程结构设计要求、施工条件合理选用原材料，并根据原材料性能设计计算配合比，经试配试验后确定。

（2）普通混凝土配合比设计应按《普通混凝土配合比设计规程》JGJ 55—2011 执行，其他特种混凝土的配合比设计应按相关标准执行。

（3）配制的混凝土拌合物应满足和易性、凝结时间等施工条件；制成的混凝土应满足力学性能和耐久性能的设计要求，且经济合理。试验方法按现行国家标准《普通混凝土拌合物性能试验方法》GB/T 50080—2016、《混凝土物理力学性能试验方法标准》GB/T 50081—2019 和《普通混凝土长期性能和耐久性能试验方法》GB/T 50082—2009 的规定执行。

（4）试配时使用的原材料应与实际生产一致；确定的混凝土配合比应以质量比表示。

（5）应保存完整的混凝土配合比设计资料。包括设计计算、试配调整、性能检验等相关记录，试配时所使用的原材料试验原始记录及原材料出厂质量证明文件等。

（6）配合比设计应以干燥状态骨料为基准，细骨料含水率应小于 0.5%，粗骨料含水率应小于 0.2%。

（7）试配过程中应详细记录混凝土拌合物出机坍落度、坍落度经时损失、坍落扩展度、表观密度等相关性能指标以及试验环境温湿度，并对混凝土的工作性进行简要描述；设计有其他性能要求时还应测定其他性能指标。

（8）混凝土企业应根据生产情况和市场需要，可通过试配储备一定数量的混凝土配合比及相关资料备用。其中相关参数可包括以下内容：

1）不同强度等级；

2）不同坍落度；

3）不同外加剂品种；

4）不同粒径的粗骨料或细骨料；

5）不同品种掺合料及不同掺量；

6）特制品混凝土：如高强混凝土、自密实混凝土、透水混凝土、纤维混凝土、轻骨料混凝土、防辐射混凝土等。

（9）混凝土企业应将设计完成的混凝土配合比统一编号，汇编成册；每年应根据上一年度的实际生产情况和统计资料结果，对各种混凝土配合比进行确认或设计，并重新汇编成册，并应经混凝土企业技术负责人（总工程师）审定签字后方可用于生产。当遇有下列情况之一时，应重新进行配合比设计：

1）对混凝土性能有特殊要求时；

2）混凝土原材料品种、质量有明显变化；

3）该配合比的混凝土生产间断半年以上。

（10）配合比设计除应满足混凝土的各项性能外，还应满足《混凝土结构耐久性设计标准》GB/T 50476—2019 的规定，并应尽量采用低水胶比、低水泥用量、低用水量，以节省能源、资源，保护生态环境。

（11）冬期施工条件下时，配合比设计应满足《建筑工程冬期施工规程》JGJ/T 104—2011 的规定。

4.4.2 配合比使用控制

（1）混凝土企业应定期对混凝土实测强度进行统计评定，统计周期可取一个月，作为调整配合比和考核质量控制水平的参考依据，并保证实际生产的混凝土强度满足《混凝土强度检验评定标准》GB/T 50107—2010 的要求。

（2）在混凝土生产过程中，应加强骨料含水量的测定，及时调整骨料与拌合水的用量，应有书面配合比调整通知单。

（3）混凝土企业的生产班组应严格按照生产混凝土配合比调整通知单数据输入生产计量系统，并经技术人员复核后方可进行生产。在改变混凝土品种及交接班时，应由技术人员予以核对并记录。

（4）实际生产的配合比应与向需方出具的混凝土配合比资料一致。

（5）混凝土企业应明确生产操作员、调料技术员、试验室主任等人员的生产配合比调整权限和范围，严禁随意调整配合比。

（6）混凝土企业搅拌设备计算机控制系统应实时存储每盘混凝土原材料的实际计量数据，且具备任意时间段数据查询功能，并应备份长期保存，不篡改、伪造。

（7）首次使用、使用间隔时间超过 3 个月的配合比应进行开盘鉴定。开盘鉴定应由混凝土企业技术负责人组织有关试验、质检、生产等人员参加，必要时建设、施工及监理单位技术人员可参加开盘鉴定，并做好记录。开盘鉴定合格后方可生产。开盘鉴定应符合下列规定：

1）生产使用的原材料应与配合比设计一致。

2）混凝土拌合物性能应满足施工要求。

3）混凝土强度评定应符合设计要求。

4）混凝土耐久性能应符合设计要求。

4.4.3 生产过程调整

试验室应经常验证生产配合比，为生产时混凝土配合比的调整和质量控制提供可靠依据。

1. 调整原因

当混凝土拌合物不符合要求或由于某种原因需要对生产配合比进行调整时，由试验室调料技术人员负责进行。调整原因及要求如下：

（1）骨料发生变化

由于骨料含水率会因所处的区域不同而不一致，有时在生产过程中一边进料一边使用；有时骨料的粒径、颗粒级配或细骨料含石率不太稳定等。这些因素造成混凝土和易性或坍落度发生较大变化，故在生产时应及时按规定调整生产配合比，确保混凝土拌合物满足施工要求。

混凝土生产期间，骨料含水率的测定每工作班不宜少于 2 次。当含水率有明显变化时，应增加测定次数，并依据测定结果及时调整用水量及骨料用量。

（2）混凝土稠度变化

由于运输时间、气候变化、材料变化等对混凝土稠度有一定的影响。运输时间长、气候干燥，稠度损失就大，当发生明显变化时应及时调整出厂稠度。

（3）现场施工需要

施工浇筑部位不同时，如楼梯、斜屋面、承台基础等结构构件浇筑时，稠度要求小，应及时调整出厂稠度。

2. 调整要求与权限

在混凝土生产过程中，可根据实际情况及时合理调整生产配合比。调整由调料技术员负责，其他人员不得擅自改变配合比。

（1）调整应做到合理、见效快，要有足够的理由和依据，防止随意调整。

（2）调整时混凝土水胶比不能发生变化。

（3）尽量不增加或少增加生产成本。

（4）调料技术员应及时做好调整的详细记录，包括调整时间、原因、调整数据及结果等。

（5）允许调整范围：

1）砂率：不得超过设计值（干料比）的 ±1%；

2）减水剂：不得超过设计值的 $\pm 1.0kg/m^3$；

3）用水量：生产用水＋骨料含水，与设计值一致；

4）胶凝材料用量：仅限粉煤灰，不得超过设计值的 $\pm 10kg/m^3$。

在以上允许调整范围拌合物内若仍不能满足要求时，应向试验室主任汇报。

4.5 生产过程管理

生产过程中，同一结构部位、同一强度等级的混凝土，胶凝材料和外加剂、配合比应一致，制备工艺和质量控制水平应基本相同。

4.5.1 供货通知

每一单位工程在预拌混凝土供货前，供需双方应签订书面《预拌混凝土销售合同》，合同内容应符合《中华人民共和国民法典》《预拌混凝土》GB/T 14902—2012等相关规定。当需方提供专用配合比或原材料时，应在合同中明确双方的责任。

（1）浇筑混凝土前，需方应至少提前24h按结构设计要求和施工需要向供方提交书面或传真“预拌混凝土供货通知单”，以便供方提前做好材料、技术资料、生产、运输等准备。该通知单内容至少包括合同编号、工程名称、浇筑部位、浇筑方式、混凝土性能要求、交货地点、供货日期及发车时间、供货数量（m^3）以及联系人等。

（2）“预拌混凝土供货通知单”是供需双方履行合同买卖的重要依据，无论以书面或电子版的形式传递，双方均应妥善保留、存档，以免供货完毕发现混凝土技术指标出现错误时无据可查，特别是强度等级，发生错误有可能引发严重的质量事故。

（3）需方应做好混凝土运输车辆到达施工现场时道路通畅及浇筑条件相关的准备工作，路面应平整、坚实。

4.5.2 生产前准备

（1）混凝土企业销售部门负责确认“预拌混凝土供货通知单”内容，并根据供货通知单内容及时向试验室、材料部、生产部等下达“生产任务通知单”，以便相关部门提前做好准备工作。

（2）“混凝土生产配合比通知单”的签发

试验室主任应根据“生产任务通知单”中的内容，结合现有的技术储备，向质检组签发干料生产配合比，即“混凝土生产配合比通知单”，内容包括生产日期，需方名称，工程名称，结构部位，混凝土强度，坍落度，混凝土配合比，原材料的名称、品种、规格等内容。

（3）“混凝土生产配合比调整通知单”的签发

在接到需方具体发送混凝土时间通知后，质检组应立即测定骨料含水率，并根据骨料含水率和“混凝土生产配合比通知单”内容调整为湿料生产配合比，即“混凝土生产配合比调整通知单”。该通知单由质检组组长向生产部签发。

（4）生产部搅拌机操作员按“混凝土生产配合比调整通知单”准确将数据输入电脑计量系统，并应复核两遍，杜绝数据与原材料使用发生错误。

（5）技术资料报审

试验室应根据有关要求在供货前打印好预拌混凝土技术资料，当需方提出先报审后供货时，应提前送交，未提出要求可随混凝土运输车报送需方。

大批量、连续生产 2000m^3 以上的同一工程项目、同一配合比混凝土，还应提供基本性能试验报告。内容包括稠度、凝结时间、坍落度经时损失、泌水、表观密度等性能；当设计有要求，应按设计提供其他性能试验报告。

（6）供应安排

混凝土生产前，运输车管理人员应根据供应量、施工要求及交货地点合理安排运输车辆，明确运输路线，确保混凝土能连续供应。

4.5.3　计量

（1）计量前，调料技术员应复核搅拌机操作员输入计量系统的配合比及原材料使用是否正确，经确认无误后方可计量生产。

（2）混凝土原材料均应按照质量进行分别计量，计量值应在计量装置额定量程的 20%～80% 之间。

（3）原材料计量应采用电子计量设备。计量设备应能连续计量不同混凝土配合比的各种原材料，并应具有逐盘记录和贮存计量结果（数据）的功能，其计量精度应满足现行国家标准《建筑施工机械与设备　混凝土搅拌站（楼）》GB/T 10171—2016 的要求。

（4）生产计量设备应具有有效期内的检定证书，并应定期校验。每月应至少自校一次：每一工作班开始前，应对计量设备进行零点校准。

（5）生产计量设备在检定校准周期内宜按照下列要求进行静态计量校准：

1）间隔时间达到半个月或生产累计超过 1 万 m^3 时，应对粉料秤、水秤、外加剂秤进行校准；

2）间隔时间达到一个月时，应对骨料秤进行校准；

3）在生产重要工程或有特殊要求的混凝土之前应对计量系统进行校准；

4）每次计量系统检修后，应对生产计量设备进行校准；

5）当混凝土质量出现异常时，宜对生产计量设备进行校准。

静态计量装置校准的方法可参照计量检定方法。一般在计量料斗内逐级加入规定数量的标准砝码，比较计量料斗内标准砝码的数量与搅拌机操作台显示仪上显示的值，由此判定计量装置的计量精度。

静态计量装置校准的加荷总值（计量料斗内标准砝码的数量）应与该计量料斗实际生产时需要的计量值相当。静态计量装置校准加荷时应分级进行，分级数量不少于5级。校准时应有操作员、试验室人员和设备管理人员等共同参与，并签名确认。当校准结果超出规定允许偏差范围时，必须找出原因，必要时应重新检定，同时做好相应记录。

（6）原材料的计量允许偏差不应大于表4-1规定的范围，并应每班检查1次。

混凝土原材料计量允许偏差（%） **表4-1**

原材料品种	水泥	骨料	水	外加剂	掺合料
每盘计量允许偏差	±2	±3	±1	±1	±2
累计计量允许偏差	±1	±2	±1	±1	±1

注：累计计量允许偏差是指每一运输车中各盘混凝土的每种材料计量和的偏差。

（7）粉状外加剂宜采用自动计量方式，当采用人工计量添加方式时，应有视频监控措施。

（8）对于原材料计量，应根据粗、细骨料含水率，细骨料含石率等的变化，及时调整粗、细骨料和拌合用水的称量。

（9）应保存预拌混凝土供货通知单、生产混凝土配合比通知单、生产混凝土配合比调整通知单、计量设备自校记录、计量设备检查记录、生产过程计量记录（逐盘）、生产设备维护保养和维修记录。记录资料保存不应低于5年。

计量记录不仅反映混凝土搅拌系统的计量精度，更能反映出混凝土的实物质量，是一项重要的质量记录。计量逐盘记录可采用电脑存盘或打印，并应备份。

4.5.4 搅拌

（1）混凝土搅拌机应符合现行国家标准《建筑施工机械与设备　混凝土搅拌机》GB/T 9142—2021的有关规定。混凝土搅拌宜采用强制式搅拌机。

（2）原材料投料方式应满足混凝土搅拌技术要求和混凝土拌合物质量要求。

（3）混凝土搅拌的最短时间应符合设备说明书的规定，并且每盘搅拌时间（从全部材料投完算起）不应低于30s，制备高强混凝土或采用引气剂、膨胀剂、防水剂、纤维时应相应增加搅拌时间，且不宜低于45s。

（4）搅拌应保证混凝土拌合物质量均匀；同一盘混凝土的匀质性应符合下列规定：

1）混凝土中砂浆密度两次测值的相对误差不应大于 0.8%。

2）混凝土稠度两次测值的误差不应大于表 3-1 规定的混凝土拌合物稠度允许偏差的绝对值。

（5）每一工作班不应少于一次进行搅拌抽检，抽检项目主要有拌合物稠度、搅拌时间及原材料计量偏差。

（6）冬期施工搅拌混凝土时，宜优先采用加热水的方法提高拌合物温度，也可同时采用加热骨料的方法提高拌合物温度。当拌合用水和骨料加热时，拌合用水和骨料的加热温度不应超过表 4-2 的规定；当骨料不加热时，拌合用水可加热到 60℃以上。当水和骨料的温度仍不能满足热工计算要求时，可提高水温到 100℃，但水泥不得与 80℃以上的水直接接触。应先投入骨料和热水进行搅拌，然后再投入胶凝材料等共同搅拌，胶凝材料、引气剂或含气组分外加剂不应与热水直接接触。

拌合用水和骨料的最高加热温度（℃）　　表 4-2

水泥强度等级	拌合用水	骨料
小于 42.5	80	60
42.5、42.5R 及以上	60	40

（7）当标准或合同对混凝土的入模温度有要求时，应采取有效措施保证混凝土的入模温度满足要求。

1）冬季混凝土的入模温度不应低于 5℃。

2）夏季混凝土的入模温度不应高于 35℃。

3）大体积混凝土的入模温度不宜高于 30℃。

4.5.5　出厂质检

混凝土企业应按照有关技术标准和合同的规定对预拌混凝土相关性能进行出厂检验和开盘鉴定，对检验结果进行记录并存档备查。出厂检验工作一般由试验室质检组负责。

（1）出厂检验人员必须经过专业技术培训，并具有一定的工作经验和相应资格。

（2）每一单位工程不同结构部位混凝土生产时，检验人员应认真做好“开盘检验”工作，如不符合要求时，应立即分析原因，并严格按有关规定调整配合比，直至拌合物符合要求时方可正式生产。

注："开盘检验"与"开盘鉴定"的区别在于：开盘检验是对频繁使用的配合比，每次开盘时，对开盘的第二、三盘混凝土拌合物进行性能检验，其目的是确定拌合物是否满足施工要求，这项工作一般由调料技术员与出厂检验人员负责。个别地区将这项工作视为"开盘鉴定"，出现了相同配合比，每次不同楼层浇筑都要求搅拌站出示"开盘鉴定报告"的错误做法。而关于开盘鉴定，《混凝土结构工程施工规范》GB 50666—2011 第 7.4.5 条明确规定：对首次使用的配合比应进行开盘鉴定。而且该条的条文说明是：施工现场拌制的混凝土，其开盘鉴定由监理工程师组织，施工单位项目部技术负责人、混凝土专业工长和试验室代表等共同参加。预拌混凝土搅拌站的开盘鉴定，由预拌混凝土搅拌站总工程师组织，搅拌站技术、质量负责人和试验室代表等参加，当有合同约定时应按照合同约定进行。开盘鉴定的内容包括：原材料、生产配合比，混凝土拌合物性能、力学性能及耐久性能等。

（3）当同一配合比拌合物工作性能较稳定时，出厂质检员也应每车进行目测检验，保证每车拌合物性能出厂时符合要求。同时，宜核对每车"发货单"记载内容是否正确，特别是施工单位、工程名称、强度等级、结构部位等，一切正常无误应在"发货单"上签字。此时可在运输车辆车头明显位置放置强度等级标识牌，便于现场浇筑时区分标号。

（4）搅拌站总工程师、试验室主任应对生产过程进行不定时监督检查，检查内容包括：使用材料、计量、搅拌时间、拌合物状态、试样留置等是否符合要求，并参与特制品的开盘检验。

（5）首次使用或有特殊技术要求的配合比开盘时，由搅拌站总工程师组织，试验室主任、调料技术员、出厂检验员等参加，做好开盘鉴定的以下工作：

1）应认真核查生产各项数据的输入是否正确，检查使用原材料与配合比设计是否相符，检查设定的搅拌时间是否满足要求等，无误后方可开盘；

2）混凝土出机后，应取样测定拌合物坍落度，观察判断混凝土拌合物工作性，当不符合可适当调整配合比，满足要求方可连续生产；

3）混凝土拌合物工作性满足要求后，应至少留置一组抗压强度试件，必要时进行表观密度、含气量等试验；

4）应有技术人员负责全程跟踪，确定拌合物在运输、泵送、浇筑过程中的工作性，必要时还应跟踪浇筑体的凝结时间、外观质量等，并应做好跟踪记录。

（6）出厂检验项目

出厂检验项目包括对混凝土拌合物的性能检验，同时根据硬化性能要求成型检验试件，并按规定的养护制度养护至规定龄期进行检验。

1）常规品检验混凝土强度、坍落度和设计要求的耐久性能；掺有引气型外加剂的混凝土还应检验其含气量。

2）特制品除检验以上所列项目外，还应按相关标准和检验合同规定检验其他项目。

（7）取样与检验频率

1）出厂检验的混凝土试样应在搅拌地点采取。

2）每个试样量应满足混凝土质量检验项目所需用量的 1.5 倍，且不宜少于 0.02m^3。

3）混凝土强度检验的取样频率：

① 每 100 盘相同配合比的混凝土取样不得少于一次。

② 每一工作班相同配合比的混凝土不足 100 盘时应按 100 盘计。每次取样应至少进行一组试验。

③ 灌注桩取样频率和数量：

直径大于 1m 或单桩混凝土量超过 25m^3，每根桩应留 1 组试件；直径不大于 1m 或单桩混凝土量不超过 25m^3，每个灌注台班不得少于 1 组。

④ 大体积混凝土取样频率和数量：

a. 当一次连续浇筑不大于 1000m^3 同配合比的大体积混凝土时，混凝土强度试件现场取样不应少于 10 组；

b. 当一次连续浇筑 1000～5000m^3 同配合比的大体积混凝土时，超出 1000m^3 的混凝土，每增加 500m^3 取样不应少于一次，增加不足 500m^3 时取样一次；

c. 当一次连续浇筑大于 5000m^3 同配合比的大体积混凝土时，超出 5000m^3 的混凝土，每增加 1000m^3 取样不应少于一次，增加不足 1000m^3 时取样一次。

4）混凝土坍落度检验取样频率应与强度检验一致。

5）混凝土耐久性能的取样与检验频率应符合国家现行标准《混凝土耐久性检验评定标准》JGJ/T 193—2009 的规定。

6）预拌混凝土的含气量、扩展度及其他项目的取样检验频率应符合国家现行标准和合同的规定。

（8）应建立退（剩）混凝土台账。预拌混凝土出厂后因各种原因会发生退（剩）混凝土的情况，当发生退（剩）混凝土时，应及时填写退（剩）混凝土处置记录，内容包括退（剩）时间、原因、数量、拌合物性能情况、处理情况及结果等。

（9）生产调度人员、搅拌机操作人员和调料技术员应分别填写工作日志，详细记录本班次发生的各种质量相关事件，并做好换班时的移交工作。

（10）预拌混凝土生产时可根据需要制作不同龄期的试件，作为混凝土质量控制的依据。混凝土试件应标明试件编号、强度等级、龄期和制作日期，用于出厂检验的混凝土试件应按年度分类连续编号。试件制作应由专人负责，并建立制作台账。台账内容应包括试件编号、强度等级、坍落度实测值、工程名称、任务量、制作日期、龄期和制作人等信息。

4.5.6 运输

预拌混凝土的运输一般由供方负责。供方应做好预拌混凝土从装料、运送至交货的有关工作。

（1）寒冷或炎热天气，搅拌运输车的搅拌罐应有保温或隔热措施；雨天运输时宜采取措施防止雨水进入罐内。

（2）搅拌运输车驾驶员应做好运输车的日常维护与保养，每次出车前应对运输车进行检查，存在问题须及时处理，不得带病运行，以免给安全生产和工程质量带来隐患；确定车辆正常方可接受运输任务。

（3）每次装料前应排尽搅拌罐内的积水，装料后严禁向运输车搅拌罐内的混凝土拌合物中加水。

（4）每车混凝土出厂时，搅拌运输车驾驶员应认真核对打印的“发货单”内容，确认施工单位、工程名称、强度等级、结构部位等是否与车辆管理人员所安排的一致，准确无误后方可出厂。

（5）搅拌运输车运送过程中应控制混凝土不离析、不分层，在运输途中及等候卸料时，应保持罐体正常转速，不得停转。

（6）搅拌运输车卸料前应采用快挡旋转搅拌罐不少于 30s，确保混凝土拌合物均匀。

（7）混凝土的运送时间指从混凝土由搅拌机卸入运输车开始至该运输车开始卸料为止。运送时间应满足合同规定，当合同未作规定时，采用搅拌运输车运送的混凝土，宜在 90min 内卸料；如需延长运送时间，则应采取相应的技术措施，并应通过试验验证。

（8）“发货单”是供需双方交货检验和结算的重要凭证，也是每个运输车驾驶员薪酬发放的主要依据。因此，每车混凝土交货完毕，必须有需方指定的验收负责人在“发货单”上签字，搅拌运输车驾驶员必须做好“发货单”签字工作，并妥善保管，按内部管理要求及时上交结算部门归档。

（9）交货时拌合物坍落度损失或离析严重，现场采取措施无法恢复其工作性能时，不得交货。

（10）加强混凝土运输车辆的调度，确保混凝土的运送频率能够满足施工的连续性；运输车辆应安装 GPS 监管系统等智能系统，实现运输过程在线监控，及时解决车辆积压或断料问题。对于施工速度较慢的部位，运载不宜过多，以防卸料时间过长影响施工及混凝土质量。

（11）在运输过程中应采取措施保持车身清洁，不得洒落混凝土污染道路；在离开工地前，必须将料斗壁上的混凝土残浆冲洗干净后，方可驶出工地。

（12）搞好安全驾驶培训，确保安全行车。市区内最高时速不应超过 40km，重车拐弯时减速慢行，以防侧翻，并按指定路线行走，不得随意变更行车路线。

4.6　交货检验

预拌混凝土在生产及运输过程中可能会因某些问题导致拌合物不能正常浇筑使用。如原材料计量有误；骨料级配不良、砂率较小或含水率发生明显变化造成拌合物工作性较差；有时水泥与外加剂的相容性不良或运输车洗车时水未放净，造成混凝土拌合物严重离析泌水，出厂检验时质量把关不严未发现；有时运送或在工地等待时间较长，造成混凝土工作性较差等。对于这些在交货之前产生的问题，如果在交货时不进行严格的交接验收或合理的处理，将影响正常施工并给混凝土结构质量留下隐患。因此，必须加强预拌混凝土质量的现场交货验收，禁止存在质量问题的拌合物交货使用，做好事前预防工作是质量控制的关键环节。另外，预拌混凝土到场后，施工单位应尽可能在半小时内卸料完毕，由于施工方原因延误卸料而造成的混凝土质量问题，供方不负责任。

为规范房屋建筑工程和市政基础设施工程中涉及结构安全的试块、试件和材料的见证取样和送检工作，保证工程质量，早在 2000 年 9 月建设部就下达了《关于印发〈房屋建筑工程和市政基础设施工程实行见证取样和送检的规定〉的通知》（建建［2000］211 号）文。

实行见证取样和送检是指在建设单位或监理单位人员的见证下，由施工单位的现场试验人员负责对工程中涉及结构安全的试块、试件和材料进行取样和送检。另外，《预拌混凝土》GB/T 14902—2012 规定：预拌混凝土的质量验收应以交货检验结果为依据。因此，交货检验对于供需双方来说是一项十分重要的工作。

（1）预拌混凝土交货工作在浇筑地点进行，交货检验的取样和试验应由需方承担，当需方不具备试验和人员的技术资质时，供需双方可协商确定并委托具有检测资质的单位承担，并应在合同中予以明确。

（2）需方施工现场应严格按照《混凝土物理力学性能试验方法标准》GB/T 50081—2019 要求配置混凝土试件成型室、标准养护室或养护设备。当需方不具备试验条件时，试块应送至供需双方共同认可的具有相应检测资质的检测机构标养室中养护和检验，并应在合同中予以明确。

（3）预拌混凝土交货时，供方应每一运输车随车向需方提供该车混凝土的“发货单”。内容应包括：发货单编号、合同编号、需方、供方、工程名称、浇筑部位、混凝土标记、运输车号、供货数量、供货日期、发车时间和到达时间、供需双方交接人员签字等。

（4）需方应指定具备技术资质的人员及时对到达现场的预拌混凝土数量和发货单内容进行确认。

（5）需方应按《预拌混凝土》GB/T 14902—2012 的规定或合同约定的检验项目及方法对预拌混凝土进场质量进行验收。验收时，预拌混凝土的取样、性能检验、试件制作和养护，应在建设单位或监理单位人员的见证下进行，供方交接人员应全程陪同；交货完毕，各方代表应在“交货检验记录”上签字；需方试验人员还应在“发货单”上签字，经需方试验人员签字的发货单方可作为供需双方结算的依据。

（6）交货检验应详细记录检验项目及结果、留样情况等；交货检验记录宜一式三份，各方授权代表签名后，宜转交供方一份留存。

（7）需方可随机抽查搅拌运输车中混凝土坍落度，不符合合同要求的混凝土不宜用于建筑工程。

（8）预拌混凝土在运输和浇筑成型过程中严禁向拌合物中加水。因运输距离、等待时间或气温等引起拌合物坍落度损失较大不能满足施工要求时，可在运输车罐内加入适量与原配合比相同成分的减水剂。减水剂掺量应事先由试验确定。加入减水剂后，运输车罐体应快速旋转搅拌均匀，达到要求的工作性能后方可交付使用。

（9）供方应按分部工程及时向需方提供同一配合比混凝土的出厂合格证。

（10）预拌混凝土交货检验混凝土试样的采取及性能试验应在交货地点随机抽取，其取样方法、频率和数量宜按第 6 章第 6.4.1 节进行。

（11）预拌混凝土交货检验项目宜按下列要求进行：

1）常规品检验混凝土强度、坍落度和设计要求的耐久性能；掺有引气型外加剂的混凝土还应检验其含气量。

2）特制品除检验以上所列项目外，还应按相关标准和检验合同规定检验其他项目。

（12）每次取样应至少留置一组标准养护试件，作为评定结构混凝土强度的依据；同条件等效养护试件的留置组数应根据实际需要确定，除作为评定结构实体强度的依据外，还作为拆模、放张、张拉时混凝土强度的依据。

（13）混凝土坍落度检验的取样频率应与强度检验相同；有含气量检验项目要求时，其取样频率也应与强度检验相同。

（14）当设计有抗冻性能、抗水渗透性能、抗氯离子渗透性能、抗碳化性能、抗硫酸盐侵蚀性能和早期抗裂性能等耐久性要求时，同一工程、同一配合比的混凝土，检验批不应少于一个；同一检验批设计要求的各个检验项目应至少完成一组试验。

（15）交货检验的强度试验结果应在试验结束后 10d 内通知供方。

（16）预拌混凝土出厂合格证、交货检验记录、交货检验强度检测报告及交货检验强度评定（包括标准养护与同条件养护试块）是混凝土结构子分部工程施工质量验收时的依据性资料，需方应妥善存档。而供方出具的试验报告以及其他技术资料，只作为预拌混凝土出厂的质量证明文件，不作为工程质量评定与验收依据。

4.7　供货量

（1）预拌混凝土供货量应以体积计，计算单位为立方米（m^3）。

（2）预拌混凝土体积应由运输车实际装载的混凝土拌合物质量除以混凝土拌合物的表观密度求得。

注：一辆运输车实际装载量可由用于该车混凝土中全部材料的质量和求得，或可由运输车卸料前后的质量差求得。

（3）预拌混凝土供货量应以运输车的发货总量计算。如需要以工程实际量（不扣除混凝土结构中的钢筋所占体积）进行复核时，其误差应不超过 ±2%。

4.8　合格评定

交货检验的结果评定，应按照国家现行标准《预拌混凝土》GB/T 14902—2012 及供需双方在合同中的约定执行。以下是《预拌混凝土》GB/T 14902—2012 规定的评定内容：

（1）混凝土强度检验结果符合《混凝土强度检验评定标准》GB/T 50107—2010规定时为合格。

（2）混凝土坍落度、扩展度和含气量的检验结果分别符合《预拌混凝土》GB/T 14902—2012标准第6.2、6.3和6.4条规定时为合格；若不符合要求，则应立即用试样余下部分或重新取样进行复检，当复检结果分别符合规定时，应评定为合格。

（3）混凝土拌合物中水溶性氯离子含量检验结果符合《预拌混凝土》GB/T 14902—2012标准第6.5条规定时为合格。

（4）混凝土耐久性能检验结果符合《预拌混凝土》GB/T 14902—2012标准第6.6条规定时为合格。

（5）其他的混凝土性能检验结果符合《预拌混凝土》GB/T 14902—2012标准第6.7条规定时为合格。

当交货检验预拌混凝土拌合物性能不合格或不符合合同要求时，需方有权拒收或退货。当混凝土标准养护试件强度评定不合格或代表性有疑问时，可根据《混凝土结构工程施工质量验收规范》GB 50204—2015第7.1.3条的规定进行处理。

4.9 供货协作

（1）混凝土浇筑前，需方应提前至少24h以书面、传真等方式，向供方提交本次浇筑所需的结构混凝土技术指标、数量、浇筑时间及浇筑方式等，以保证供方有足够时间进行准备。

（2）需方应保证现场道路平整、坚实、畅通，确保运输车辆安全顺利交货。

（3）重要部位、大方量混凝土供货前，供方技术主管应到施工现场与项目技术负责人进行有关混凝土供应、浇筑、养护等工作进行技术沟通，同时进行施工现场实地观察，了解结构及浇筑准备情况。

（4）需方应提供现场作业用水、夜间照明，解决混凝土运输、浇筑、泵送过程中发生的问题。

（5）在混凝土浇筑过程中，供需双方应加强联络，密切配合，确保混凝土的连续供应与浇筑，合理协调处理混凝土供应和浇筑中出现的问题，充分体现双方的真诚合作。

（6）供方运输车辆及现场服务人员进入现场后，应服从需方的统一指挥，并提供优质服务。

（7）需方对送到现场的混凝土应指派专人及时验收，验收合格后在混凝土发货单上签字认可，并注明到达及卸料时间。

（8）浇筑大体积、特殊混凝土时，需方应提前至少 7d 向供方提供结构设计和施工对混凝土性能、原材料、配合比等技术指标要求，使供方有时间做好相关的准备工作。

4.10　技术资料

混凝土企业应向需方提供哪些技术资料，我国各地区要求不一，主要是看当地工程质量管理部门、工程监理、施工单位的要求而定。有些地区要求需方出示供方出具的原材料复试报告及原材料出厂质量证明等文件，而有些地区则不要求。

预拌混凝土是一种建筑材料或工程结构材料，除运距受其性能影响范围较小外，出售方式与其他建筑材料是一样的。而其他任何材料，包括钢筋、水泥这种对建筑物来说其重要性可以说毫不亚于预拌混凝土，如此重要的材料，生产厂家都不需要向使用方提供原材料的质量证明文件，却唯独预拌混凝土不少地区或许多使用方要求生产企业提供？

笔者认为，施工、监理、建设等相关单位或部门，应将预拌混凝土作为一种材料或常规产品来看待，只要求生产企业提供该产品自身的质量证明文件和使用说明即可，要求提供所用的原材料质量证明意义不大，甚至可以说生产企业提供的都是合格的复试报告。另外，使用合格的原材料不一定能生产出合格的混凝土，而使用不合格的原材料生产的混凝土未必不合格，因此，原材料质量证明并非是预拌混凝土的自身质量证明，真的没有必要。否则，不仅大量浪费有限的自然资源（一般采用 A4 纸打印，每一楼层、同一配合比的混凝土一式 4 或 5 份，共耗纸 50、60 张），这么大量的技术资料给混凝土企业增加了不必要的人力物力投入，由于工程竣工时这些资料不能作为工程质量评定与验收的依据，最终工程完工时却成为一堆废纸，十分可惜！

为保证工程质量，预防质量问题的发生，对于常规品预拌混凝土所使用的原材料，施工、监理等相关单位或监管部门以抽检的方式进行监督是不错的方式。而对于特殊工程或特制品混凝土，在施工前施工单位可采取对预拌混凝土配合比及其原材料进行验证试验。

那么，混凝土企业应向需方提供哪些技术资料呢？《预拌混凝土》GB/T 14902—2012 第 10.3.1 条明确规定：供方应按分部工程向需方提供同一配合比混凝土的出厂合格证。结合《建设工程文件归档规范（2019 年版）》GB/T 50328—2014 的规定、混凝土施工浇筑需要以及供货结算来看，供方应向需方提供以下证明资料：

（1）预拌混凝土发货单（每一运输车，是供货与结算的依据）；

（2）预拌混凝土出厂合格证（按分部工程、同一配合比的混凝土）；

（3）预拌混凝土开盘鉴定（首次使用的混凝土配合比开盘时）；

（4）混凝土拌合物中水溶性氯离子含量试验报告（同一配合比应至少检验 1 次）；

（5）混凝土抗压强度试验报告（出厂检验留样试块）；

（6）混凝土强度检验统计评定（按《混凝土强度检验评定标准》GB/T 50107—2010 评定）；

（7）原材料氯离子、碱含量试验报告和氯离子、碱的总含量计算书（同一配合比至少 1 次）；

（8）抗渗试验报告及其他性能检验报告（当设计有要求时）；

（9）砂、石碱活性试验报告（当设计有要求时）；

（10）预拌混凝土使用说明书（首次向需方供货时）；

（11）预拌混凝土基本性能试验报告（大批量、连续生产 $2000m^3$ 以上的同一工程项目、同一配合比混凝土）；

（12）其他必要的资料。

第5章　预拌混凝土施工质量控制

混凝土施工质量是影响工程质量的关键环节之一，施工单位应严格按照相关标准规范的要求及混凝土企业提供的预拌混凝土使用书等资料进行施工；应对因浇筑、养护及拆模等不当造成的混凝土结构质量缺陷和质量问题负责。

5.1　施工准备

为保证混凝土结构施工质量，施工单位应提前做好以下准备工作：

（1）应根据结构特点、面积、一次性浇筑量、气候条件等，选用适当机具与浇筑方法，必要时提前编制混凝土施工方案。

（2）应配备具有一定施工经验的管理人员、浇筑指挥人员、施棒人员、抹灰工、电工、杂工等人员。

（3）混凝土泵、串筒、振动棒等机具设备按需要准备充足，并考虑发生故障时的修理时间，重要部位宜有备用泵。所用的机具均应在浇筑前进行检查和试运转，应配有专职技工，随时检修。

（4）应提前掌握天气情况，尽量避开大风、雨雪等天气浇筑，以保证混凝土的连续浇筑和工程质量，准备好抽水设备和防雨、防暑、防寒等物资。

（5）应检查模板尺寸、钢筋（包括规格、数量、搭接长度等）、保护层厚度、预埋件数量和位置等，其偏差值应符合现行国家标准《混凝土结构工程施工质量验收规范》GB 50204—2015 及工程结构设计的规定。此外，还应检查模板支撑的稳定性以及模板接缝的密合情况等。

（6）应清除模板内或垫层上的杂物。表面干燥的地基、垫层、模板上应洒水湿润；现场环境温度高于35℃时，宜对金属模板进行洒水降温；洒水后不得留有积水。应检查对浇筑混凝土有无障碍（钢筋或预埋管线过密），必要时予以修正。

5.2 浇筑

（1）对现场浇筑的混凝土要进行监控，运抵现场的混凝土坍落度不能满足施工要求时，可采取经试验确认的可靠方法调整坍落度，严禁随意加水。在降雨雪时不宜在露天浇筑混凝土。

（2）因故停歇过久、混凝土拌合物出现下列情况之一，应按不合格料处理：

1）混凝土产生初凝；

2）混凝土塑性降低较多，依法振捣；

3）混凝土被雨水淋湿严重或混凝土失水过多；

4）混凝土中含有冻块或遭受冰冻，严重影响混凝土质量。

（3）混凝土应分层浇筑，分层厚度应符合表 5-1 的规定，上层混凝土应在下层混凝土初凝之前浇筑完毕。

（4）混凝土运输、输送入模的过程应保证混凝土连续浇筑，从运输到输送入模的延续时间不宜超过表 5-1 的要求。掺早强型减水剂、早强剂的混凝土以及有特殊要求的混凝土，应根据设计及施工要求，通过试验确定允许时间。

运输到输送入模的延续时间（min） **表 5-1**

条件	气温			
	≤ 25℃		＞ 25℃	
	不宜超过	间歇总时间不应超过	不宜超过	间歇总时间不应超过
不掺外加剂	90	180	60	150
掺外加剂	150	240	120	210

（5）混凝土拌合物入模温度不应低于 5℃，且不应高于 35℃，大体积混凝土不应高于 30℃。

（6）混凝土浇筑的布料点宜接近浇筑位置，应采取减少混凝土下料冲击的措施，并应符合下列规定：

1）宜先浇筑竖向结构构件，后浇筑水平结构构件；

2）浇筑区域结构平面有高差时，宜先浇筑低区部分，再浇筑高区部分。

（7）柱、墙模板内的混凝土浇筑不得发生离析，倾落高度应符合表 5-2 的要求；当不能满足要求时，应加设串筒、溜管、溜槽等装置。

柱、墙模板内混凝土浇筑倾落高度限值（m）　表 5-2

条件	浇筑倾落高度限值
粗骨料粒径大于 25mm	≤3
粗骨料粒径小于等于 25mm	≤6

注：当有可靠措施能保证混凝土不发生离析时，混凝土倾落高度可不受本表限制。

（8）浇筑完毕后，宜及时对混凝土裸露表面进行抹面处理。

（9）柱、墙混凝土设计强度等级高于梁、板混凝土设计强度等级时，混凝土浇筑应符合下列规定：

1）柱、墙混凝土设计强度比梁、板混凝土设计强度高一个等级时，柱、墙位置梁、板高度范围内的混凝土经设计单位确认，可采用与梁、板混凝土设计强度等级相同的混凝土进行浇筑；

2）柱、墙混凝土设计强度比梁、板混凝土设计强度高两个等级及以上时，应在交接区域采取分隔措施；分隔位置应在低强度等级的构件中，且距高强度等级构件边缘不应小于 500mm；

3）宜先浇筑强度等级高的混凝土，后浇筑强度等级低的混凝土。

（10）泵送混凝土浇筑应符合下列规定：

1）宜根据结构形状及尺寸、浇筑工程量、混凝土供应、混凝土浇筑设备、场地内外条件等划分每台输送泵的浇筑区域及浇筑顺序。

2）采用输送管浇筑混凝土时，宜由远而近浇筑；采用多根输送管同时浇筑时，其浇筑速度宜保持一致。

3）润滑输送管的水泥砂浆用于湿润结构施工缝时，水泥砂浆应与混凝土浆液成分相同；接浆厚度不应大于 30mm，多余水泥砂浆应收集后运出。

4）混凝土泵送浇筑应连续进行；当混凝土供应不及时时，应采取间歇泵送方式。

5）混凝土输送泵的选择及布置：

① 输送泵的选型应根据工程特点、混凝土输送高度和距离、混凝土工作性确定。

② 输送泵的数量应根据混凝土浇筑量和施工条件确定，必要时应设置备用泵。

③ 输送泵设置的位置应距离浇筑地点近，且供水、供电方便，场地应平整、坚实，道路应畅通。

④ 输送泵的作业范围不得有高压线等障碍物；输送泵设置位置应有防范高空坠物的设施。

6）混凝土输送泵管的选择与支架的设置应符合下列要求：

① 混凝土输送泵管应根据输送泵的型号、拌合物性能、总输出量、单位输出量、输送距离以及粗骨料粒径等进行选择。

② 混凝土粗骨料最大粒径不大于 25mm 时，可采用内径不小于 125mm 的输送泵管；混凝土粗骨料最大粒径不大于 40mm 时，可采用内径不小于 150mm 的输送泵管。

③ 输送泵管应根据工程和施工场地的特点，混凝土浇筑方案进行铺设，还应保证安全作业，便于清洗管道、排除故障和装拆维修。

④ 输送泵管道宜顺直，转弯宜平缓，弯管软管宜少，安装接头应严密。

⑤ 输送管道的固定应可靠稳定，用于水平输送的管道应采用支架固定；用于垂直输送的管道支架应与结构牢固连接，支架不得支承在钢筋或脚手架上，垂直管下端的弯管不应作为支承点使用，宜设钢支架承受垂直管重量。

⑥ 垂直向上配管时，地面水平输送泵管折算长度不宜小于垂直管长度的 1/5，且不宜小于 15m；垂直泵送高度超过 100m 时，混凝土泵机出料口处宜设置截止阀。

⑦ 倾斜或垂直向下泵送施工，且高差大于 20m 时，应在倾斜或垂直管下端设置弯管或水平管，弯管或水平管的折算长度不宜小于高差的 1.5 倍。

⑧ 混凝土输送泵管及其支架应经常进行过程检查和维护。

7）输送泵输送混凝土应符合下列规定：

① 混凝土输送泵的操作应符合相关的安全操作规程，操作人员应经过培训合格后，方可上岗。

② 混凝土泵机启动后，应先进行泵水检查，并应湿润输送泵的料斗、活塞等直接与混凝土接触的部位；经泵水检查确定混凝土泵和输送管中无异物后，应清除输送泵内积水。

③ 泵送混凝土前，应先输送水泥砂浆对输送泵和输送管进行润滑，然后开始输送混凝土，如需加接输送管，应预先对新接管道内壁进行湿润。

④ 当输送管道堵塞时，应及时拆除管道，排除堵塞物。拆除的管道重新安装前应湿润。

⑤ 混凝土浇筑后，应清洗输送泵和输送管。

（11）施工缝或后浇带处浇筑混凝土应符合下列规定：

1）结合面应为粗糙面，应清除浮浆、松动石子、软弱混凝土层；

2）结合面处应洒水湿润，但不得有积水；

3）施工缝处已浇筑混凝土的强度不应小于 1.2MPa；

4）柱、墙水平施工缝水泥砂浆接浆层厚度不应大于 30mm，接浆层水泥砂浆应与混凝土浆液成分相同；

5）后浇带混凝土强度等级及性能应符合设计要求；当设计无具体要求时，混凝土强度等级宜比两侧混凝土提高一级，并宜采用减少收缩的技术措施。

（12）超长结构混凝土浇筑应符合下列规定：

1）可留设施工缝分仓浇筑，分仓浇筑间隔时间不应少于 7d；

2）当留设后浇带时，后浇带封闭时间不得少于 14d；

3）超长整体基础中调节沉降的后浇带，混凝土封闭时间应通过监测确定，应在差异沉降稳定后封闭后浇带；

4）后浇带的封闭时间尚应经设计单位确认。

（13）型钢混凝土结构浇筑应符合下列规定：

1）混凝土粗骨料最大粒径不应大于型钢外侧混凝土保护层厚度的 1/3，且不宜大于 25mm；

2）浇筑应有足够的下料空间，使混凝土能充盈整个构件各部位；

3）型钢周边混凝土浇筑宜同步上升，混凝土浇筑高度不应大于 500mm。

（14）钢管混凝土结构浇筑应符合下列规定：

1）宜采用自密实混凝土浇筑；

2）混凝土应采用减少收缩的技术措施；

3）钢管截面较小时，应在钢管壁适当位置留排气孔，排气孔孔径不应小于 20mm；浇筑混凝土应加强排气孔观察，并应确认浆体流出和浇筑密实后再封堵排气孔；

4）当采用粗骨料粒径不大于 25mm 的高流态混凝土或粗骨料粒径不大于 20mm 的自密实混凝土时，混凝土最大倾落高度不宜大于 9m；倾落高度大于 9m 时，宜采用串筒、溜槽、溜管等辅助装置进行浇筑；

5）混凝土从管顶向下浇筑时应符合下列规定：

① 浇筑应有足够的下料空间，并应使混凝土充盈整个钢管；

② 输送管端内径或斗容器下料口内径应小于钢管内径，且每边应留有不小于100mm 的间隙；

③ 应控制浇筑速度和单次下料量，并应分层浇筑至设计标高；

④ 混凝土浇筑完毕后应对管口进行临时封闭。

6）混凝土从管底顶升浇筑时应符合下列规定：

① 应在钢管底部设置进料输送管，进料输送管应设止流阀门，止流阀门可在顶升浇筑的混凝土达到终凝后拆除；

② 应合理选择混凝土顶升浇筑设备；应配备上、下方通信联络工具，并应采取可有效控制混凝土顶升或停止的措施；

③ 应控制混凝土顶升速度，并均衡浇筑至设计标高。

（15）自密实混凝土浇筑应符合下列规定：

1）应根据结构部位、结构形状、结构配筋等确定合适的浇筑方案；

2）自密实混凝土粗骨料最大粒径不宜大于 20mm；

3）浇筑应能使混凝土充填到钢筋、预埋件、预埋钢构件周边及模板内各部位；

4）自密实混凝土浇筑布料点应结合拌合物特性选择适宜的间距，必要时可通过试验确定混凝土布料点下料间距。

（16）清水混凝土结构浇筑应符合下列规定：

1）应根据结构特点进行分区，同一构件分区应采用同批混凝土，并应连续浇筑；

2）同层或同区内混凝土构件所用材料牌号、品种、规格应一致，并应保证结构外观色泽符合要求；

3）竖向构件浇筑时应严格控制分层浇筑的间歇时间。

（17）基础大体积混凝土结构浇筑应符合下列规定：

1）采用多条运输泵管浇筑时，输送泵管间距不宜大于 10m，并宜由远及近浇筑；

2）采用汽车布料杆输送浇筑时，应根据布料杆工作半径确定布料点数量，各布料点浇筑速度应保持均衡；

3）宜先浇筑深坑部分再浇筑大面积基础部分；

4）宜采用斜面分层浇筑方法，也可采用全面分层、分块分层浇筑方法，层与层之间混凝土浇筑的间歇时间应能保证混凝土浇筑连续进行；

5）混凝土分层浇筑应采用自然流淌形成斜坡，并应沿高度均匀上升，分层厚度不宜大于 500mm；

6）混凝土浇筑后，在混凝土初凝前和终凝前，宜分别对混凝土裸露表面进行抹面处理，抹面次数宜适当增加；

7）应有排除积水或混凝土泌水的有效技术措施。

（18）预应力结构混凝土浇筑应符合下列规定：

1）应避免成孔管道破损、移位或连接处脱落，并应避免预应力筋、锚具及锚垫板等移位；

2）预应力锚固区等配筋密集部位应采取保证混凝土浇筑密实的措施；

3）先张法预应力混凝土构件，应在张拉后及时浇筑混凝土。

（19）混凝土拌合物在运输和浇筑过程中严禁加水；浇筑过程中散落的混凝土严禁用于结构构件的浇筑。

（20）混凝土浇筑和振捣应采取防止模板、钢筋、钢构、预埋件及定位件移位的措施。

5.3　振捣

（1）混凝土振捣应能使模板内各个部位混凝土密实、均匀，不应漏振、欠振、过振。

（2）混凝土振捣应采用插入式振动棒、平板振动器或附着振动器，必要时可采用人工辅助振捣。

（3）振动棒振捣混凝土应符合下列规定：

1）应按分层浇筑厚度分别进行振捣，振动棒的前端应插入前一层混凝土中，插入深度不应小于 50mm；

2）振动棒应垂直于混凝土表面并快插慢拔均匀振捣；当混凝土表面无明显塌陷、有水泥浆出现、不再冒气泡时，应结束该部位振捣；

3）振动棒与模板的距离不应大于振动棒作用半径的 50%；振动插点间距不应大于振动棒的作用半径的 1.4 倍。

（4）平板振动器振捣混凝土应符合下列规定：

1）平板振动器振捣应覆盖振捣平面边角；

2）平板振动器移动间距应覆盖已振实部分混凝土边缘；

3）振捣倾斜表面时，应由低处向高处进行振捣。

（5）附着振动器振捣混凝土应符合下列规定：

1）附着振动器应与模板紧密连接，设置间距应通过试验确定；

2）附着振动器应根据混凝土浇筑高度和浇筑速度，依次从下往上振捣；

3）模板上同时使用多台附着振动器时，应使各振动器的频率一致，并应交错设置在向相对面的模板上。

（6）混凝土分层振捣的最大厚度应符合表 5-3 的规定。

混凝土分层振捣的最大厚度　　表 5-3

振捣方法	混凝土分层振捣最大厚度
振动棒	振动棒作用部分长度的 1.25 倍
平板振动器	200mm
附着振动器	根据设置方式，通过试验确定

（7）特殊部位的混凝土应采取下列加强振捣措施：

1）宽度大于 0.3m 的预留洞底部区域，应在洞口两侧进行振捣，并应适当延长振捣时间；宽度大于 0.8m 的洞口底部，应采取特殊的技术措施；

2）后浇带及施工缝边角处应加密振捣点，并应适当延长振捣时间；

3）钢筋密集区域或型钢与钢筋结合区域，应选择小型振动棒辅助振捣、加密振捣点，并应适当延长振捣时间；

4）基础大体积混凝土浇筑流淌形成的坡脚，不得漏振。

5.4 养护

混凝土浇筑后，适当的温度与湿度是保证水泥水化的重要条件，养护不当可能导致混凝土表面出现塑性收缩裂纹，也会造成混凝土强度的降低。因此，养护工作是混凝土施工的一个重要环节，应按要求精心进行。

（1）混凝土浇筑后应及时进行保湿养护，保湿养护可采用洒水、覆盖、喷涂养护剂等方式。养护方式应根据现场条件、环境温湿度、构件特点、技术要求、施工操作等因素确定。

（2）混凝土的养护时间应符合下列要求：

1）采用硅酸盐水泥、普通硅酸盐水泥或矿渣硅酸盐水泥配制的混凝土，不应少于 7d；采用其他品种水泥时，养护时间应根据水泥性能确定；

2）采用缓凝型外加剂、大掺量矿物掺合料配制的混凝土，不应少于 14d；

3）抗渗混凝土、强度等级 C60 及以上的混凝土，不应少于 14d；

4）后浇带混凝土的养护时间不应少于 14d；

5）地下室底层墙、柱和上部结构首层墙、柱，宜适当增加养护时间；

6）大体积混凝土养护时间应根据施工方案确定。

（3）洒水养护应符合下列规定：

1）洒水养护宜在混凝土裸露表面覆盖麻袋或草帘后进行，也可采用直接洒水、蓄水等养护方式；洒水养护应保证混凝土表面处于湿润状态；

2）洒水养护用水应符合《混凝土用水标准》JGJ 63—2006 的规定；

3）当日最低温度低于 5℃时，不应采用洒水养护。

（4）覆盖养护应符合下列规定：

1）覆盖养护宜在混凝土裸露表面覆盖塑料薄膜、塑料薄膜加麻袋、塑料薄膜加草帘；

2）塑料薄膜应紧贴混凝土裸露表面，塑料薄膜内应保持有凝结水；

3）覆盖物应严密，覆盖物的层数应按施工方案确定。

（5）喷涂养护剂养护应符合下列规定：

1）应在混凝土裸露表面喷涂覆盖致密的养护剂进行养护；

2）养护剂应均匀喷涂在结构构件表面，不得漏喷；养护剂应具有可靠的保湿效果，保湿效果可通过试验检验；

3）养护剂使用方法应符合产品说明书的有关要求。

（6）基础大体积混凝土裸露表面应采用覆盖养护方式；当混凝土浇筑体表面以内 40～100mm 位置的温度与环境温度的差值小于 25℃时，可结束覆盖养护。覆盖养护结束但尚未达到养护时间要求时，可采用洒水养护方式直至养护结束。

（7）柱、墙混凝土养护方法应符合下列规定：

1）地下室底层和上部结构首层柱、墙混凝土带模养护时间，不应少于 3d；带模养护结束后，可采用洒水养护方式继续养护，也可采用覆盖养护或喷涂养护剂养护方式继续养护；

2）其他部位柱、墙混凝土可采用洒水养护，也可采用覆盖或喷涂养护剂养护。

（8）混凝土强度达到 1.2MPa 前，不得在其上踩踏、堆放物料、安装模板及支架。

（9）同条件养护试件的养护条件应与实体结构部位养护条件相同，并应妥善保管。

（10）施工现场应具备混凝土标准试件制作条件，并应设置标准试件养护室或养护箱。标准试件养护应符合国家现行有关标准的规定。

5.5　模板安装及拆除

（1）模板及其支架应根据工程结构形式、荷载大小、地基土类别、施工程序、施工机具和材料供应等条件进行设计。模板及其支架应具有足够的承载能力、刚度和稳定性，能可靠地承受浇筑混凝土的自重、侧压力、施工过程中产生的荷载，以及上层结构施工时产生的荷载。

（2）安装的模板须构造紧密、不漏浆、不渗水，不影响混凝土均匀性及强度发展，并能保证构件形状正确规整。

（3）安装模板时，为确保钢筋保护层厚度，应准确配置混凝土垫块或钢筋定位器等。

（4）模板的支撑立柱应置于坚实的地面上，并应具有足够的刚度、强度和稳定性，间距适度，防止支撑沉陷引起模板变形。上下层模板的支撑立柱应对准。

（5）模板及其支架的拆除顺序及相应的施工安全措施在制定施工技术方案时应考虑周全。模板及其支架拆除时，应随拆随清运，不得对楼层形成冲击荷载或形成局部过大的施工荷载。拆除时若混凝土结构尚未形成设计要求的受力体系，应加设临时支撑。

（6）模板拆除时，可采取先支的后拆，后支的先拆，先拆非承重模板、后拆承重模板的顺序，并应从上而下进行拆除。

（7）后浇带模板的支顶及拆除易被忽视，由此常造成结构缺陷，应予以特别注意，须严格按施工技术方案执行。

（8）底模及支架应在混凝土强度达到设计要求后再拆除；当设计无具体要求时，同条件养护的混凝土立方体试件抗压强度应符合表 5-4 的规定。

底模拆除时的混凝土强度要求 **表 5-4**

构件类别	构件跨度（m）	达到设计混凝土强度等级值的百分率（%）
板	≤ 2	≥ 50
	＞2，≤ 8	≥ 75
	＞8	≥ 100
梁、拱、壳	≤ 8	≥ 75
	＞8	≥ 100
悬臂构件	—	≥ 100

（9）当混凝土强度能保证其表面及棱角不受损伤时，方可拆除侧模。

（10）多个楼层间连续支模的底层支架拆除时间，应根据连续支模的楼层间荷载分配和混凝土强度的增长情况确定。

（11）快拆支架体系的支架立杆间距不应大于 2m。拆模时，应保留立杆并顶托支承楼板，拆模时的混凝土强度可按表 5-4 中构件跨度为 2m 的规定确定。

（12）后张预应力混凝土结构构件，侧模宜在预应力筋张拉前拆除；底模及支架不应在结构构件建立预应力前拆除。

（13）拆下的模板及支架杆件不得抛掷，应分散堆放在指定地点，并应及时清运。

（14）模板拆除后应将其表面清理干净，对变形和损伤部位应进行修复。

5.6　混凝土施工缝与后浇带

（1）施工缝和后浇带的留设位置应在混凝土浇筑前确定。施工缝和后浇带宜留设在结构受剪力较小且便于施工的位置。受力复杂的结构构件或有防水抗渗要求的结构构件，施工缝留设位置应经设计单位确定。

（2）水平施工缝的留设位置应符合下列规定：

1）柱、墙施工缝可留设在基础、楼层结构顶面，柱施工缝与结构上表面的距离宜为 0～100mm，墙施工缝与结构上表面的距离宜为 0～300mm；

2）柱、墙施工缝也可留设在楼层结构底面，施工缝与结构下表面的距离宜为 0～50mm；当板下有梁托时，可留设在梁托下 0～20mm；

3）高度较高的柱、墙、梁以及较厚的基础，可根据施工需要在其中部留设水平施工缝；当因施工缝留设改变受力状态而需要调整构件配筋时，应经设计单位确定；

4）特殊结构部位留设水平施工缝应经设计单位确认。

（3）竖向施工缝和后浇带的留设位置应符合下列规定：

1）有主次梁的楼板施工缝应留设在次梁跨度中间 1/3 范围内；

2）单向板施工缝应留设在与跨度方向平行的任何位置；

3）楼梯梯段施工缝设置在梯段板跨度端部 1/3 范围内；

4）墙的施工缝宜设置在门洞口过梁跨中 1/3 范围内，也可留设在纵横墙交接处；

5）后浇带留设位置应符合设计要求；

6）特殊结构部位留设竖向施工缝应经设计单位确认。

（4）设备基础施工缝留设位置应符合下列规定：

1）水平施工缝应低于地脚螺栓底端，与地脚螺栓底端的距离应大于 150mm；当地脚螺栓直径小于 30mm 时，水平施工缝可留设在深度不小于地脚螺栓埋入混凝土部分总长度的 3/4 处。

2）竖向施工缝与地脚螺栓中心线的距离不应小于 250mm，且不应小于螺栓直径的 5 倍。

（5）承受动力作用的设备基础施工缝留设位置应符合下列规定：

1）标高不同的两个水平施工缝，其高低结合处应留设成台阶形，台阶的高宽比不应大于 1.0；

2）竖向施工缝或台阶形施工缝的断面处应加插钢筋，插筋数量和规格应由设计确定；

3）施工缝的留设应经设计单位确认。

（6）施工缝、后浇带留设截面，应垂直于结构构件和纵向受力钢筋。结构构件厚度或高度较大时，施工缝或后浇带截面宜采用专用材料封挡。

（7）混凝土浇筑过程中，因特殊原因需临时设置施工缝时，施工缝留设应规整，并宜垂直于构件表面，必要时可采取增加插筋、事后修凿等技术措施。

（8）施工缝和后浇带应采取钢筋防锈或阻锈等保护措施。

5.7 大体积混凝土裂缝控制

（1）大体积混凝土宜采用后期强度作为配合比设计、强度评定及验收的依据。基础混凝土，确定混凝土强度时的龄期可取为 60d（56d）或 90d；柱、墙混凝土强度等级不低于 C80 时，确定混凝土强度时的龄期可取为 60d（56d）。确定混凝土强度时采用大于 28d 的龄期时，龄期应经设计单位确认。

（2）大体积混凝土施工配合比设计应按《大体积混凝土施工标准》GB 50496—2018 第 4.3 节进行，并应加强混凝土养护。

（3）大体积混凝土施工时，应对混凝土进行温度控制，并应符合下列规定：

1）混凝土入模温度不宜大于 30℃；混凝土浇筑体最大温升值不宜大于 50℃。

2）在覆盖养护或带模养护阶段，混凝土浇筑体表面以内 40～100mm 位置处的温度与混凝土浇筑体表面温度差值不应大于 25℃；结束覆盖养护或拆模后，混凝土浇筑体表面以内 40～100mm 位置处的温度与环境温度差值不应大于 25℃。

3）混凝土浇筑体内部相邻两测温点的温度差值不应大于 25℃。

4）混凝土降温速率不宜大于 2.0℃/d；当有可靠经验时，降温速率要求可适当放宽。

（4）基础大体积混凝土测温点的设置：

1）宜选择具有代表性的两个交叉竖向剖面进行测温，竖向剖面交叉位置宜通过基础中部区域。

2）每个竖向剖面的周边及以内部位应设置测温点，两个竖向剖面交叉处应设置测温点；混凝土浇筑体表面测温点应设置在保温覆盖层底部或模板内侧表面，并应与两个剖面上的周边测温点位置及数量对应；环境测温点不应少于 2 处。

3）每个剖面的周边测温点应设置在混凝土浇筑体表面以内 40～100mm 位置处；每个剖面的测温点宜竖向、横向对齐；每个剖面竖向设置的测温点不应少于 3 处，间距不应小于 0.4m 且不宜大于 1.0m；每个剖面横向设置的测温点不应少于 4 处，间距不应小于 0.4m 且不应大于 10m。

4）对基础厚度不大于 1.6m，裂缝控制技术措施完善的工程可不进行测温。

（5）柱、墙、梁大体积混凝土测温点的设置：

1）柱、墙、梁结构实体最小尺寸大于 2m，且混凝土强度等级不低于 C60 时，应进行测温。

2）宜选择沿构件纵向的两个横向剖面进行测温，每个横向剖面的周边及中部区域应设置测温点；混凝土浇筑体表面测温点应设置在模板内侧表面，并应与两个剖面上的周边测温点位置及数量对应；环境测温点不应少于 1 处。

3）每个横向剖面的周边测温点应设置在混凝土浇筑体表面以内 40～100mm 位置处；每个横向剖面的测温点宜对齐；每个剖面的测温点不应少于 2 处，间距不应小于 0.4m 且不宜大于 1.0m。

4）可根据第一次测温结果，完善温差控制技术措施，后续施工可不进行测温。

（6）大体积混凝土测温：

1）宜根据每个测温点被混凝土初次覆盖时的温度确定各测点部位混凝土的入模温度；

2）浇筑体周边表面以内测温点、浇筑体表面测温点、环境测温点的测温，应与混凝土浇筑、养护过程同步进行；

3）应按测温频率要求及时提供测温报告，测温报告应包含各测温点的温度数据、温差数据、代表点位的温度变化曲线、温度变化趋势分析等内容；

4）混凝土浇筑体表面以内 40～100mm 位置的温度与环境温度的差值小于 20℃时，可停止测温。

（7）大体积混凝土测温频率：

1）第 1 天至第 4 天，每 4h 不应少于 1 次；

2）第 5 天至第 7 天，每 8h 不应少于 1 次；

3）第 7 天至测温结束，每 12h 不应少于 1 次。

5.8 质量检查

（1）混凝土结构施工质量检查可分为过程控制检查和拆模后的实体质量检查。过程控制检查应在混凝土施工全过程中，按施工段划分和工序安排及时进行；拆模后的实体质量检查应在混凝土表面未作处理和装饰前进行。

（2）混凝土结构施工的质量检查，应符合下列规定：

1）检查的频率、时间、方法和参加检查的人员，应根据质量控制的需要确定。

2）施工单位应对完成施工的部位或成果的质量，进行全数自检。

3）混凝土结构施工质量检查应作出记录；返工和修补的构件，应有返工修补前后的记录，并应有图像资料。

4）已经隐蔽的工程内容，可检查隐蔽工程验收记录。

5）需要对混凝土结构的性能进行检验时，应委托有资质的检测机构检测，并应出具检测报告。

（3）浇筑前，应检查混凝土送料单，核对混凝土配合比，确认混凝土强度等级，检查混凝土运输时间，测定混凝土坍落度，必要时还应测定混凝土扩展度。

（4）混凝土结构施工过程中，应进行下列检查：

1）模板：

① 模板及支架位置、尺寸；

② 模板的变形和密封性；

③ 模板涂刷隔离剂及必要的表面湿润；

④ 模板内杂物清理。

2）钢筋及预埋件：

① 钢筋的规格、数量；

② 钢筋的位置；

③ 钢筋的混凝土保护层厚度；

④ 预埋件规格、数量、位置及固定。

3）混凝土拌合物：

① 坍落度、入模温度等；

② 大体积混凝土的温度测控。

4）混凝土施工：

① 混凝土输送、浇筑、振捣等；

② 混凝土浇筑时模板的变形、漏浆等；

③ 混凝土浇筑时钢筋和预埋件位置；

④ 混凝土试件制作；

⑤ 混凝土养护。

（5）混凝土结构拆除模板后应进行下列检查：

1）构件的轴线位置、标高、截面尺寸、表面平整度、垂直度；

2）预埋件的数量、位置；

3）构件的外观缺陷；

4）构件的连接及构造做法；

5）结构的轴线位置、标高、全高垂直度。

（6）混凝土结构拆模后实体质量检查方法与判定，应符合现行国家标准《混凝土结构工程施工质量验收规范》GB 50204—2015 等的有关规定。

5.9　混凝土缺陷修整

（1）混凝土结构缺陷可分为尺寸偏差缺陷和外观缺陷。尺寸偏差缺陷和外观缺陷可分为一般缺陷和严重缺陷。混凝土结构尺寸偏差超出规范规定，但尺寸偏差对结构性能和使用功能未构成影响时，应属于一般缺陷；而尺寸偏差对结构性能和使用功能构成影响时，应属于严重缺陷。混凝土结构外观缺陷分类见表 5-5。

混凝土结构外观缺陷分类　　表 5-5

名称	现象	严重缺陷	一般缺陷
露筋	构件内钢筋未被混凝土包裹而外露	纵向受力钢筋有露筋	其他钢筋有少量露筋
蜂窝	混凝土表面缺少水泥砂浆而形成石子外露	构件主要受力部位有蜂窝	其他部位有少量蜂窝
孔洞	混凝土中孔穴深度和长度均超过保护层厚度	构件主要受力部位有孔洞	其他部位有少量孔洞
夹渣	混凝土中夹有杂物且深度超过保护层厚度	构件主要受力部位有夹渣	其他部位有少量夹渣
疏松	混凝土中局部不密实	构件主要受力部位有疏松	其他部位有少量疏松
裂缝	缝隙从混凝土表面延伸至混凝土内部	构件主要受力部位有影响结构性能或使用功能的裂缝	其他部位有少量不影响结构性能或使用功能的裂缝
连接部位缺陷	构件连接处混凝土有缺陷及连接钢筋、连接件松动	连接部位有影响结构传力性能的缺陷	连接部位有基本不影响结构传力性能的缺陷

续表

名称	现象	严重缺陷	一般缺陷
外形缺陷	缺棱掉角、棱角不直、翘曲不平、飞边凸肋等	清水混凝土构件有影响使用功能或装饰效果的外形缺陷	其他混凝土构件有不影响使用功能的外形缺陷
外表缺陷	构件表面麻面、掉皮、起砂等	重要装饰效果的清水混凝土构件有外表缺陷	其他混凝土构件有不影响使用功能的外表缺陷

（2）施工过程中发现混凝土缺陷时，应认真分析缺陷产生的原因。对严重缺陷，施工单位应制定专项修整方案，方案应经论证审批后再实施，不得擅自处理。

（3）混凝土结构外观一般缺陷修整应符合下列规定：

1）露筋、蜂窝、孔洞、夹渣、疏松、外表缺陷，应凿除胶结不牢固部分的混凝土，应清理表面，洒水湿润后应用 1∶2～1∶2.5 水泥砂浆抹平；

2）应封闭裂缝；

3）连接部位缺陷、外形缺陷可与面层装饰施工一并处理。

（4）混凝土结构外观严重缺陷修整应符合下列规定：

1）露筋、蜂窝、孔洞、夹渣、疏松、外表缺陷，应凿除胶结不牢固部分的混凝土至密实部位，清理表面，支设模板，洒水湿润，涂抹混凝土界面剂，应采用比原混凝土强度等级高一级的细石混凝土浇筑密实，养护时间不应少于 7d。

2）开裂缺陷修整应符合下列规定：

① 民用建筑的地下室、卫生间、屋面等接触水介质的构件，均应注浆封闭处理。民用建筑不接触水介质的构件，可采用注浆封闭、聚合物砂浆粉刷或其他表面封闭材料进行封闭。

② 无腐蚀介质工业建筑的地下室、屋面、卫生间等接触水介质的构件，以及有腐蚀介质的所有构件，均应注浆封闭处理。无腐蚀介质工业建筑不接触水介质的构件，可采用注浆封闭、聚合物砂浆粉刷或其他表面封闭材料进行封闭。

③ 清水混凝土的外形和外表严重缺陷，宜在水泥砂浆或细石混凝土修补后用磨光机械磨平。

（5）混凝土结构尺寸偏差一般缺陷，可结合装饰工程进行修整。

（6）混凝土结构尺寸偏差严重缺陷，应会同设计单位共同制定专项修整方案，结构修整后应重新检查验收。

5.10　冬期施工质量控制

当室外日平均气温连续5d稳定低于5℃时，应采取冬期施工措施；当室外日平均气温连续5d稳定高于5℃时，可解除冬期施工措施。当混凝土未达到受冻临界强度而气温骤降至0℃以下时，应按冬期施工的要求采取应急防护措施。工程越冬期间，应采取维护保温措施。

混凝土冬期施工期间，应按国家现行有关标准的规定对混凝土拌合水温度、外加剂溶液温度、骨料温度、混凝土出机温度、浇筑温度、入模温度，以及养护期间混凝土内部、表面和大气温度进行测量。

5.10.1　一般规定

（1）冬期浇筑的混凝土，其受冻临界强度应符合下列规定：

1）采用蓄热法、暖棚法、加热法等施工的普通混凝土，采用硅酸盐水泥、普通硅酸盐水泥配制时，其受冻临界强度不应小于设计混凝土强度等级值的30%；采用矿渣硅酸盐水泥、粉煤灰硅酸盐水泥、火山灰质硅酸盐水泥、复合硅酸盐水泥时，不应小于设计混凝土强度等级值的40%；

2）当室外最低气温不低于－15℃时，采用综合蓄热法、负温养护法施工的混凝土受冻临界强度不应小于4.0MPa；当室外最低气温不低于－30℃时，采用负温养护法施工的混凝土受冻临界强度不应小于5.0MPa；

3）对强度等级等于或高于C50的混凝土，不宜小于设计混凝土强度等级值的30%；

4）对有抗渗要求的混凝土，不宜小于设计混凝土强度等级值的50%；

5）对有抗冻耐久性要求的混凝土，不宜小于设计混凝土强度等级值的70%；

6）当采用暖棚法施工的混凝土中掺入早强剂时，可按综合蓄热法受冻临界强度取值；

7）当施工需要提高混凝土强度等级时，应按提高后的强度等级确定受冻临界强度。

（2）混凝土冬期施工，应按现行行业标准《建筑工程冬期施工规程》JGJ/T 104—2011的有关规定进行热工计算。

（3）混凝土的配制宜选用硅酸盐水泥或普通硅酸盐水泥，并应符合下列规定：

1）当采用蒸汽养护时，宜选用矿渣硅酸盐水泥；

2）混凝土最小水泥用量不宜低于280kg/m^3，水胶比不应大于0.55；

3）大体积混凝土的最小水泥用量，可根据实际情况决定；

4）强度等级不大于 C15 的混凝土，其水胶比和最小水泥用量可不受以上限制。

（4）拌制混凝土所用骨料应清洁，不得含有冰、雪、冻块及其他易冻裂物质。掺加含有钾、钠离子的防冻剂混凝土，不得采用活性骨料或在骨料中混有此类物质的材料。

（5）冬期施工混凝土用外加剂，应符合现行国家标准《混凝土外加剂应用技术规范》GB 50119—2013 的有关规定。采用非加热养护方法时，混凝土中宜掺入引气剂、引气型减水剂或含有引气组分的外加剂，混凝土含气量宜控制为 3.0%～5.0%。

（6）钢筋混凝土掺用氯盐类防冻剂时，氯盐掺量不得大于水泥质量的 1.0%。掺用氯盐的混凝土应振捣密实，且不宜采用蒸汽养护。

（7）冬期施工混凝土配合比，应根据施工期间环境气温、原材料、养护方法、混凝土性能要求等经试验确定，并宜选择较小的水胶比和坍落度。

（8）在下列情况下，不得在钢筋混凝土结构中掺用氯盐：

1）排出大量蒸汽的车间、浴池、游泳馆、洗衣房和经常处于空气相对湿度大于 80% 的房间以及有顶盖的钢筋混凝土蓄水池等在高湿度空气环境中使用的结构；

2）处于水位升降部位的结构；

3）露天结构或经常受雨、水淋的结构；

4）有镀锌钢材或铝铁相接触部位的结构，和有外露钢筋、预埋件而无防护措施的结构；

5）与含有酸、碱或硫酸盐等侵蚀介质相接触的结构；

6）使用过程中经常处于环境温度为 60℃以上的结构；

7）使用冷拉钢筋或冷拔低碳钢丝的结构；

8）薄壁结构，中级和重级工作制吊车梁、屋架、落锤或锻锤基础结构；

9）电解车间和直接靠近直流电源的结构；

10）直接靠近高压电源（发电站、变电所）的结构；

11）预应力混凝土结构。

（9）模板外和混凝土表面覆盖的保温层，不应采用潮湿状态的材料，也不应将保温材料直接铺盖在潮湿的混凝土表面，新浇混凝土表面应铺一层塑料薄膜。

（10）采用加热养护的整体结构，浇筑程序和随工缝位置的设置，应采取能防止产生较大温度应力的措施。当加热温度超过 45℃时，应进行温度应力核算。

（11）型钢混凝土组合结构，浇筑混凝土前应对型钢进行预热，预热温度宜大于混凝土入模温度。

5.10.2　混凝土原材料加热、搅拌、运输和浇筑

（1）混凝土原材料加热宜采用加热水的方法。当加热水仍不能满足要求时，可对骨料进行加热。水、骨料加热的最高温度应符合表 5-6 的规定。

当水和骨料的温度仍不能满足热工计算要求时，可提高水温到 100℃，但水泥不得与 80℃以上的水直接接触。

拌合水及骨料加热最高温度　　**表 5-6**

水泥强度等级	拌合水（℃）	骨料（℃）
小于 42.5	80	60
42.5、42.5R 及以上	60	40

（2）水加热宜采用蒸汽加热、电加热、汽水热交换罐或其他加热方法。水箱或水池容积及水温应能满足连续施工的要求。

（3）砂加热应在开盘前进行，加热应均匀。当采用保温加热料斗时，宜配备两个，交替加热使用。每个料斗容积可根据机械可装高度和侧壁厚度等要求进行设计，每一个斗的容量不宜小于 3.5m^3。

预拌混凝土用砂，应提前备足料，运至有加热设施的保温封闭储料棚（室）或仓内备用。

（4）水泥、矿物掺合料不得直接加热。

（5）冬期施工混凝土搅拌应符合下列要求：

1）液体防冻剂使用前应搅拌均匀，由防冻剂溶液带入的水分应从混凝土拌合水中扣除；

2）蒸汽法加热骨料时，应加大对骨料含水率测试频率，并应将由骨料带入的水分从混凝土拌合水中扣除；

3）采用预拌混凝土时，混凝土搅拌时间应比常温搅拌时间延长 15～30s；

4）胶凝材料、引气剂或含引气组分外加剂不得与 60℃以上热水直接接触。

（6）混凝土拌合物的出机温度不宜低于 10℃，入模温度不应低于 5℃；预拌混凝土在运输、浇筑过程中的温度和覆盖的保温材料，需远距离运输的混凝土，拌合物的出机温度可根据距离经热工计算确定，当不符合要求时，应采取措施进行调整。大体积混凝土的入模温度可根据实际情况适当降低。

（7）混凝土运输与输送机具应进行保温或具有加热装置。当采用泵送工艺浇筑时应对泵管进行保温，并应采用与施工混凝土同配比砂浆对泵和泵管进行润滑、预热。混凝土运输、输送与浇筑过程中应进行测温，其温度应满足热工计算的要求。

（8）混凝土浇筑前，应清除地基、模板和钢筋上的冰雪和污垢，并应进行覆盖保温。

（9）冬期不得在强冻胀性地基土上浇筑混凝土；在弱冻胀性地基土上浇筑混凝土时，基土不得受冻。在非冻胀性地基土上浇筑混凝土时，混凝土受冻临界强度应符合规定要求。

（10）混凝土分层浇筑时，分层厚度不应小于400mm。已浇筑层的混凝土在未被上层混凝土覆盖前，温度不应低于2℃。

（11）采用加热方法养护现浇筑混凝土时，养护前的混凝土温度也不得低于2℃，并应根据加热产生的温度应力对结构的影响采取措施，合理安排混凝土浇筑顺序与施工缝留置位置。

5.10.3 混凝土养护

（1）混凝土结构工程冬期施工养护，应符合下列规定：

1）当室外最低气温不低于 −15℃时，对地面以下的工程或表面系数不大于5m^{-1}的结构，宜采用蓄热法养护，并应对结构易受冻部位加强保温措施；对表面系数为5～15m^{-1}的结构，宜采用综合蓄热法养护，围护层散热系数宜控制在50～200kJ/（m^3·h·K）之间。采用综合蓄热法养护时，混凝土中应掺加具有减水、引气性能的早强剂或早强型外加剂。

2）对不易保温养护且对强度增长无具体要求的一般混凝土结构，可采用掺防冻剂的负温养护法进行养护。

3）当上述2条不能满足施工要求时，可采用暖棚法、蒸汽加热法、电加热法等方法进行养护，但应采取降低能耗的措施。

（2）混凝土浇筑后，对裸露表面应采取防风、保湿、保温措施，对边、棱角及易受冻部位应加强保温。在混凝土养护和越冬期间，不得直接对负温混凝土表面浇水养护。

（3）模板和保温层的拆除除按表5-4控制外，尚应符合下列要求：

1）混凝土强度应达到受冻临界强度，且混凝土表面温度不应高于5℃；

2）对墙、板等薄壁结构构件，宜推迟拆模。

（4）混凝土强度未达到受冻临界强度和设计要求时，应继续进行养护。当混凝土表面温度与环境温度之差大于 20℃时，拆模后的混凝土表面应立即进行保温覆盖。

（5）冬期施工混凝土强度试件的留置，除应符合现行国家标准《混凝土结构工程施工质量验收规范》GB 50204—2015 的有关规定外，尚应增加不少于 2 组的同条件养护试件。同条件养护试件应在解冻后进行试验。

5.10.4　混凝土养护方法

1. 混凝土蒸汽养护法

（1）混凝土蒸汽养护法可采用棚罩法、蒸汽套法、热模法、内部通汽法等方式进行，其适用范围应符合下列规定：

1）棚罩法适用于预制梁、板、地下基础、沟道等；

2）蒸汽套法适用于现浇梁、板、框架结构，墙、柱等；

3）热模法适用于墙、柱及框架架构；

4）内部通汽法适用于预制梁、柱、桁架，现浇梁、柱、框架单梁。

（2）蒸汽养护法应采用低压饱和蒸汽，当工地有高压蒸汽时，应通过减压阀或过水装置后方可使用。

（3）蒸汽养护的混凝土，采用普通硅酸盐水泥时最高养护温度不得超过 80℃，采用矿渣硅酸盐水泥时可提高到 85℃。但采用内部通汽法时，最高加热温度不应超过 60℃。

（4）整体浇筑的结构，采用蒸汽加热养护时，升温和降温速度不得超过表 5-7 规定。

蒸汽加热养护混凝土升温和降温速度　　**表 5-7**

结构表面系数（m^{-1}）	升温速度（℃/h）	降温速度（℃/h）
≥6	15	10
＜6	10	5

（5）蒸汽养护应包括升温——恒温——降温三个阶段，各阶段加热延续时间可根据养护结束时要求的强度确定。

（6）采用蒸汽养护的混凝土，可掺入早强剂或非引气型减水剂。

（7）蒸汽加热养护混凝土时，应排除冷凝水，并应防止渗入地基土中。当有蒸汽喷出口时，喷嘴与混凝土外露面的距离不得小于 300mm。

2. 暖棚法施工

（1）暖棚法施工适用于地下结构工程和混凝土构件比较集中的工程。

（2）暖棚法施工应符合下列规定：

1）应设专人监测混凝土及暖棚内温度，暖棚内各测点温度不得低于5℃。测温点应选择具有代表性位置进行布置，在离地面500mm高度处应设点，每昼夜测温不应少于4次。

2）养护期间应监测暖棚内的相对湿度，混凝土不得有失水现象，否则应及时采取增湿措施或在混凝土表面洒水养护。

3）暖棚的出入口应设专人管理，并应采取防止棚内温度下降或引起风口处混凝土受冻的措施。

4）在混凝土养护期间应将烟或燃烧气体排至棚外，并应采取防止烟气中毒和防火的措施。

3. 负温养护法

（1）混凝土负温养护法适用于不易加热保温，且对强度增长要求不高的一般混凝土结构工程。

（2）负温养护法施工的混凝土，应以浇筑后5d内的预计日最低气温来选用防冻剂，起始养护温度不应低于5℃。

（3）混凝土浇筑后，裸露表面应采取保湿措施；同时，应根据需要采取必要的保温覆盖措施。

（4）负温养护法施工应按规定加强测温；混凝土内部温度降到防冻剂规定温度之前，混凝土的抗压强度应符合规定要求。

5.10.5 混凝土质量控制及检查

（1）混凝土冬期施工质量检查除应符合现行国家标准《混凝土结构工程施工质量验收规范》GB 50204—2015以及国家现行有关标准规定外，尚应符合下列规定：

1）应检查外加剂质量及掺量，外加剂进入施工现场后应进行抽样检验，合格后方准使用；

2）应根据施工方案确定的参数检查水、骨料、外加剂溶液和混凝土出机、浇筑、起始养护时的温度；

3）应检查混凝土从入模到拆除保温层或保温模板期间的温度；

4）采用预拌混凝土时，原材料、搅拌、运输过程中的温度检查及混凝土质量检查应由预拌混凝土生产企业进行，并应将记录资料提供给施工单位。

（2）施工期间的测温项目与频次应符合表 5-8 规定。

施工期间的测温项目与频次　　　　表 5-8

测温项目	频次
室外气温	测量最高、最低气温
环境温度	每昼夜不少于 4 次
水、水泥、矿物掺合料、砂、石及外加剂溶液温度	每一工作班不少于 4 次
搅拌机棚温度、混凝土出机、浇筑、入模温度	每一工作班不少于 4 次

（3）混凝土养护期间的温度测量应符合下列规定：

1）采用蓄热法或综合蓄热法时，在达到受冻临界强度之前应每隔 4～6h 测量一次；

2）采用负温养护法时，在达到受冻临界强度之前应每隔 2h 测量一次；

3）采用加热法时，升温和降温阶段应每隔 1h 测量一次，恒温阶段每隔 2h 测量一次；

4）混凝土在达到受冻临界强度后，可停止测温；

5）大体积混凝土养护期间的温度测量尚应符合现行国家标准《大体积混凝土施工标准》GB 50496—2018 的相关规定。

（4）养护温度的测量方法应符合下列规定：

1）测温孔应编号，并应绘制测温孔布置图，现场应设置明显标识；

2）测温时，测温元件应采取措施与外界气温隔离：测温元件测量位置应处于结构表面下 20mm 处，留置在测温孔内的时间不应少于 3min；

3）采用非加热法养护时，测温孔应设置在易于散热的部位，采用加热法养护时，应分别设置在离热源不同的位置。

（5）混凝土质量检查应符合下列规定：

1）应检查混凝土表面是否受冻、粘连、收缩裂缝，边角是否脱落，施工缝处有无受冻痕迹；

2）应检查同条件养护试块的养护条件是否与结构实体相一致；

3）按成熟度法推定混凝土强度时，应检查测温记录与计算公式要求是否相符；

4）采用电加热养护时，应检查供电变压器二次电压和二次电流强度，每一工作班不应少于两次。

（6）模板和保温层在混凝土达到要求强度并冷却到 5℃后方可拆除。拆模时混凝土表面与环境温差大于 20℃时，混凝土表面应及时覆盖，缓慢冷却。

（7）混凝土抗压强度试件的留置除应按现行国家标准《混凝土结构工程施工质量验收规范》GB 50204—2015 规定进行外，尚应设不少于 2 组同条件养护试件。

5.10.6 混凝土的热工计算

1. 混凝土搅拌、运输、浇筑温度计算

（1）混凝土拌合物温度可按下式计算：

$$T_0=0.92(m_{ce}T_{ce}+m_sT_s+m_{sa}T_{sa}+m_gT_g)+4.2T_w(m_w-\omega_{sa}m_{sa}-\omega_g m_g)+c_w(\omega_{sa}m_{sa}T_{sa}+\omega_g m_g T_g)-c_i(\omega_{sa}m_{sa}+\omega_g m_g)/4.2m_w+0.92(m_{ce}+m_s+m_{sa}+m_g) \tag{5-1}$$

式中 T_0——混凝土拌合物温度（℃）；

T_s——掺合料的温度（℃）；

T_{ce}——水泥的温度（℃）；

T_{sa}——砂子的温度（℃）；

T_g——石子的温度（℃）；

T_w——水的温度（℃）；

m_w——拌合水用量（kg）；

m_{ce}——水泥用量（kg）；

m_s——掺合料用量（kg）；

m_{sa}——砂子用量（kg）；

m_g——石子用量（kg）；

ω_{sa}——砂子的含水率（%）；

ω_g——石子的含水率（%）；

c_w——水的比热容［kJ/(kg·K)］；

c_i——冰的溶解热（kJ/kg）；当骨料温度大于 0℃时：$c_w=4.2$，$c_i=0$；当骨料温度小于或等于 0℃时：$c_w=2.1$，$c_i=335$。

（2）混凝土拌合物出机温度可按下式计算：

$$T_1=T_0-0.16(T_0-T_p) \tag{5-2}$$

式中 T_1——混凝土拌合物出机温度（℃）；

T_p——搅拌机棚内温度（℃）。

（3）采用预拌混凝土泵送施工时，混凝土拌合物运输与输送至浇筑地点时的温度可按下列公式计算：

$$T_2 = T_1 - \Delta T_y - \Delta T_b \tag{5-3}$$

其中，ΔT_y、ΔT_b 分别为采用装卸式运输工具运输混凝土时的温度降低和采用泵管输送混凝土时的温度降低，可按下列公式计算：

$$\Delta T_y = (\alpha t_1 + 0.032n) \times (T_1 - T_a) \tag{5-4}$$

$$\Delta T_b = 4\omega \times \frac{3.6}{0.04 + \frac{d_b}{\lambda_b}} \times \Delta T_1 \times t_2 \times \frac{D_w}{c_c \cdot \rho_c \cdot D_l^2} \tag{5-5}$$

式中　T_2——混凝土拌合物运输与输送到浇筑地点时温度（℃）；

ΔT_y——采用装卸式运输工具运输混凝土时的温度降低（℃）；

ΔT_b——采用泵管输送混凝土时的温度降低（℃）；

ΔT_1——泵管内混凝土的温度与环境气温差（℃），当采用预拌混凝土且泵送工艺输送时：$\Delta T_1 = T_1 - T_y - T_a$；

T_a——室外环境气温（℃）；

t_1——混凝土拌合物运输的时间（h）；

t_2——混凝土在泵管内输送时间（h）；

n——混凝土拌合物运转次数；

c_c——混凝土的比热容［kJ/(kg·K)］；

ρ_c——混凝土的质量密度（kg/m^3）；

λ_b——泵管外保温材料导热系数［W/(m·K)］；

d_b——泵管外保温层厚度（m）；

D_l——混凝土泵管内径（m）；

D_w——混凝土泵管外围直径（包括外围保温材料）(m)；

ω——透风系数，可按表 5-10 取值；

α——温度损失系数（h^{-1}）；采用混凝土搅拌车时：$\alpha = 0.25$；采用封闭式自卸汽车时：$\alpha = 0.1$；采用手推车或吊斗时：$\alpha = 0.50$。

（4）考虑模板和钢筋的吸热影响，混凝土浇筑完成时的温度可按下式计算：

$$T_3 = \frac{c_c m_c T_2 + c_f m_f T_f + c_s m_s T_s}{c_c m_c + c_f m_f + c_s m_s} \tag{5-6}$$

式中　T_3——混凝土浇筑完成时的温度（℃）；

c_f——模板的比热容［kJ/(kg·K)］；

c_s——钢筋的比热容［kJ/(kg·K)］；

m_c——每立方米混凝土的重量（kg）；

m_f——每立方米混凝土相接触的模板重量（kg）；

m_s——每立方米混凝土相接触的钢筋重量（kg）；

T_f——模板的温度（℃），未预热时可采用当时的环境温度；

T_s——钢筋的温度（℃），未预热时可采用当时的环境温度。

2. 混凝土蓄热养护过程中的温度计算

（1）混凝土蓄热养护开始到某一时刻的温度、平均温度可按下列公式计算：

$$T_4=\eta e^{-\theta V_{ce}\cdot t_3}-\varphi e^{V_{ce}\cdot t_3}+T_{m,a} \tag{5-7}$$

$$T_m=\frac{1}{V_{ce}t_3}\left(\varphi e^{-V_{ce}\cdot t_3}-\frac{\eta}{\theta}e^{\theta V_{ce}\cdot t_3}+\frac{\eta}{\theta}-\varphi\right)+T_{m,a} \tag{5-8}$$

其中 θ、φ、η 为综合参数，可按下列公式计算：

$$\theta=\frac{\omega\cdot K\cdot M_s}{V_{ce}\cdot c_c\cdot \rho_c} \tag{5-9}$$

$$\varphi=\frac{V_{ce}\cdot Q_{ce}\cdot m_{ce,1}}{V_{ce}\cdot c_c\cdot \rho_c-\omega\cdot K\cdot M_s} \tag{5-10}$$

$$\eta=T_3-T_{m,a}+\varphi \tag{5-11}$$

$$K=\frac{3.6}{0.04+\sum_{i=1}^{n}\frac{d_i}{\lambda_i}} \tag{5-12}$$

式中 T_4——混凝土蓄热养护开始到某一时刻的温度（℃）；

T_m——混凝土蓄热养护开始到某一时刻的平均温度（℃）；

t_3——混凝土蓄热养护开始到某一时刻的时间（h）；

$T_{m,a}$——混凝土蓄热养护开始到某一时刻的平均气温（℃），可采用蓄热养护开始至 t_3 时气象预报的平均气温，亦可按每日平均气温计算；

M_s——结构表面系数（m^{-1}）；

K——结构围护层的总传热系数［kJ/(m^2·h·K)］；

Q_{ce}——水泥水化累积最终放热量（kJ/kg）；

V_{ce}——水泥水化速度系数（h^{-1}）；

$m_{ce,1}$——每立方米混凝土水泥用量（kg/m^3）；

d_i——第 i 层围护层厚度（m）；

λ_i——第 i 层围护层的导热系数［W/(m·K)］。

（2）水泥水化累积最终放热量 Q_{ce}、水泥水化速度系数 V_{ce} 及透风系数 ω 取值可按表 5-9、表 5-10 选用。

水泥水化累积最终放热量 Q_{ce} 和水泥水化速度系数 V_{ce}　　**表 5-9**

水泥品种及强度等级	Q_{ce}（kJ/kg）	V_{ce}（h^{-1}）
硅酸盐、普通硅酸盐水泥 52.5	400	0.018
硅酸盐、普通硅酸盐水泥 42.5	350	0.015
矿渣、火山灰质、粉煤灰、复合硅酸盐水泥 42.5	310	0.013
矿渣、火山灰质、粉煤灰、复合硅酸盐水泥 32.5	260	0.011

透风系数 ω　　**表 5-10**

围护层种类	透风系数 ω		
	$V_w < 3m/s$	$3m/s \leqslant V_w \leqslant 5m/s$	$V_w > 5m/s$
围护层由易透风材料组成	2.0	2.5	3.0
易透风保温材料外包不易透风材料	1.5	1.8	2.0
围护层由不易透风材料组成	1.3	1.45	1.6

注：V_w——风速。

（3）当需要计算混凝土蓄热冷却至 0℃的时间时，可根据公式（5-7）采用逐次逼近的方法进行计算。当蓄热养护条件满足 $\frac{\varphi}{T_{m,a}} \geqslant 1.5$，且 $KM_s \geqslant 50$ 时，也可按下式直接计算：

$$t_0 = \frac{1}{V_{ce}} \ln \frac{\varphi}{T_{m,a}} \tag{5-13}$$

式中　t_0——混凝土蓄热养护冷却至 0℃的时间（h）。

混凝土冷却至 0℃的时间内，其平均温度可根据公式（5-6）取 $t_3 = t_0$ 进行计算。

5.11　高温施工质量控制

在高温条件下，由于温度较高使混凝土中的水泥水化热在较短时间内产生，促进了早期混凝土温度的提升。有关资料表明，当气温为 14℃时，新拌混凝土的第 1 个 24h 产生全部水化热的 43%；当气温为 30℃时，新拌混凝土的第 1 个 24h 产生全部水化热的 62.5%。而各种原材料自身的高温一方面使早期混凝土的温度高，另一方面使得水泥水化热更为集中，而环境的高温使混凝土中的热量不易散发，因而混凝土的整体温度较其他季节施工的混凝土温度高出很多。混凝土浇筑后若养护不当，在高温及干燥风的影响下，将加大混凝土表面水分的蒸发，表面迅速失水产生严重的塑性收缩，而其内部的高温促进了水泥水化的快速进行，在表面严重塑性收缩和内部约束的共同作用下，容易造成混凝土表面塑性收缩裂缝的产生。

水分蒸发过快过多不仅易使混凝土表面产生裂缝，同时造成水泥水化需水不足，将影响混凝土表面的硬化和强度增长。因此，在高温条件下浇筑的混凝土结构，必须加强保湿养护和控温工作。

（1）当日平均气温达到30℃及以上时，应按高温施工要求采取措施。

（2）高温施工时，露天堆放的粗、细骨料应采取遮阳防晒等措施。必要时，可对粗骨料进行喷雾降温。

（3）高温施工的混凝土配合比设计，除应符合《混凝土结构工程施工规范》GB 50666—2011 第 7.3 节的规定外，尚应符合下列要求：

1）应分析原材料温度、环境温度、混凝土运输方式与时间对混凝土初凝时间、坍落度损失等性能指标的影响，根据环境温度、湿度、风力和采取温控措施的实际情况，对混凝土配合比进行调整；

2）宜在近似现场运输条件、时间和预计混凝土浇筑作业最高气温的天气条件下，通过混凝土试拌、试运输的工况试验，确定适合高温天气条件下施工的混凝土配合比；

3）宜降低水泥用量及选用水化热较低的水泥；可采用矿物掺合料替代部分水泥。

（4）混凝土的搅拌应符合下列要求：

1）应对搅拌站料斗、储水器、皮带运输机、搅拌楼采取遮阳防晒措施。

2）对原材料进行直接降温时，宜采用对水、粗骨料进行降温的方法。对水直接降温时，可采用冷却装置对其降温，并应对水管及水箱加设遮阳和隔热设施，也可在水中加碎冰作为拌合用水的一部分。混凝土拌合时掺加的固体冰应确保在搅拌结束前融化，且在拌合用水中应扣除其重量。

3）原材料最高入机温度不宜超过表 5-11 的要求。

原材料最高入机温度（℃） **表 5-11**

原材料	最高入机温度
水泥、矿物掺合料（粉煤灰等）	60
骨料	30
水	25

4）混凝土拌合物出机温度不宜大于 30℃。出机温度可按下式计算：

$$T_0=\frac{0.22(T_gW_g+T_sW_s+T_cW_c+T_mW_m)+T_wW_w+T_gW_{wg}+T_sW_{ws}+0.5T_{ice}-79.6W_{ice}}{0.22(W_g+W_s+W_c+W_m)+W_w+W_{wg}+W_{ws}+W_{ice}} \quad (5\text{-}14)$$

式中　T_0——混凝土的出机温度（℃）；

T_g、T_s——粗骨料、细骨料的入机温度（℃）；

T_c、T_m——水泥、矿物掺合料的入机温度（℃）；

T_w、T_{ice}——搅拌水、冰的入机温度（℃）；冰的入机温度低于 0℃时，T_{ice} 应取负值；

W_g、W_s——粗骨料、细骨料干重量（kg）；

W_c、W_m——水泥、矿物掺合料重量（kg）；

W_c、W_{ice}——搅拌水、冰重量（kg），当混凝土不加冰拌合时，$W_{ice}=0$；

W_{wg}、W_{ws}——粗骨料、细骨料中所含水重量（kg）。

5）当需要时，可采取掺加干冰等附加控温措施。

（5）混凝土宜采用白色涂装的混凝土搅拌运输车运输；混凝土输送管应进行遮阳覆盖，并应洒水降温。

（6）混凝土拌合物入模温度不应低于 5℃，且不应高于 35℃。

（7）混凝土浇筑宜在早间或晚间进行，且应连续浇筑。当混凝土水分蒸发较快时，应在施工作业面采取挡风、遮阳、喷雾等措施。

（8）混凝土浇筑前，施工作业面宜采取遮阳措施，并应对模板、钢筋和施工机具采用洒水等降温措施，但浇筑时模板内不得积水。

（9）混凝土浇筑完成后，应及时进行保湿养护。侧模拆除前宜采用带模湿润养护。

5.12　雨期施工质量控制

雨期施工期间，要了解未来 1～3d 的天气预报，尽量避开下雨时浇筑混凝土。

（1）雨季和降雨期间，应按雨期施工要求采取措施。

（2）雨期施工期间，水泥和矿物掺合料应采取防水和防潮措施，并应对粗骨料、细骨料的含水率进行检测，及时调整混凝土配合比。

（3）雨期施工期间，应选用具有防雨水冲刷性能的模板隔离剂。

（4）雨期施工期间，混凝土搅拌、运输设备和浇筑作业面应采取防雨措施，并应加强施工机械检查维修及接地接零检测工作。

（5）雨期施工期间，除应采用防护措施外，小雨、中雨天气不宜进行混凝土露天浇筑，且不应进行大面积作业的混凝土露天浇筑；大雨、暴雨天气不应进行混凝土露天浇筑。

（6）雨后应检查地基面的沉降，并应对模板及支架进行检查。

（7）雨期施工期间，应采取防止模板内积水的措施。模板内和混凝土浇筑分层面出现积水时，应在排水后再浇筑混凝土。

（8）混凝土浇筑过程中，因雨水冲刷致使水泥浆流失严重的部位，应采取补救措施后再继续施工。

（9）混凝土浇筑完毕后，应及时采取覆盖塑料薄膜等防雨措施。

（10）台风来临前，应对尚未浇筑混凝土的模板及支架采取临时加固措施；台风结束后，应检查模板及支架，已验收合格的模板及支架应重新办理验收手续。

5.13 水下混凝土灌注桩施工质量控制

5.13.1 施工与技术要求

（1）钢筋笼吊装完毕后，应安置导管或气泵管二次清孔，并应进行孔位、孔径、垂直度、孔深、沉渣厚度等检验，合格后应立即灌注混凝土。

（2）水下灌注的混凝土应符合下列规定：

1）水下灌注混凝土必须具备良好的和易性，配合比应通过试验确定；坍落度宜为180～220mm；水泥用量不应少于360kg/m^3（当掺入粉煤灰时水泥用量可不受此限制）；

2）水下灌注混凝土的含砂率宜为40%～50%，并宜选用中粗砂；粗骨料的最大粒径应小于40mm，且粒径不得大于钢筋间最小净距的1/3；

3）水下灌注混凝土宜掺外加剂。

（3）导管的构造和使用应符合下列规定：

1）导管壁厚不宜小于3mm，直径宜为200～250mm；直径制作偏差不应超过2mm，导管的分节长度可视工艺要求确定，底管长度不宜小于4m，接头宜采用双螺纹方扣快速接头；

2）导管使用前应试拼装、试压，试水压力可取为0.6～1.0MPa；

3）每次灌注后应对导管内外进行清洗。

（4）使用的隔水栓应有良好的隔水性能，并应保证顺利排出；隔水栓宜采用球胆或与桩身混凝土强度等级相同的细石混凝土制作。

（5）灌注水下混凝土的质量控制应满足下列要求：

1）开始灌注混凝土时，导管底部至孔底的距离宜为 300～500mm。

2）应有足够的混凝土储备量，导管一次埋入混凝土灌注面以下不应少于 0.8m。

3）导管埋入混凝土深度宜为 2～6m。严禁将导管提出混凝土灌注面，并应控制提拔导管速度，应有专人测量导管埋深及管内外混凝土灌注面的高差，填写水下混凝土灌注记录。

4）灌注水下混凝土必须连续施工，每根桩的灌注时间应按初盘混凝土的初凝时间控制，对灌注过程中的故障应记录备案。

5）应控制最后一次灌注量，超灌高度宜为 0.8～1.0m，凿除泛浆后必须保证暴露的桩顶混凝土强度达到设计等级。

5.13.2　注意事项

实践经验告诉我们，水下混凝土桩在灌注时要分工明确，密切配合，统一指挥，快速、连续施工，一气呵成。快速灌注成功的桩往往质量比较好，而灌灌停停的桩则容易出现质量问题，在灌注混凝土过程中应重点注意以下几点：

（1）混凝土灌注前，要办好隐蔽工程施工各项检查签证，施工过程中要认真填写施工记录表和施工记录。

（2）混凝土灌注工作应连续不间断进行，一旦发生混凝土灌注中断，应根据导管的埋置深度，间断、少量提升导管使导管内混凝土慢慢流出，以防凝结。并立即组织人员排除故障，尽快恢复灌注。

（3）首灌时应注意导管底部提离孔底 300～500mm，以便冲击沉渣。

（4）灌注工作开始前，应对所使用的全部机械设备进行维修、保养，确保机械在施工过程中正常运转，保证施工安全和施工质量。

（5）灌注过程中应防止异物掉入导管中，宜在储料斗中部设置钢筋焊成的间距 100mm 的方形网格栅。

（6）混凝土灌注过程中应有专人指挥、协调。内容包括：混凝土搅拌开盘时间及方量，混凝土运输车次、车序，道路交通畅通情况，提前预算最后补方数量等。要充分考虑周到，排除一切干扰，保证混凝土顺利灌注。

（7）混凝土拌制后，宜在 1.5h 内灌注完毕；其初凝时间不宜早于 6h。

（8）清孔须彻底，否则易造成混凝土中夹泥。

（9）制备的混凝土应具有良好的工作性，易于在导管中流动而又不易离析。

（10）在灌注过程中，混凝土宜徐徐流入漏斗和导管，不得将混凝土整斗从上面倾入管内，以免导管进入空气形成高压气塞，挤出管节间的橡胶垫而使导管漏水。

（11）在灌注将近结束时，要注意观察孔口是否返出泥浆。如出现混凝土顶升困难，可在孔内加水稀释泥浆，将部分沉淀土掏出，使灌注工作顺利进行。在拔出最后一段长导管时，拔管速度要慢，以防止桩顶沉淀的泥浆挤入导管下形成泥心。

（12）灌注完毕后，要做好孔口保护，防止人员落坑，并对所用设备进行清洗。

（13）应备用发电机，预防施工过程中可能发生的电网断电情况，这样可以防止灌注时间延误，避免造成断桩事故。

（14）在灌注过程中，要注意正确控制导管埋深，应经常用测锤探测混凝土面的上升高度，并适时提升、逐级拆卸导管，保持导管的合理埋深。如果导管埋入混凝土过深，易使导管与混凝土间摩擦阻力过大，致使导管无法拔出造成事故。在提升导管时要缓缓慢进行，如过猛易使导管被拉断。

（15）导管是灌注水下混凝土的重要工具，选用要合适。导管应具备足够的强度和刚度且密封性良好，管壁光滑、导管平直，无穿孔裂纹，导管接口处应有弹性垫圈密封。如果导管接头密封不严，焊缝破裂，水从接头或焊缝中浸入会引起事故，因此施工之前必须要进行水密、承压和接头抗拉试验。

（16）施工过程中注意安全，戴好安全帽，严格按照操作规程操作。

第 6 章　混凝土强度试件留置与评定

6.1　强度等级的概念

作为结构材料，混凝土的强度无疑是最重要的性能。《混凝土结构工程施工质量验收规范》GB 50204—2015 第 7.1.1 条规定：混凝土强度应按现行国家标准《混凝土强度检验评定标准》GB/T 50107—2010 的规定分批检验评定。

混凝土的强度等级按立方体抗压强度标准值划分。混凝土强度等级采用符号 C，以立方体抗压强度标准值（MPa、N/mm^2）表示。例如强度等级 C30，其中的 C 表示混凝土，30MPa 为立方体抗压强度标准值（$f_{cu,k}$）。

根据国家标准《混凝土结构设计规范》GB 50010—2010 规定，混凝土强度等级应按立方体抗压强度标准值确定。立方体抗压强度标准值指按照标准方法制作养护的边长为 150mm 的立方体试件，在 28d 龄期用标准试验方法测得的具有 95% 保证率的抗压强度。

标准方法制作和养护包括：采用标准方法制作立方体试件，养护温度为 20±2℃，相对湿度不低于 95%。

图 6-1 为一检验批混凝土强度的分布图。图中，$\varphi(f_{cu})$ 为样本平均强度值分布；μ 为该批混凝土强度的概率分布平均值；强度标准值 $f_{cu,k}$ 是保证率不低于 95% 的强度值，是抗压强度总体分布中一个分位值。强度低于强度标准值 $f_{cu,k}$ 的百分率不超过 5%。

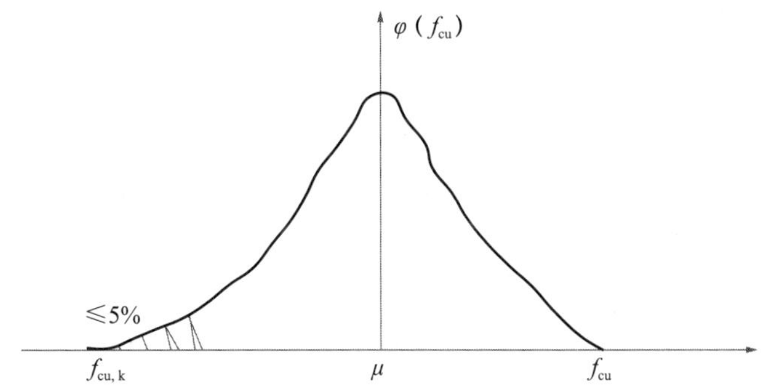

图 6-1　混凝土强度的正态分布图及强度标准值

为达到具有不低于95%保证率的强度标准值，实际配制强度应留有裕量。例如，配制C30级混凝土，首先确定配制强度$f_{cu,o}$，经试配、调整，确定设计配合比。然后，根据砂、石实际含水的检测结果，调整用水量及砂、石用量，提出施工配合比，并据此进行生产。对生产出的混凝土进行抽样检验。例如，从不足100m^{3}的混凝土中取试样制作1组试件，其试压结果强度实测值$f_{cm,i}=35$MPa，此时只能按非统计方法评定即35MPa $>$ 1.15×30（$f_{cu,k}$）= 34.5MPa，评定该批混凝土强度合格，表明该批混凝土达到C30级强度要求。显然，配制强度应比标准值高才能保证强度评定合格。本例中的标准值（$f_{cu,k}$）为30MPa，是设计要求并在图纸中注明的；而$f_{cm,i}=35$MPa是混凝土强度实测值（代表值），是抽样检验得到的。尽管本例中强度实测值达到35MPa，但不能说该批混凝土强度等级为C35。因为配合比设计是按C30为目标进行的，而抽样检验是验证强度是否达到了要求的等级C30。

6.2 评定方法

在国家标准《混凝土强度检验评定标准》GB/T 50107—2010中，规定了评定混凝土强度的方法，包括方差已知统计方法、方差未知统计方法以及非统计方法三种。工程中可根据具体条件选用，但应优先选用统计方法。方差已知统计方法多用于预拌混凝土的出厂检验和预制构件厂定型产品的混凝土强度检验，这类产品的混凝土强度评定也可用方差未知统计方法。施工现场多采用方差未知统计方法评定混凝土强度是否合格。

对C40及以上的较高强度等级的混凝土，当混凝土方量较少时，宜留取不少于10组的试件，采用方差未知统计方法评定混凝土强度。因为根据现行标准，对较高强度等级的混凝土，采用非统计方法评定时，强度的平均值难以达到要求。

6.3 分批评定原则

为保持混凝土强度分布的规律性，标准要求由质量相近的一定数量的混凝土组成一个验收批进行混凝土强度的检验评定。《混凝土结构工程施工质量验收规范》GB 50204—2015第7.1.1条规定：划入同一检验批的混凝土，其施工持续时间不宜超过3个月。此外，组成验收批的混凝土应满足以下条件：

（1）强度等级相同；

（2）龄期相同（应采用28d或设计规定龄期的标准养护试件）；

（3）生产工艺条件基本相同；

（4）配合比基本相同。

6.4　混凝土试件的留置与强度检验

6.4.1　取样

（1）混凝土的取样，宜根据标准规定的检验评定方法要求制定检验批的划分方案和相应的取样计划。

（2）交货混凝土强度试样应在混凝土的浇筑地点随机抽取。

（3）混凝土交货检验取样及坍落度试验应在混凝土运到交货地点时开始算起 20min 内完成，试件制作应在混凝土运到交货地点时开始算起 40min 内完成。

（4）同一组混凝土拌合物的取样，应在同一车混凝土中取样。取样量应多于试验所需量的 1.5 倍，且不宜小于 20L。

（5）混凝土拌合物的取样应具有代表性，宜采用多次采样的方法。宜在同一盘混凝土或同一车混凝土中的 1/4 处、1/2 处和 3/4 处分别取样，并搅拌均匀；第一次取样和最后一次取样的时间间隔不宜超过 15min。

（6）宜在取样后 5min 内开始各项性能试验。现场试验时，应避免混凝土拌合物试样受到风、雨雪及阳光直射的影响。

（7）试件的取样频率和数量应符合下列规定：

1）每 100 盘，但不超过 $100m^3$ 的同配合比混凝土，取样次数不应少于一次。

2）每一工作班拌制的同配合比混凝土，不足 100 盘和 $100m^3$ 时，其取样次数不应少于一次。

3）当一次连续浇筑的同配合比混凝土超过 $1000m^3$ 时，每 $200m^3$ 取样不应少于一次。

4）对房屋建筑，每一楼层、同配合比的混凝土，取样不应少于一次。

5）大体积混凝土取样频率和数量：

① 当一次连续浇筑不大于 $1000m^3$ 同配合比的大体积混凝土时，混凝土强度试件现场取样不应少于 10 组；

② 当一次连续浇筑 1000～$5000m^3$ 同配合比的大体积混凝土时，超出 $1000m^3$ 的混凝土，每增加 $500m^3$ 取样不应少于一次，增加不足 $500m^3$ 时取样一次；

③ 当一次连续浇筑大于 5000m^3 同配合比的大体积混凝土时，超出 5000m^3 的混凝土，每增加 1000m^3 取样不应少于一次，增加不足 1000m^3 时取样一次。

6）灌注桩取样频率和数量：

直径大于 1m 或单桩混凝土量超过 25m^3，每根桩应留 1 组试件；直径不大于 1m 或单桩混凝土量不超过 25m^3，每个灌注台班不得少于 1 组。

（8）每次取样应至少制作一组标准养护试件，每组为 3 个试件。

（9）每批混凝土试样应制作的试件总组数，除满足标准规定的混凝土强度评定所必需的组数外，还应留置为检验结构或构件施工阶段混凝土强度所必需的试件。

（10）取样、试件制作应记录下列内容：

1）取样日期、时间和取样人；

2）工程名称、结构部位；

3）混凝土标记；

4）取样与成型方法；

5）试件编号；

6）试件的形状与尺寸和数量；

7）环境温度及取样的天气情况；

8）取样混凝土的温度；

9）养护条件；

10）试验龄期；

11）要说明的其他内容。

6.4.2 试件的制作与养护

6.4.2.1 基本要求

1. 试件的横截面尺寸

（1）试件的最小横截面尺寸应根据混凝土中骨料的最大粒径按表 6-1 选定。

（2）制作试件应采用符合标准规定的试模，并应保证试件的尺寸满足要求。

试件的最小横截面尺寸　　表 6-1

骨料最大粒径（mm）		试件横截面尺寸（mm）
劈裂抗拉强度试验	其他试验	
19.0	31.5	100×100
37.5	37.5	150×150

2. 试件的尺寸测量与公差

（1）试件尺寸测量应符合下列规定：

1）试件的边长和高度宜采用游标卡尺进行测量，应精确至0.1mm。

2）试件承压面的平面度可采用钢板尺和塞尺进行测量。测量时，应将钢板尺立起横放在试件承压面上，慢慢旋转360°，用塞尺测量其最大间隙作为平面度值，也可采用其他专用设备测量，结果应精确至0.01mm。

3）试件相邻面间的夹角应采用游标量角器进行测量，应精确至0.1°。

（2）试件各边长、直径和高的尺寸公差不得超过1mm。

（3）试件承压面的平面度公差不得超过0.0005d，d为试件边长。

（4）试件相邻面间的夹角应为90°，其公差不得超过0.5°。

（5）试件制作时应采用符合标准要求的试模并精确安装，应保证试件的尺寸公差满足要求。

6.4.2.2　仪器设备

（1）试模应符合下列规定：

1）试模应符合现行行业标准《混凝土试模》JG/T 237—2008的有关规定，当混凝土强度等级不低于C60时，宜采用铸铁或铸钢过模成型；

2）应定期对试模进行核查，核查周期不宜超过3个月。

（2）振动台应符合现行行业标准《混凝土试验用振动台》JG/T 245—2009的有关规定，振动频率应为50Hz±2Hz，空载时振动台面中心点的垂直振幅应为0.5mm±0.02mm。

（3）捣棒直径应为16mm±0.2mm，长度应为600mm±5mm，端部应呈半球形。

（4）橡皮锤或木槌的锤头质量宜为0.25～0.50kg。

6.4.2.3　试件的制作

（1）试件成型前，应检查试模的尺寸并应符合《混凝土试模》JG/T 237—2008的有关规定；应将试模擦拭干净，在其内壁上均匀地涂刷一薄层矿物油或其他不与混凝土发生反应的隔离剂，试模内壁隔离剂应均匀分布，不应有明显沉积。

（2）混凝土拌合物在入模前应保证其匀质性。

（3）宜根据混凝土拌合物的稠度或试验目的确定适宜的成型方法，混凝土应充分密实，避免分层离析。

1）用振动台振实制作试件应按下述方法进行：

①将混凝土拌合物一次性装入试模，装料时应用抹刀沿试模内壁插捣，并使混凝

土拌合物高出试模上口；

② 试模应附着或固定在振动台上，振动时应防止试模在振动台上自由跳动，振动应持续到表面出浆且无明显大气泡溢出为止，不得过振。

2）用人工插捣制作试件应按下述方法进行：

① 混凝土拌合物应分两层装入模内，每层的装料厚度应大致相等。

② 插捣应按螺旋方向从边缘向中心均匀进行。在插捣底层混凝土时，捣棒应达到试模底部；插捣上层时，捣棒应贯穿上层后插入下层 20～30mm；插捣时捣棒应保持垂直，不得倾斜，插捣后应用抹刀沿试模内壁插拔数次。

③ 每层插捣次数按 10000mm^2 截面积内不得少于 12 次。

④ 插捣后应用橡皮锤轻轻敲击试模四周，直至插捣棒留下的空洞消失为止。

3）自密实混凝土应分两次将混凝土拌合物装入试模，每层的装料厚度宜相等，中间间隔 10s，混凝土应高出试模口，不应使用振动台、人工插捣或振捣棒方法成型。

（4）试件成型后刮除试模上口多余的混凝土，待混凝土临近初凝时，用抹刀沿着试模口抹平。试件表面与试模边缘的高度差不得超过 0.5mm。

（5）制作的试件应有明显和持久的标记，且不破坏试件。

6.4.2.4 试件的养护

（1）试件的标准养护应符合下列规定：

1）试件成型抹面后应立即用塑料薄膜覆盖表面，或采取其他保持试件表面湿度的方法。

2）试件成型后应在温度为 20℃±5℃、相对湿度大于 50% 的室内静置 1～2d，试件静置期间应避免受到振动和冲击，静置后编号标记、拆模，当试件有严重缺陷时，应按废弃处理。

3）试件拆模后应立即放入温度为 20℃±2℃，相对湿度为 95% 以上的标准养护室中养护，或在温度为 20℃±2℃的不流动氢氧化钙饱和溶液中养护。标准养护室内的试件应放在支架上，彼此间隔 10～20mm，试件表面应保持潮湿，但不得用水直接冲淋试件。

4）试件的养护龄期可分为 1d、3d、7d、28d、56d 或 60d、84d 或 90d、180d 等，也可根据设计龄期或需要进行确定，龄期应从搅拌加水开始计时，养护龄期的允许偏差宜符合表 6-2 的规定。

（2）结构实体混凝土同条件养护试件的拆模时间可与实际构件的拆模时间相同，

结构实体混凝土试件同条件养护应符合现行国家标准《混凝土结构工程施工质量验收规范》GB 50204—2015 的有关规定。

养护龄期允许偏差养护龄期　　　　**表 6-2**

养护龄期	1d	3d	7d	28d	56d 或 60d	≥ 84d
允许偏差	±30min	±2h	±6h	±20h	±24h	±48h

（3）采用蒸汽养护的构件，其试件应先随构件同条件养护，然后应置入标准养护条件下继续养护，两段养护时间的总和应为设计规定龄期。

6.4.3　试件的强度检验

（1）混凝土试件的立方体抗压强度试验应根据现行国家标准《混凝土物理力学性能试验方法标准》GB/T 50081—2019 的规定执行。每组混凝土试件强度代表值的确定，应符合下列规定：

1）取 3 个试件强度的算术平均值作为每组试件的强度代表值；

2）当一组试件中强度的最大值或最小值与中间值之差超过中间值的 15% 时，取中间值作为该组试件的强度代表值；

3）当一组试件中强度的最大值和最小值与中间值之差均超过中间值的 15% 时，该组试件的强度不应作为评定的依据。

注：对掺矿物掺合料的混凝土进行强度评定时，可根据设计规定，可采用大于 28d 龄期的混凝土强度。

（2）当采用非标准尺寸试件时，应将其抗压强度乘以尺寸折算系数，折算成边长为 150mm 的标准尺寸试件抗压强度。尺寸折算系数按下列规定采用：

1）当混凝土强度等级低于 C60 时，对边长为 100mm 的立方体试件取 0.95，对边长为 200mm 的立方体试件取 1.05；

2）当混凝土强度等级不低于 C60 时，宜采用标准尺寸试件；使用非标准尺寸试件时，尺寸折算系数应由试验确定，其试件组数不应少于 30 对组。

6.4.4　同条件养护试件强度检验

结构实体混凝土同条件养护试件的拆模时间可与实际构件的拆模时间相同，其取样、留置、养护、强度检验与评定应符合现行国家标准《混凝土结构工程施工质量验收规范》GB 50204—2015 的有关规定，即以下内容：

（1）结构实体混凝土强度应按不同强度等级分别检验，检验方法宜采用同条件养护试件方法。

（2）混凝土强度检验时的等效养护龄期可取日平均温度逐日累计达到 600℃·d 时所对应的龄期，且不应小于 14d。日平均温度为 0℃及以下的龄期不计入。

（3）冬期施工时，等效养护龄期计算时温度可取结构构件实际养护温度，也可根据结构构件的实际养护条件，按照同条件养护试件强度与在标准养护条件下 28d 龄期试件强度相等的原则由监理、施工等各方共同确定。

（4）同条件养护试件的取样和留置应符合下列规定：

1）同条件养护试件所对应的结构构件或结构部位，应由施工、监理等各方共同选定，且同条件养护试件的取样宜均匀分布于工程施工周期内；

2）同条件养护试件应在混凝土浇筑入模处见证取样；

3）同条件养护试件应留置在靠近相应结构构件的适当位置，并应采取相同的养护方法；

4）同一强度等级的同条件养护试件不宜少于 10 组，且不应少于 3 组。每连续两层楼取样不应少于 1 组；每 2000m^3 取样不得少于一组。

（5）每组同条件养护试件的强度值应根据强度试验结果按现行国家标准《普通混凝土力学性能试验方法标准》GB/T 50081—2019 的规定确定。

（6）对同一强度等级的同条件养护试件，其强度值应除以 0.88 后按现行国家标准《混凝土强度检验评定标准》GB/T 50107—2010 的有关规定进行评定，评定结果符合要求时可判结构实体混凝土强度合格。

6.5 混凝土强度检验评定

以下内容按《混凝土强度检验评定标准》GB/T 50107—2010 编写。

6.5.1 总则

（1）为了统一混凝土强度的检验评定方法，保证混凝土强度符合混凝土工程质量的要求，制定本标准。

（2）本标准适用于混凝土抗压强度的检验评定。

（3）混凝土强度的检验评定，除应符合本标准外，尚应符合国家现行有关标准的规定。

6.5.2　基本规定

（1）混凝土的强度等级应按立方体抗压强度标准值划分。混凝土强度等级应采用符号 C 与立方体抗压强度标准值（以 N/mm^2）表示。

（2）立方体抗压强度标准值应为标准方法制作和养护的边长为 150mm 的立方体试件，用标准试验方法在 28d 龄期测得的混凝土抗压强度总体分布中的一个值，强度低于该值的概率应为 5%。

（3）混凝土强度应分批进行检验评定。一个检验批的混凝土应由强度等级相同、试验龄期相同、生产工艺条件和配合比基本相同的混凝土组成。

（4）对大批量、连续生产混凝土的强度应按统计方法评定。对小批量或零星生产混凝土的强度应按非统计方法评定。

6.5.3　混凝土强度的检验评定

1. 统计方法评定

（1）采用统计方法评定时，应按下列规定进行：

1）当连续生产的混凝土，生产条件在较长时间内保持一致，且同一品种、同一强度等级混凝土的强度变异性保持稳定时，应按式（6-1）～式（6-8）进行评定；

2）其他情况应按式（6-9）、式（6-10）进行评定。

（2）一个检验批的样本容量应为连续的 3 组试件，其强度应同时符合下列规定：

$$m_{f_{cu}} \geqslant f_{cu,k} + 0.7\sigma_0 \tag{6-1}$$

$$f_{cu,min} \geqslant f_{cu,k} - 0.7\sigma_0 \tag{6-2}$$

检验批混凝土立方体抗压强度的标准差应按下式计算：

$$\sigma_0 = \sqrt{\frac{\sum_{i=1}^{n} f_{cu,i}^2 - n m_{f_{cu}}^2}{n-1}} \tag{6-3}$$

当混凝土强度等级不高于 C20 时，其强度的最小值尚应满足下式要求：

$$f_{cu,min} \geqslant 0.85 f_{cu,k} \tag{6-4}$$

当混凝土强度等级高于 C20 时，其强度的最小值尚应满足下式要求：

$$f_{cu,min} \geqslant 0.90 f_{cu,k} \tag{6-5}$$

式中　$m_{f_{cu}}$——同一检验批混凝土立方体抗压强度的平均值（N/mm^2），精确到 0.1（N/mm^2）；

$f_{cu,k}$——混凝土立方体抗压强度标准值（N/mm^2），精确到 0.1（N/mm^2）；

σ_0——检验批混凝土立方体抗压强度的标准差（N/mm^2），精确到 0.01（N/mm^2）；当检验批混凝土强度标准差 σ_0 计算值小于 2.5N/mm^2 时，应取 2.5N/mm^2；

$f_{cu,i}$——前一检验期内同一品种、同一强度等级的第 i 组混凝土试件的立方体抗压强度代表值（N/mm^2），精确到 0.1（N/mm^2）；该检验期不应少于 60d，也不得大于 90d；

n——前一检验期内的样本容量，在该期间内样本容量不应少于 45 组；

$f_{cu,min}$——同一检验批混凝土立方体抗压强度的最小值（N/mm^2），精确到 0.1（N/mm^2）。

（3）当样本容量不少于 10 组时，其强度应同时满足下列要求：

$$m_{f_{cu}} \geqslant f_{cu,k} + \lambda_1 \cdot S_{f_{cu}} \tag{6-6}$$

$$f_{cu,min} \geqslant \lambda_2 \cdot f_{cu,k} \tag{6-7}$$

同一检验批混凝土立方体抗压强度的标准差应按下式计算：

$$S_{f_{cu}} = \sqrt{\frac{\sum_{i=1}^{n} f_{cu,i}^2 - nm_{f_{cu}}^2}{n-1}} \tag{6-8}$$

式中 $S_{f_{cu}}$——同一检验批混凝土立方体抗压强度的标准差（N/mm^2），精确到 0.01（N/mm^2）；当检验批混凝土强度标准差计算值小于 2.5N/mm^2 时，应取 2.5N/mm^2；

λ_1、λ_2——合格判定系数，按表 6-3 取用；

n——本检验期内的样本容量。

混凝土强度的合格评定系数 **表 6-3**

试件组数	10～14	15～19	≥ 20
λ_1	1.15	1.05	0.95
λ_2	0.90	0.85	

2. 非统计方法评定

（1）当用于评定的样本容量小于 10 组时，应采用非统计方法评定混凝土强度。

（2）按非统计方法评定混凝土强度时，其强度应同时符合下列规定：

$$m_{f_{cu}} \geqslant \lambda_3 \cdot f_{cu,k} \tag{6-9}$$

$$f_{cu,min} \geqslant \lambda_4 \cdot f_{cu,k} \tag{6-10}$$

式中　λ_3，λ_4——合格判定系数，应按表 6-4 取用。

混凝土强度的非统计法合格评定系数　　**表 6-4**

混凝土强度等级	＜ C60	≥ C60
λ_3	1.15	1.10
λ_4	0.95	

3. 混凝土强度的合格性评定

（1）当检验结果满足以上的规定时，则该批混凝土强度应评定为合格；当不能满足以上的规定时，该批混凝土强度应评定为不合格。

（2）对评定为不合格批的混凝土，可按国家现行的有关标准进行处理。

第 7 章　结构实体混凝土强度检验技术

我国和其他国家一样，都以混凝土标准养护试件的强度作为评定混凝土强度的依据。为比较接近地反映结构中实际的混凝土强度，各国都致力于研究探讨确定结构实体中混凝土强度的方法。各种非破损、半破损确定混凝土推定强度的方法和直接在结构中钻芯取样所得的芯样强度，都在一定程度上反映了结构实体的混凝土强度。但这些方法有一定的局限性，未能成为公认合理的方法。

混凝土结构实体强度的检测方法有回弹法、钻芯法、超声回弹综合法、拔出法等。其中，由于回弹法测试具有快速、简便、经济的特点，能在短时间内进行较多数量的检测，因此应用最为广泛。但回弹法受到硬度和强度相关关系、回弹仪精度、养护、拆模时间、组成材料、混凝土密实度、碳化层正常与否等各种因素的影响，检测精度不高，导致许多纠纷与矛盾的发生，甚至造成了不必要的经济损失和资源浪费。

目前，按现行国家标准《混凝土结构工程施工质量验收规范》GB 50204—2015 的规定，回弹仪只用于配合钻芯法检测，即在检测混凝土实体强度时，一个检验或验收批的混凝土结构构件，按平均回弹值最小的 3 个测区确定为钻芯位置，回弹检测不再用于强度推定。这种方法该规范称为回弹—钻芯法。

关于对混凝土结构实体强度的检测，现行国家标准《混凝土结构现场检测技术标准》GB/T 50784—2013 规定，当遇到下列情况之一时，应进行工程质量的检测：

（1）涉及结构安全的试块、试件以及有关材料检验数量不足；

（2）对结构实体质量的抽测结果达不到设计要求或施工验收规范要求；

（3）对结构实体质量有争议；

（4）发生工程事故，需要分析事故原因；

（5）相关标准规定进行的工程质量第三方检测；

（6）相关行政主管部门要求进行的工程质量第三方检测。

由于混凝土结构实体强度检测最常用的方法是回弹法和钻芯法，因此本章只介绍回弹法和钻芯法。

7.1 回弹法

7.1.1 概述

回弹法是一种在现场对混凝土强度进行非破损检测的方法。检测时，采用回弹仪测试混凝土结构或构件表面硬度，然后根据测得的硬度值来推算强度。

回弹法的基本原理是由回弹仪中弹簧驱动的重锤通过弹击杆弹击混凝土表面，以重锤被返回来的距离即回弹值作为强度相关的指标，并对混凝土强度进行推算的方法。

回弹法检测混凝土强度虽然发明于 20 世纪 40 年代中期，而且许多国家也相继采用，但由于其准确性受到质疑，直到现在该方法也未能成为世界各国公认合理的方法。回弹法在国外的应用一般只作混凝土构件的匀质性检验或各构件的相对匀质性比较，很少用于推定混凝土强度。

我国 20 世纪 50 年代中期从瑞士引进了回弹仪，并开始采用回弹法进行混凝土强度检测的研究和应用。直到 1985 年，我国才颁布了第一本回弹法标准，该标准为《回弹法评定混凝土抗压强度技术规程》JGJ 23—1985；1991 年修订后更名为《回弹法检测混凝土抗压强度技术规程》JGJ/T 23—1992；之后，该标准又分别于 2001 年和 2011 年完成了两次修订工作，现行标准编号为 JGJ/T 23—2011。

目前，我国检测混凝土强度的回弹仪按标称动能和用途可分为中型和重型。标称动能 2.207J（代号 M225）的回弹仪为中型，用于 60MPa 以下混凝土强度的检测；而重型回弹仪（也称高强回弹仪）有 GHT450（代号 H450）、ZC1（代号 H550）、HT1000（代号 H980）三种规格，其标称动能分别为 4.5J、5.5J、9.8J，用于 50MPa 以上混凝土强度的检测。虽然 H450 与 H550 回弹仪标称动能比较接近，但仪器机械参数差别较大，H550 回弹仪比 H450 回弹仪检测精度低得多，实际应用范围受到一定限制；H980 回弹仪标称动能最大，主要应用在港口工程中的大体积混凝土强度检测。

混凝土的立方体强度、芯样强度、推定强度，其可信度渐次降低。因此，如果采用可信度最低的推定强度来判定混凝土结构强度合格与否，是非常欠妥的。我国许多地区采用《回弹法检测混凝土抗压强度技术规程》JGJ/T 23—2011 所推定的混凝土强度普遍比结构实体强度低，强度越高误差越大，回弹不合格情况时有发生，但回弹不合格的部位采用钻芯法基本都合格。可以说，回弹法给施工单位和预拌混凝土企业带来了许多纠纷和矛盾，同时也造成一些不必要的经济损失。

笔者在2007年使用郑州地区常用的混凝土原材料，拌制大流动性混凝土（掺有粉煤灰、矿粉和高效减水剂），对《回弹法检测混凝土抗压强度技术规程》JGJ/T 23—2001标准统一回弹测强曲线进行了验证试验，制作了强度等级为C20、C30、C40、C50的混凝土试件（150mm立方体）。分别按14d、28d、60d、90d、180d和360d进行了抗压强度与回弹推定强度检验，根据试验结果总结如下：

1. 标准养护试件

采用《回弹法检测混凝土抗压强度技术规程》JGJ/T 23—2011统一回弹测强曲线的推定强度，14～60d与试件抗压强度误差较小，大部分不超过±6%；90d的回弹推定强度全部低于试件抗压强度，而且随着龄期的延长，抗压强度比推定强度越来越高，180d的抗压强度普遍比推定强度高15%以上。

60～360d回弹推定强度相差不大（增长不太明显），基本处于“稳定状态”。但试件的抗压强度则是随龄期的延长而不断增长的，360d抗压强度普遍比60d高10MPa以上。出现这种情况的原因，应是标准养护的试件由于环境湿度大，使表层混凝土中水泥的水化快且充分，硬度好，因此采用回弹法推定的强度与立方体抗压强度非常接近。但是，随着养护时间的延长，60d以后的试件表面未水化的水泥越来越少，使表面硬度的增长不再明显，而混凝土内部的水泥水化主要依靠拌合水，内部的水分不如表面充足，水泥水化应慢于表面，强度增长也慢于表面，因此后期内部水泥继续水化产生的强度在表面无法反映出来，是推定强度与抗压强度在后期差距越来越大的主要原因。

根据试验结果来看，采用回弹法推定的混凝土强度并不可靠。

2. 室外自然条件下养护的试件

在室外自然条件下养护的试件未进行浇水养护，试验主要考虑许多工程不对浇筑后的混凝土结构采取浇水养护，且冬期施工浇筑结构也不会进行浇水养护。试验结果显示，无论是不同强度等级或不同龄期的试件，回弹法推定的强度都比抗压强度低，且误差较大。推定强度普遍低于抗压强度的15%以上，甚至有一部分低30%以上。

造成自然养护试件回弹推定强度比抗压强度低的主要原因是：试件暴露于大气中，表面失水较快，而内部失水相对较慢，水泥的水化比表面相对充分很多，因此内部实际强度比表面要高。失水较快造成了混凝土表面发“软”，而且碳化较快较深（异常碳化），用硬度的方法推定强度必然存在较大的误差。

7.1.2　影响回弹法准确性的因素

影响回弹法检测混凝土结构或构件推定强度准确性的因素主要有以下几个方面：

1. 硬度与强度

材料的硬度和强度不是同一个概念，不同材料的硬度和强度之间不能建立相关关系。更何况混凝土是多相、非匀质的微结构复杂体系，其表面硬度受养护制度、环境条件、混凝土表面砂浆层含气量、掺合料的品种品质及掺量、混凝土中粗骨料的含量等影响，使得混凝土的硬度和强度之间的相关关系极差，离散性很大，可靠性不高。所推定的强度顶多只能算表面砂浆层的，不能代表混凝土的整体强度。

2. 回弹仪精度

回弹法规程规定回弹仪使用前后应在钢砧上做率定试验，其率定值在规定范围内（标称动能 2.207J 的回弹仪为 80±2）符合要求。率定值偏高在进行结构硬度测试时回弹值也会偏高，反之则偏低。当采用率定值偏高和偏低的两台回弹仪对混凝土结构进行回弹检测时，假如回弹值相差 2，则所推定的强度将产生 3～5MPa 的误差；回弹值相差 3 时将产生 4～6MPa 的误差，因此对回弹仪的精度要求有待提高。另外，率定回弹仪的钢砧洛氏硬度 HRC 为 60±2，其硬度如果也处于最大上限值或最小下限值，且与回弹仪的率定值偏差相叠加时，那检测误差就更大了，并且钢砧的钢芯硬度和表面状态会随着弹击次数的增加而发生变化。因此，回弹仪及钢砧在使用过程中到底准不准，可能连检测人员都不清楚。回弹仪精度无法保证，检测精度如何保证？仅回弹仪精度问题，就可造成所谓“合格”与“不合格”的天壤之别。

3. 养护

混凝土初始硬化速率、拆模时间、养护和暴露条件都会影响回弹测强的准确性。有的外国专家提出不同的养护制度应分别建立不同的测强曲线。

混凝土浇筑后养护不当，其表面失水快导致水泥的水化不如内部充分，表面硬度和强度比内部低，因此采用硬度的方法推定强度就会失准。众多的回弹检测现象是：同时浇筑的同一等级混凝土，竖向结构（如柱、墙等）回弹容易出现“不合格”情况，而梁和楼板极少出现这种情况。原因在于，梁和楼板在混凝土浇筑后一般 7d 以上才拆除模板，而竖向结构混凝土浇筑后模板很快就开始拆除（夏季 6～12h、冬期稍长），由于养护不便也基本不养护。梁和楼板与竖向结构仅此差别，回弹结果却相差很大，说明拆模时间或养护是影响混凝土结构质量的重要因素。

笔者采用C30和C45泵送混凝土，分别成型为150mm的立方体试件，并将试件放置在室外不受日晒雨淋的环境中进行浇水和不浇水养护，然后对不同养护方式的试件进行了强度对比检验。检验结果见表7-1和表7-2。

C30混凝土试件不同养护方式的28d强度检验结果　　表7-1

检验次数	养护方式	碳化深度（mm）	抗压强度（MPa）	回弹推定强度（MPa）
1	浇水14d	2.0	33.7	28.3
	未浇水	3.5	29.7	20.9
2	浇水14d	1.0	36.9	31.0
	未浇水	3.0	32.1	21.2

注：以上检验结果均为10个试件的平均值。

C45混凝土试件不同养护方式的60d强度检验结果　　表7-2

养护方式	碳化深度（mm）	抗压强度（MPa）	回弹推定强度（MPa）	
			碳化按0计算	按实测碳化深度计算
未浇水	3.5	53.9	46.3	40.5
浇水1d	2.0	56.5	49.2	45.6
浇水3d	1.5	57.1	51.2	48.3

注：以上检验结果均为6个试件的平均值。

4. 混凝土外加剂

试验表明，混凝土中掺加引气型外加剂时，对回弹值影响较大。如果不对掺加引气型外加剂的混凝土测强采取修正措施，难免会造成检测结果的误判。

我国《回弹法检测混凝土抗压强度技术规程》JGJ/T 23—2011最初的几个版本均明确表述该法不适用于掺引气型外加剂的混凝土的检测。

5. 密实度

回弹仪不适用于检测密实度存在问题的混凝土构件，如有蜂窝、麻面等。

6. 测试面

相同的混凝土拌合物，用不同材质的模板浇筑，混凝土表面的回弹值有较大的差异。木质模板回弹值一般比钢质模板高；切割面或打磨面与成型面的检测结果会有较大的差异；混凝土表面湿度对回弹值有一定影响，尤其是对早龄期和强度低的混凝土影响较大。

7. 混凝土碳化层

混凝土碳化是指空气中的CO_2酸性气体从毛细孔和微裂缝侵入内部，与混凝土中的液相碱性物质发生反应，生成碳酸钙或其他物质的现象，造成混凝土碱度下降和混凝土中化学成分改变的中性化反应过程。

碳化反应的主要产物碳酸钙属非溶解性钙盐，碳化过程中混凝土的部分孔隙将被碳化产物堵塞，孔隙率的降低使混凝土表面密实度、硬度和强度有所提高（这就是回弹法规定按碳化深度进行强度修正的根源），一定程度上阻碍了后续 CO_2 向混凝土内部的扩散。

目前，现场测定混凝土碳化深度所采用的方法是化学分析法（酚酞酒精溶液滴定法）。实际上该方法测定的是pH值，当pH值小于9.5时不变色，大于9.5时呈粉红色，但此法并不能辨别pH值的降低是由于碳化作用还是其他酸性物质所致，因此不可靠。业内已有专家经过对其他国家回弹法检测混凝土强度技术标准的调查，发现只有我国考虑了碳化深度的影响。

随着混凝土和相关材料的技术进步，如今的混凝土与20年前的相比，已经发生了巨大的变化。大量工程实践证明，如今的混凝土碳化后，在表面并未生成以碳酸钙为主的“硬壳”，反而变“软”了。这一现象十年前被有的行业专家称为“假性碳化”或“异常碳化”。

异常碳化造成了混凝土表面变“软”，我们应接受混凝土的这种“新性能”。采用回弹法检测在推定混凝土强度时，应以增加强度修正的方式才更为合理；表面变“软”本来回弹值就偏低，若不顾事实地仍以减少强度的方式进行修正，则碳化深度越深，误差越大，往往比结构实体强度低10MPa以上也屡见不鲜，这是影响回弹检测精度的主要因素之一。《回弹法检测混凝土抗压强度技术规程》JGJ/T 23—2011总则第2条也明确规定：本规程适用于普通混凝土抗压强度的检测，不适用于表层与内部质量有明显差异或内部存在缺陷的混凝土强度检测。

在现场进行混凝土碳化深度测定时，或在对混凝土结构表面进行打磨时，以及通过对钻取的混凝土芯样观察，我们并未发现或感觉到如今的混凝土碳化后其表面硬度或强度高于内部。恰恰相反的是，混凝土表面经打磨后的回弹值普遍比打磨前高；通过对芯样的观察，能够明显发现构件表面砂浆层颜色较浅，而表面10mm以内的颜色逐渐变深，尤其是中心位置更深，说明结构构件表面砂浆层的水泥水化不如内部充分，这主要是湿养不到位造成的表面严重失水所致。因此，根据这种表面硬度“软”却又发生了碳化的现象，可判定该碳化并非正常碳化引起的，该中性化应归于“假性碳化”或“异常碳化”。值得关注的是，现在的混凝土碳化非常快，在无任何养护措施的情况下，普通混凝土浇筑3个月碳化深度往往可达4mm左右，而达到10mm深度只需 1 年左右的时间。分析产生异常碳化的原因主要有：

（1）与养护有关

混凝土浇筑后，为保证结构实体的力学及耐久性能满足设计要求，及时采取有效的温度、湿度控制措施，并持续一定的时间，这个过程叫混凝土养护。

浇筑后的养护对混凝土结构质量影响很大。从理论角度来说，混凝土拌合水足够胶凝材料水化所需的用水。但混凝土浇筑后，随着水泥水化的不断深入，所产生的热量将在混凝土中聚集，其内部温升 3d 左右达到高峰值，可使混凝土内部聚集的温度高达 50～70℃（高强混凝土、大体积混凝土及高温天气则更高），且结构厚度越厚降温越慢。由于混凝土内部温度较高，并将持续一定的时间，如果养护不当将会导致大量的拌合水被蒸发，造成拌合水不能满足胶凝材料水化所需的用水。

但遗憾的是，许多工程混凝土浇筑后没有及时进行洒水养护或采取封闭保湿养护的措施，使拌合水大量被蒸发，拌合水蒸发量越多混凝土体积收缩就越大，这是开裂问题不断上演的主要原因；不养护造成混凝土表层快速失水，使水泥的水化不能正常进行，明显降低混凝土的密实性与强度，增大混凝土的毛细孔，大大降低毛细孔中液相碱性物质的含量，容易造成混凝土表面已碳化的假象。

（2）与隔离剂有关

一些施工现场，采用废机油作为模板的隔离剂，而废机油的 pH 值一般在 6 左右。理论上废机油的弱酸性会稀释混凝土表层的碱性，可造成混凝土表层呈现中性或者弱酸性，采用酚酞酒精溶液测定碳化深度容易产生误判。

但笔者发现，无论混凝土工程施工时使用的是木质模板、钢质模板或铝质模板，涂刷与不涂刷隔离剂或废机油，混凝土表面所产生的碳化层都不是硬壳了，说明如今的混凝土所产生的异常碳化应与养护制度和其他因素有关。

（3）与矿物掺合料有关

根据目前的一些文献资料，不同的矿物掺合料和掺量，在相同的水胶比条件下，随矿物掺合料掺量的增加，混凝土的碳化速率与深度增加；抗碳化性能随着掺量的增加呈下降趋势，但如果将掺量控制在一定范围内，则对抗碳化性能影响不大。

这是由于矿物掺合料二次水化反应消耗了混凝土中的 $Ca(OH)_2$（水泥水化产物）等碱性物质，导致了混凝土的碱度降低。若矿物掺合料取代部分水泥时，由于水泥用量的减少也会降低混凝土中碱性物质的含量，使抗碳化性能下降。若混凝土浇筑后不养护，更易产生“假性碳化”或“异常碳化”。

无论异常碳化还是正常碳化，都对混凝土的耐久性能及建筑物使用寿命产生很大影响，而其“碳化层”的密实度、硬度和强度等却恰恰相反，要确定也并不难，可按表 7-3 进行判别。

混凝土正常碳化与异常碳化产生的原因及判别　　表 7-3

项目	正常碳化	异常碳化
碳化产生的原因	混凝土中液相碱性物质与空气中的 CO_2 酸性气体发生化学反应，使 pH 值从 13 左右降低到 9.5 以下	与养护、酸性隔离剂、掺合料及其他原因有关，使混凝土表面碱度降低呈假性碳化
表层强度与硬度	比内部高，脆性变大	比内部低，变软
对钢筋的锈蚀	不利。碳化层到达钢筋必脱钝而锈蚀	不利。碳化快将加快钢筋的锈蚀
表层密实度	提高，孔隙率降低	降低，甚至疏松
碳化速度	缓慢	较快
抵抗侵蚀能力	提高	降低
采用芯样观察构件表层颜色	正常中性化反应。表层颜色比内部深，是以碳酸钙为主的“硬壳”	非正常中性化反应。表层颜色较浅，中心位置颜色较深
按碳化深度修正回弹强度时	以折减强度的方式进行修正，“有法”可依，如《回弹法检测混凝土抗压强度技术规程》JGJ/T 23—2011 规程	应以增加强度的方式修正才合理，目前无规范依据，“无法”可依

7.1.3　回弹法检测相关的论述与实践经验

回弹法检测混凝土强度精度不高，误差较大，在我国许多地区引发的纠纷不断，矛盾十分突出。在本节编者特将收集的混凝土领域专家、学者及工程技术人员发表的与回弹法检测相关文章或著作，摘录其精要供读者学习和参考。

（1）清华大学教授廉慧珍：① 材料的硬度和强度不是同一个概念，不同材料的硬度和强度之间不能建立相关关系。② 混凝土是多相、非匀质的微结构复杂体系，回弹硬度值和抗压强度之间没有固定的关系，把定到规范中的回弹值—抗压强度关系表格或公式作为通用标准是欠妥的。③ 规程规定在检测时要避开粗骨料而压在砂浆上，充其量这样得到的回弹值也仅是砂浆的，最多只能反映砂浆硬度和砂浆强度的关系。混凝土强度是整体的表现，在整体的观念上进行表面硬度某些点的检测，必然会造成一些突出的矛盾。④ 掺入粉煤灰后，$Ca(OH)_2$ 减少，酚酞无色之处并不都是 $CaCO_3$，还包含未水化的水泥和粉煤灰，还可能会有受大气中其他酸性介质作用形成的其他盐；还可能有未碳化的 $Ca(OH)_2$ 核心；当然还有砂子和石子。因此，这个“碳化层”的硬度及厚度和混凝土的强度并没有关系，对于混凝土的强度来说是没有意义的。⑤“碳化层”确实是与混凝土本体不同的两种材料，“碳化层”的硬度和混凝土强度之间不可能有相关关系。因此按“碳化层厚度”修正强度值的方法是不能用的，这是科学概念问题。⑥不管发明者是谁，在混凝土中使用回弹法总是从金属材料移植过来的，尽管工业上的金属材料也并不是理想的绝对均匀体，毕竟混凝土和金属材料的力学性质和匀质性相差得太大。连金属的表面硬度都很难测准，何况混凝土？表面硬度的检测在金属工业中主要也是用来评价材料匀质性、加工性，并不用于检测其强度。

（2）中国建筑科学研究院徐有邻、程志军：①由于技术进步和混凝土施工工艺的改革，混凝土组成成分有了很大的变化：水泥强度等级提高；水泥细度增加；粗骨料用量减少；骨料粒径减小；砂率加大；大量掺入粉煤灰等掺合料；普遍应用外加剂等。由于组成成分的巨大变化，已与过去的对应关系及统计规律有了很大的变化。不顾条件地仍以原规程的对应关系推定混凝土的实际强度，将可能发生错判或漏判。②硬度是与强度完全不同的物理量，只是利用两者之间的统计对应关系，间接推定混凝土的强度而已。③作为非破损检测方法的回弹法不能作为实体强度检测的强制方法，而只能作为在一定条件下采用的补充手段。当立方体强度试验合格时，应以立方体强度为准。以回弹法的结果否定立方体强度试验的结果，这完全是本末倒置了。

（3）福建省泉州戴治柱：①回弹法测的是混凝土表面某一点的硬度，混凝土完全是一种不均匀材料，说通俗点，所弹的那个点，可能是靠近石子的表面，也可能是较厚的砂浆层的表面，而砂浆层的表面硬度又受气孔分布的影响，气孔少的就“硬”，气孔集中的就“软”，甚至石子外面覆盖的砂浆层的厚薄都对回弹值有不可忽视的影响。这样看来，用回弹法测混凝土强度的偶然性和不确定性确实太大，回弹的结果看“运气”。②从大量的生产实践和众多的报纸期刊反映的情况来看，我国用回弹法测出的混凝土强度并不可靠。特别是混凝土发展到“双掺”“三掺”之后，“官司”连连、纠纷不断。

（4）陕西省建筑科学研究院文恒武、魏超琪：在实际的工程项目中，由于酸性隔离剂的使用、气候环境的影响、养护不当以及外加剂和掺合料的大量加入等原因都可能会使混凝土表面“碱度”降低而出现“假性碳化”和“异常碳化”的现象，这正是回弹法要研究和解决的技术难点。

（5）重庆李福平：①就目前的形状来看，笔者觉得现在回弹法检测混凝土强度用得过多、过宽、过滥，动不动就要对混凝土结构进行回弹，甚至规定建筑结构主体必须抽取多少比例的部位来进行回弹验收，否则就通不过主体结构验收。②从回弹值来看，C50和C30几乎没有多少差别，如果仅以回弹法检测混凝土抗压强度，C50和C40混凝土几乎都不合格。这种现象在该地区（重庆）已成为普遍现象，这使得回弹法检测混凝土抗压强度所得出的结果完全没有参考价值，如果还是继续使用回弹法来对建筑物主体结构进行验收似乎欠妥。如果回弹法要经常使用钻芯来修正，就违背了原来建立回弹法的初衷。

编者注：在郑州地区，C50 和 C40 混凝土结构的回弹值差别不大现象也很普遍。

（6）深圳市刘晓、李玉琳：① 用回弹法可有效地检验混凝土结构的匀质性，对强度只能是辅助的参考；碳化层厚度和回弹值大小并没有关系，用碳化层厚度对回弹值核算的强度进行修正，在理论上和实践上都是欠缺的。② 工程结构验收时，往往可以看到某些验收人员手拿回弹仪，随走随弹，甚至对一些回弹值低的地方提出钻芯取样。钻芯是对结构的一种伤害，是对结构整体性、安全性不负责任。③ 由于混凝土侧表面自身的不光滑性与浮浆的影响，直接回弹表面与打磨后再回弹的数值有差别，后者明显高于前者，说明混凝土表面形成的碳酸钙并不对回弹值起到增加的效果，而后者更能代表结构自身状态。

（7）河北省保定周科等：① 各地近年来广泛使用预拌混凝土，经过质量监督机构和许多检测单位实际测试，发现使用全国行业标准中的测强曲线误差较大，可能影响测试结论。② 回弹法：按全国测强曲线计算的强度平均相对误差为 24.9%；按保定地区测强曲线计算的强度平均相对误差为 10.6%。③ 超声回弹综合法：按全国测强曲线计算的强度平均相对误差为 29.1%；按保定地区测强曲线计算的强度平均相对误差为 12.8%。

（8）山东省青岛于素健等：基于回弹法全国统一测强曲线和山东省测强曲线在青岛地区使用时误差较大的事实……，运用三个实际工程现场检测的数据与对应的取芯抗压强度值共计 80 组数据，验证结果表明：按全国测强曲线计算的强度平均相对误差为 16.0%；平均相对标准差为 19.4%。

（9）安徽省合肥吴德义：180 组现场随机试块的试验验证结果表明：按全国统一回弹测强曲线推定的强度其平均相对误差为 15.3%；相对标准差为 21.5%。对于碳化深度大于 3.5mm 的混凝土，平均相对误差达 22.0%。

（10）山东省临沂赵恒树：① 工程结构回弹推定强度都低于其实际强度的 90%。② 采用率定值为 78～79（简称低率定回弹仪）和率定值为 81～82（简称高率定回弹仪）进行回弹推定强度对比试验。发现：高率定回弹仪比低率定回弹仪平均高出 1.8 个回弹值，高率定回弹仪的强度换算值比低率定回弹仪的强度换算值平均高出 3.6MPa。

（11）江苏省淮安刘思岩等：混凝土工程在竣工验收时，往往采取回弹法抽检实体强度的方法，其本身的回弹强度很好，但是由于碳化深度大，修正后往往达不到设计强度等级，因此多进行取芯的方案来推定实体强度。而取芯后的强度不仅能够达到甚至是大大超过了混凝土的强度等级值，既浪费了大量人力物力，又对工程结构实体局部造成了破坏，这是施工单位与混凝土企业经常遇到又让人哭笑不得的“工程事件”，应引起质量监督的职能部门，施工、监理与混凝土企业的高度重视。

（12）天津市戴会生：① 通过回弹与钻芯取样获得的实际强度对比，我们发现，回弹法测得的混凝土强度出现严重偏差和失真。② 在使用水泥一种胶凝材料时，现行回弹规程是没有问题的。但是在使用大掺量矿物掺合料的混凝土中，它们会在二次、三次水化时消耗掉混凝土中绝大部分氢氧化钙，造成碳化深度测不准，混凝土已碳化的假象。

7.1.4　回弹法检验混凝土抗压强度技术

以下根据《回弹法检测混凝土抗压强度技术规程》JGJ/T 23—2011 编写。

由于现在混凝土的浇筑基本都采用泵送混凝土，故未将非泵送混凝土测区混凝土强度换算表列入。

7.1.4.1　总则

（1）为统一使用回弹仪检测普通混凝土抗压强度的方法，保证检测精度，制定本规程。

（2）本规程适用于普通混凝土抗压强度（以下简称混凝土强度）的检测，不适用于表层与内部质量有明显差异或内部存在缺陷的混凝土强度检测。

（3）使用回弹法进行检测的人员，应通过专门的技术培训。

（4）回弹法检测混凝土强度除应符合本规程外，尚应符合国家现行有关标准的规定。

7.1.4.2　术语

（1）测区：检测构件混凝土强度时的一个检测单元。

（2）测点：测区内的一个回弹检测点。

（3）测区混凝土强度换算值：由测区的平均回弹值和碳化深度值通过测强曲线或测区强度换算表得到的测区现龄期混凝土强度值。

（4）测区混凝土强度推定值：相当于强度换算值总体分布中保证率不低于 95% 的构件中的混凝土强度值。

7.1.4.3　回弹仪

1. 技术要求

（1）回弹值可为数字式的，也可为指针直读式的。

（2）回弹仪具有产品合格证及计量检定证书，并应在回弹仪的明显位置上标注名称、型号、制造厂名（或商标）、出厂编号等。

（3）回弹仪除应符合现行国家标准《回弹仪》GB/T 9138—2015 的规定外，尚应符合下列规定：

1）水平弹击时，在弹击锤脱钩瞬间，回弹仪的标称能量应为 2.207J。

2）在弹击锤与弹击杆碰撞的瞬间，弹击拉簧应处于自由状态，且弹击锤起跳点应位于指针指示刻度尺上的“0”处。

3）在洛氏硬度 HRC 为 60±2 的钢砧上，回弹仪的率定值应为 80±2。

4）数字式回弹仪应带有指针直读示值系统；数字显示的回弹仪与指针直读示值相差不应超过 1。

5）回弹仪使用时的环境温度应为 −4～40℃。

2. 检定

（1）回弹仪检定周期为半年，当回弹仪具有下列情况之一时，应由法定计量检定机构按现行行业标准《回弹仪检定规程》JJG 817—2011 进行检定：

1）新回弹仪启用前；

2）超过检定有效期限；

3）数字式回弹仪数字显示的回弹仪与指针直读示值相差大于 1；

4）经保养后，在钢砧上的率定值不合格；

5）遭受严重撞击或其他损害。

（2）回弹仪的率定试验应符合下列规定：

1）率定试验应在室温为 5～35℃的条件下进行；

2）钢砧表面应干燥、清洁，并应稳固地平放在刚度大的物体上；

3）回弹值应取连续向下弹击三次的稳定回弹结果的平均值；

4）率定试验应分四个方向进行，且每个方向弹击前，弹击杆应旋转 90°，每个方向的回弹平均值均应为 80±2（MPa）。

（3）回弹仪率定试验所用的钢砧应每 2 年送授权计量检定机构检定或校准。

3. 保养

（1）当回弹仪存在下列情况之一时，应进行保养：

1）弹击次数超过 2000 次；

2）对检测值有怀疑时；

3）在钢砧上的率定值不合格。

（2）回弹仪的保养应按下列步骤进行：

1）先将弹击锤脱钩，取出机芯，然后卸下弹击杆，取出里面的缓冲压簧，并取出弹击锤、弹击拉簧和拉簧座。

2）清洁机芯各零部件，并应重点清理中心导杆、弹击锤和弹击杆的内孔和冲击面。清理洗后，应在中心导杆上薄涂抹钟表油，其他零部件均不得抹油。

3）清理机壳内壁，卸下刻度尺，检查指针，其摩擦力应为 0.5～0.8N。

4）对于数字式回弹仪，还应按产品要求的维护程序进行维护。

5）保养时，不得旋转尾盖上已定位紧固的调零螺丝，不得自制或更换零部件。

6）保养后应按上述的率定试验要求进行率定。

（3）回弹仪使用完毕，应使弹击杆伸出机壳，并清除弹击杆、杆前端球面以及刻度尺表面和外壳上的污垢、尘土。回弹仪不用时，应将弹击杆压入机壳内，经弹击后按下按钮，锁住机芯，然后装入仪器箱。仪器箱平放在干燥阴凉处。当数字式回弹仪长期不用时，应取出电池。

7.1.4.4 检测技术

1. 一般规定

（1）采用回弹法检测混凝土强度时，宜具有下列资料：

1）工程名称、设计单位、施工单位；

2）构件名称、数量及混凝土类型、强度等级；

3）水泥安定性、外加剂、掺合料品种，混凝土配合比等；

4）施工模板，混凝土浇筑、养护情况及浇筑日期等；

5）必要的设计图纸和施工记录；

6）检测原因。

（2）回弹仪在检测前后，均应在钢砧上做率定试验，并应符合技术要求的规定。

（3）混凝土强度检测可按单个构件或批量进行检测，并应符合下列规定：

1）单个构件的检测应符合下列规定：

① 对于一般构件，测区数不应少于 10 个。当受检构件数量大于 30 个且不需提供单个构件推定强度或受检构件某一方向尺寸不大于 4.5m 且另一方向尺寸不大于 0.3m 时，每个构件的测区数量可适当减少，但不应少于 5 个。

② 相邻两测区的间距不应大于 2m，测区离构件端部或施工缝边缘的距离不宜大于 0.5m，且不宜小于 0.2m。

③ 测区宜选在使回弹仪处于水平方向的混凝土浇筑侧面。当不能满足这一要求

时，也可选使回弹仪处于非水平方向的混凝土浇筑表面或底面。

④ 测区宜布置在构件的两个对称可测面上，当不能布置在对称的可测面上时，也可布置在同一个可测面上，且应均匀分布。在构件的重要部位及薄弱部位应布置测区，并应避开预埋件。

⑤ 测区的面积不宜大于 0.04m^2。

⑥ 测区表面应为混凝土原浆面，并应清洁、平整，不应有疏松层、浮浆、油垢、涂层以及蜂窝、麻面。

⑦ 对弹击时产生颤动的薄壁、小型构件，应进行固定。

2）对于混凝土生产工艺、强度等级相同，原材料、配合比、养护条件基本一致且龄期相近同类构件的检测应采用批量检测。

按批量进行检测时，应随机抽取构件，抽检数量不宜少于同批构件总数的 30% 且不宜少于 10 件。当检验批构件数量大于 30 个时，抽检数量可适当调整，并不得少于国家现行有关标准规定的最少数量。

（4）每一测区应标有清晰的编号，并宜在记录纸上绘制测区布置示意图和描述外观质量情况。

（5）当检测条件与“统一测强曲线”的适用条件有较大差异时，可采用在构件上钻取的混凝土芯样或同条件试块对测区混凝土强度换算值进行修正。对同一强度等级混凝土修正时，芯样数量不应少于 6 个，公称直径宜为 100mm，高径比应为 1。芯样应在测区内钻取，每个芯样应只加工一个试件。采用同条件试块修正时，试块数量不应少于 6 个，试块边长应为 150mm。计算时，测区混凝土强度修正量及测区混凝土强度换算值的修正应符合下列规定：

1）修正量应按下列公式计算：

$$\Delta_{tot}=f_{cor,m}-f^{c}_{cu,m0} \tag{7-1}$$

$$\Delta_{tot}=f_{cu,m}-f^{c}_{cu,m0} \tag{7-2}$$

$$f_{cor,m}=\frac{1}{n}\sum_{i=1}^{n}f_{cor,i} \tag{7-3}$$

$$f_{cu,m}=\frac{1}{n}\sum_{i=1}^{n}f_{cu,i} \tag{7-4}$$

式中　Δ_{tot}——测区混凝土强度修正量（MPa），精确到 0.1MPa；

$f_{cor,m}$——芯样试件混凝土强度平均值（MPa），精确到 0.1MPa；

$f_{cu,m}$——150mm 同条件立方体试块混凝土强度平均值（MPa），精确到 0.1MPa；

$f_{cu,m0}$——对应于钻芯部位或同条件立方体试块回弹测区混凝土强度换算值的平均值（MPa），精确到 0.1MPa；

$f_{cor,i}$——第 i 个混凝土芯样试件的抗压强度；

$f_{cu,i}$——第 i 个混凝土立方体试块的抗压强度；

$f^c_{cu,i}$——对应于第 i 个钻芯部位或同条件立方体试块测区回弹值和碳化深度值的混凝土强度换算值，可按表 7-4 取值；

n——芯样或试块数量。

2）测区混凝土强度换算值的修正应按下式计算：

$$f^c_{cu,i1} = f^c_{cu,i0} + \Delta_{tot} \tag{7-5}$$

式中 $f^c_{cu,i0}$——第 i 个测区修正前的混凝土强度换算值（MPa），精确到 0.1MPa；

$f^c_{cu,i1}$——第 i 个测区修正后的混凝土强度换算值（MPa），精确到 0.1MPa。

泵送混凝土测区混凝土强度换算表 **表 7-4**

平均回弹值 R_m	测区混凝土强度换算值 $f^c_{cu,i}$（MPa）												
	平均碳化深度 d_m（mm）												
	0	0.5	1.0	1.5	2.0	2.5	3.0	3.5	4.0	4.5	5.0	5.5	≥ 6.0
18.6	10.0	—	—	—	—	—	—	—	—	—	—	—	—
18.8	10.2	10.0	—	—	—	—	—	—	—	—	—	—	—
19.0	10.4	10.2	10.0	—	—	—	—	—	—	—	—	—	—
19.2	10.6	10.4	10.2	10.0	—	—	—	—	—	—	—	—	—
19.4	10.9	10.7	10.4	10.2	10.0	—	—	—	—	—	—	—	—
19.6	11.1	10.9	10.6	10.4	10.2	10.0	—	—	—	—	—	—	—
19.8	11.3	11.1	10.9	10.6	10.4	10.2	10.0	—	—	—	—	—	—
20.0	11.5	11.3	11.1	10.9	10.6	10.4	10.2	10.0	—	—	—	—	—
20.2	11.8	11.5	11.3	11.1	10.9	10.6	10.4	10.2	10.0	—	—	—	—
20.4	12.0	11.7	11.5	11.3	11.1	10.8	10.6	10.4	10.2	10.0	—	—	—
20.6	12.2	12.0	11.7	11.5	11.3	11.0	10.8	10.6	10.4	10.2	10.0	—	—
20.8	12.4	12.2	12.0	11.7	11.5	11.3	11.0	10.8	10.6	10.4	10.2	10.0	—
21.0	12.7	12.4	12.2	11.9	11.7	11.5	11.2	11.0	10.8	10.6	10.4	10.2	10.0
21.2	12.9	12.7	12.4	12.2	11.9	11.7	11.5	11.2	11.0	10.8	10.6	10.4	10.2
21.4	13.1	12.9	12.6	12.4	12.1	11.9	11.7	11.4	11.2	11.0	10.8	10.6	10.3
21.6	13.4	13.1	12.9	12.6	12.4	12.1	11.9	11.6	11.4	11.2	11.0	10.7	10.5
21.8	13.6	13.4	13.1	12.8	12.6	12.3	12.1	11.9	11.6	11.4	11.2	10.9	10.7

续表

平均回弹值 R_m	测区混凝土强度换算值 $f^c_{cu,i}$（MPa）												
	平均碳化深度 d_m（mm）												
	0	0.5	1.0	1.5	2.0	2.5	3.0	3.5	4.0	4.5	5.0	5.5	≥ 6.0
22.0	13.9	13.6	13.3	13.1	12.8	12.6	12.3	12.1	11.8	11.6	11.4	11.1	10.9
22.2	14.1	13.8	13.6	13.3	13.0	12.8	12.5	12.3	12.0	11.8	11.6	11.3	11.1
22.4	14.4	14.1	13.8	13.5	13.3	13.0	12.7	12.5	12.2	12.0	11.8	11.5	11.3
22.6	14.6	14.3	14.0	13.8	13.5	13.2	13.0	12.7	12.5	12.2	12.0	11.7	11.5
22.8	14.9	14.6	14.3	14.0	13.7	13.5	13.2	12.9	12.7	12.4	12.2	11.9	11.7
23.0	15.1	14.8	14.5	14.2	14.0	13.7	13.4	13.1	12.9	12.6	12.4	12.1	11.9
23.2	15.4	15.1	14.8	14.5	14.2	13.9	13.6	13.4	13.1	12.8	12.6	12.3	12.1
23.4	15.6	15.3	15.0	14.7	14.4	14.1	13.9	13.6	13.3	13.1	12.8	12.6	12.3
23.6	15.9	15.6	15.3	15.0	14.7	14.4	14.1	13.8	13.5	13.3	13.0	12.8	12.5
23.8	16.2	15.8	15.5	15.2	14.9	14.6	14.3	14.1	13.8	13.5	13.2	13.0	12.7
24.0	16.4	16.1	15.8	15.5	15.2	14.9	14.6	14.3	14.0	13.7	13.5	13.2	12.9
24.2	16.7	16.4	16.0	15.7	15.4	15.1	14.8	14.5	14.2	13.9	13.7	13.4	13.1
24.4	17.0	16.6	16.3	16.0	15.7	15.3	15.0	14.7	14.5	14.2	13.9	13.6	13.3
24.6	17.2	16.9	16.5	16.2	15.9	15.6	15.3	15.0	14.7	14.4	14.1	13.8	13.6
24.8	17.5	17.1	16.8	16.5	16.2	15.8	15.5	15.2	14.9	14.6	14.3	14.1	13.8
25.0	17.8	17.4	17.1	16.7	16.4	16.1	15.8	15.5	15.2	14.9	14.6	14.3	14.0
25.2	18.0	17.7	17.3	17.0	16.7	16.3	16.0	15.7	15.4	15.1	14.8	14.5	14.2
25.4	18.3	18.0	17.6	17.3	16.9	16.6	16.3	15.9	15.6	15.3	15.0	14.7	14.4
25.6	18.6	18.2	17.9	17.5	17.2	16.8	16.5	16.2	15.9	15.6	15.2	14.9	14.7
25.8	18.9	18.5	18.2	17.8	17.4	17.1	16.8	16.4	16.1	15.8	15.5	15.2	14.9
26.0	19.2	18.8	18.4	18.1	17.7	17.4	17.0	16.7	16.3	16.0	15.7	15.4	15.1
26.2	19.5	19.1	18.7	18.3	18.0	17.6	17.3	16.9	16.6	16.3	15.9	15.6	15.3
26.4	19.8	19.4	19.0	18.6	18.2	17.9	17.5	17.2	16.8	16.5	16.2	15.9	15.6
26.6	20.0	19.6	19.3	18.9	18.5	18.1	17.8	17.4	17.1	16.8	16.4	16.1	15.8
26.8	20.3	19.9	19.5	19.2	18.8	18.4	18.0	17.7	17.3	17.0	16.7	16.3	16.0
27.0	20.6	20.2	19.8	19.4	19.1	18.7	18.3	17.9	17.6	17.2	16.9	16.6	16.2
27.2	20.9	20.5	20.1	19.7	19.3	18.9	18.6	18.2	17.8	17.5	17.1	16.8	16.5
27.4	21.2	20.8	20.4	20.0	19.6	19.2	18.8	18.5	18.1	17.7	17.4	17.1	16.7
27.6	21.5	21.1	20.7	20.3	19.9	19.5	19.1	18.7	18.4	18.0	17.6	17.3	17.0
27.8	21.8	21.4	21.0	20.6	20.2	19.8	19.4	19.0	18.6	18.3	17.9	17.5	17.2

续表

平均回弹值 R_m	测区混凝土强度换算值 $f^c_{cu,i}$（MPa）												
	平均碳化深度 d_m（mm）												
	0	0.5	1.0	1.5	2.0	2.5	3.0	3.5	4.0	4.5	5.0	5.5	≥ 6.0
28.0	22.1	21.7	21.3	20.9	20.4	20.0	19.6	19.3	18.9	18.5	18.1	17.8	17.4
28.2	22.4	22.0	21.6	21.1	20.7	20.3	19.9	19.5	19.1	18.8	18.4	18.0	17.7
28.4	22.8	22.3	21.9	21.4	21.0	20.6	20.2	19.8	19.4	19.0	18.6	18.3	17.9
28.6	23.1	22.6	22.2	21.7	21.3	20.9	20.5	20.1	19.7	19.3	18.9	18.5	18.2
28.8	23.4	22.9	22.5	22.0	21.6	21.2	20.7	20.3	19.9	19.5	19.2	18.8	18.4
29.0	23.7	23.2	22.8	22.3	21.9	21.5	21.0	20.6	20.2	19.8	19.4	19.0	18.7
29.2	24.0	23.5	23.1	22.6	22.2	21.7	21.3	20.9	20.5	20.1	19.7	19.3	18.9
29.4	24.3	23.9	23.4	22.9	22.5	22.0	21.6	21.2	20.8	20.3	19.9	19.5	19.2
29.6	24.7	24.2	23.7	23.2	22.8	22.3	21.9	21.4	21.0	20.6	20.2	19.8	19.4
29.8	25.0	24.5	24.0	23.5	23.1	22.6	22.2	21.7	21.3	20.9	20.5	20.1	19.7
30.0	25.3	24.8	24.3	23.8	23.4	22.9	22.5	22.0	21.6	21.2	20.7	20.3	19.9
30.2	25.6	25.1	24.6	24.2	23.7	23.2	22.8	22.3	21.9	21.4	21.0	20.6	20.2
30.4	26.0	25.5	25.0	24.5	24.0	23.5	23.0	22.6	22.1	21.7	21.3	20.9	20.4
30.6	26.3	25.8	25.3	24.8	24.3	23.8	23.3	22.9	22.4	22.0	21.6	21.1	20.7
30.8	26.6	26.1	25.6	25.1	24.6	24.1	23.6	23.2	22.7	22.3	21.8	21.4	21.0
31.0	27.0	26.4	25.9	25.4	24.9	24.4	23.9	23.5	23.0	22.5	22.1	21.7	21.2
31.2	27.3	26.8	26.2	25.7	25.2	24.7	24.2	23.8	23.3	22.8	22.4	21.9	21.5
31.4	27.7	27.1	26.6	26.0	25.5	25.0	24.5	24.1	23.6	23.1	22.7	22.2	21.8
31.6	28.0	27.4	26.9	26.4	25.9	25.3	24.8	24.4	23.9	23.4	22.9	22.5	22.0
31.8	28.3	27.8	27.2	26.7	26.2	25.7	25.1	24.7	24.2	23.7	23.2	22.8	22.3
32.0	28.7	28.1	27.6	27.0	26.5	26.0	25.5	25.0	24.5	24.0	23.5	23.0	22.6
32.2	29.0	28.5	27.9	27.4	26.8	26.3	25.8	25.3	24.8	24.3	23.8	23.3	22.9
32.4	29.4	28.8	28.2	27.7	27.1	26.6	26.1	25.6	25.1	24.6	24.1	23.6	23.1
32.6	29.7	29.2	28.6	28.0	27.5	26.9	26.4	25.9	25.4	24.9	24.4	23.9	23.4
32.8	30.1	29.5	28.9	28.3	27.8	27.2	26.7	26.2	25.7	25.2	24.7	24.2	23.7
33.0	30.4	29.8	29.3	28.7	28.1	27.6	27.0	26.5	26.0	25.5	25.0	24.5	24.0
33.2	30.8	30.2	29.6	29.0	28.4	27.9	27.3	26.8	26.3	25.8	25.2	24.7	24.3
33.4	31.2	30.6	30.0	29.4	28.8	28.2	27.7	27.1	26.6	26.1	25.5	25.0	24.5
33.6	31.5	30.9	30.3	29.7	29.1	28.5	28.0	27.4	26.9	26.4	25.8	25.3	24.8
33.8	31.9	31.3	30.7	30.0	29.5	28.9	28.3	27.7	27.2	26.7	26.1	25.6	25.1

续表

平均回弹值 R_m	测区混凝土强度换算值 $f^{c}_{cu,i}$（MPa）												
	平均碳化深度 d_m（mm）												
	0	0.5	1.0	1.5	2.0	2.5	3.0	3.5	4.0	4.5	5.0	5.5	≥ 6.0
34.0	32.3	31.6	31.0	30.4	29.8	29.2	28.6	28.1	27.5	27.0	26.4	25.9	25.4
34.2	32.6	32.0	31.4	30.7	30.1	29.5	29.0	28.4	27.8	27.3	26.7	26.2	25.7
34.4	33.0	32.4	31.7	31.1	30.5	29.9	29.3	28.7	28.1	27.6	27.0	26.5	26.0
34.6	33.4	32.7	32.1	31.4	30.8	30.2	29.6	29.0	28.5	27.9	27.4	26.8	26.3
34.8	33.8	33.1	32.4	31.8	31.2	30.6	30.0	29.4	28.8	28.2	27.7	27.1	26.6
35.0	34.1	33.5	32.8	32.2	31.5	30.9	30.3	29.7	29.1	28.5	28.0	27.4	26.9
35.2	34.5	33.8	33.2	32.5	31.9	31.2	30.6	30.0	29.4	28.8	28.3	27.7	27.2
35.4	34.9	34.2	33.5	32.9	32.2	31.6	31.0	30.4	29.8	29.2	28.6	28.0	27.5
35.6	35.3	34.6	33.9	33.2	32.6	31.9	31.3	30.7	30.1	29.5	28.9	28.3	27.8
35.8	35.7	35.0	34.3	33.6	32.9	32.3	31.6	31.0	30.4	29.8	29.2	28.6	28.1
36.0	36.0	35.3	34.6	34.0	33.3	32.6	32.0	31.4	30.7	30.1	29.5	29.0	28.4
36.2	36.4	35.7	35.0	34.3	33.6	33.0	32.3	31.7	31.1	30.5	29.9	29.3	28.7
36.4	36.8	36.1	35.4	34.7	34.0	33.3	32.7	32.0	31.4	30.8	30.2	29.6	29.0
36.6	37.2	36.5	35.8	35.1	34.4	33.7	33.0	32.4	31.7	31.1	30.5	29.9	29.3
36.8	37.6	36.9	36.2	35.4	34.7	34.1	33.4	32.7	32.1	31.4	30.8	30.2	29.6
37.0	38.0	37.3	36.5	35.8	35.1	34.4	33.7	33.1	32.4	31.8	31.2	30.5	29.9
37.2	38.4	37.7	36.9	36.2	35.5	34.8	34.1	33.4	32.8	32.1	31.5	30.9	30.2
37.4	38.8	38.1	37.3	36.6	35.8	35.1	34.4	33.8	33.1	32.4	31.8	31.2	30.6
37.6	39.2	38.4	37.7	36.9	36.2	35.5	34.8	34.1	33.4	32.8	32.1	31.5	30.9
37.8	39.6	38.8	38.1	37.3	36.6	35.9	35.2	34.5	33.8	33.1	32.5	31.8	31.2
38.0	40.0	39.2	38.5	37.7	37.0	36.2	35.5	34.8	34.1	33.5	32.8	32.2	31.5
38.2	40.4	39.6	38.9	38.1	37.3	36.6	35.9	35.2	34.5	33.8	33.1	32.5	31.8
38.4	40.9	40.1	39.3	38.5	37.7	37.0	36.3	35.5	34.8	34.2	33.5	32.8	32.2
38.6	41.3	40.5	39.7	38.9	38.1	37.4	36.6	35.9	35.2	34.5	33.8	33.2	32.5
38.8	41.7	40.9	40.1	39.3	38.5	37.7	37.0	36.3	35.5	34.8	34.2	33.5	32.8
39.0	42.1	41.3	40.5	39.7	38.9	38.1	37.4	36.6	35.9	35.2	34.5	33.8	33.2
39.2	42.5	41.7	40.9	40.1	39.3	38.5	37.7	37.0	36.3	35.5	34.8	34.2	33.5
39.4	42.9	42.1	41.3	40.5	39.7	38.9	38.1	37.4	36.6	35.9	35.2	34.5	33.8
39.6	43.4	42.5	41.7	40.9	40.0	39.3	38.5	37.7	37.0	36.3	35.5	34.8	34.2
39.8	43.8	42.9	42.1	41.3	40.4	39.6	38.9	38.1	37.3	36.6	35.9	35.2	34.5

续表

平均回弹值 R_m	测区混凝土强度换算值 $f^c_{cu,i}$（MPa）												
	平均碳化深度 d_m（mm）												
	0	0.5	1.0	1.5	2.0	2.5	3.0	3.5	4.0	4.5	5.0	5.5	≥ 6.0
40.0	44.2	43.4	42.5	41.7	40.8	40.0	39.2	38.5	37.7	37.0	36.2	35.5	34.8
40.2	44.7	43.8	42.9	42.1	41.2	40.4	39.6	38.8	38.1	37.3	36.6	35.9	35.2
40.4	45.1	44.2	43.3	42.5	41.6	40.8	40.0	39.2	38.4	37.7	36.9	36.2	35.5
40.6	45.5	44.6	43.7	42.9	42.0	41.2	40.4	39.6	38.8	38.1	37.3	36.6	35.8
40.8	46.0	45.1	44.2	43.3	42.4	41.6	40.8	40.0	39.2	38.4	37.7	36.9	36.2
41.0	46.4	45.5	44.6	43.7	42.8	42.0	41.2	40.4	39.6	38.8	38.0	37.3	36.5
41.2	46.8	45.9	45.0	44.1	43.2	42.4	41.6	40.7	39.9	39.1	38.4	37.6	36.9
41.4	47.3	46.3	45.4	44.5	43.7	42.8	42.0	41.1	40.3	39.5	38.7	38.0	37.2
41.6	47.7	46.8	45.9	45.0	44.1	43.2	42.3	41.5	40.7	39.9	39.1	38.3	37.6
41.8	48.2	47.2	46.3	45.4	44.5	43.6	42.7	41.9	41.1	40.3	39.5	38.7	37.9
42.0	48.6	47.7	46.7	45.8	44.9	44.0	43.1	42.3	41.5	40.6	39.8	39.1	38.3
42.2	49.1	48.1	47.1	46.2	45.3	44.4	43.5	42.7	41.8	41.0	40.2	39.4	38.6
42.4	49.5	48.5	47.6	46.6	45.7	44.8	43.9	43.1	42.2	41.4	40.6	39.8	39.0
42.6	50.0	49.0	48.0	47.1	46.1	45.2	44.3	43.5	42.6	41.8	40.9	40.1	39.3
42.8	50.4	49.4	48.5	47.5	46.6	45.6	44.7	43.9	43.0	42.2	41.3	40.5	39.7
43.0	50.9	49.9	48.9	47.9	47.0	46.1	45.2	44.3	43.4	42.5	41.7	40.9	40.1
43.2	51.3	50.3	49.3	48.4	47.4	46.5	45.6	44.7	43.8	42.9	42.1	41.2	40.4
43.4	51.8	50.8	49.8	48.8	47.8	46.9	46.0	45.1	44.2	43.3	42.5	41.6	40.8
43.6	52.3	51.2	50.2	49.2	48.3	47.3	46.4	45.5	44.6	43.7	42.8	42.0	41.2
43.8	52.7	51.7	50.7	49.7	48.7	47.7	46.8	45.9	45.0	44.1	43.2	42.4	41.5
44.0	53.2	52.2	51.1	50.1	49.1	48.2	47.2	46.3	45.4	44.5	43.6	42.7	41.9
44.2	53.7	52.6	51.6	50.6	49.6	48.6	47.6	46.7	45.8	44.9	44.0	43.1	42.3
44.4	54.1	53.1	52.0	51.0	50.0	49.0	48.0	47.1	46.2	45.3	44.4	43.5	42.6
44.6	54.6	53.5	52.5	51.5	50.4	49.4	48.5	47.5	46.6	45.7	44.8	43.9	43.0
44.8	55.1	54.0	52.9	51.9	50.9	49.9	48.9	47.9	47.0	46.1	45.1	44.3	43.4
45.0	55.6	54.5	53.4	52.4	51.3	50.3	49.3	48.3	47.4	46.5	45.5	44.6	43.8
45.2	56.1	55.0	53.9	52.8	51.8	50.7	49.7	48.8	47.8	46.9	45.9	45.0	44.1
45.4	56.5	55.4	54.3	53.3	52.2	51.2	50.2	49.2	48.2	47.3	46.3	45.4	44.5
45.6	57.0	55.9	54.8	53.7	52.7	51.6	50.6	49.6	48.6	47.7	46.7	45.8	44.9
45.8	57.5	56.4	55.3	54.2	53.1	52.1	51.0	50.0	49.0	48.1	47.1	46.2	45.3

续表

平均回弹值 R_m	测区混凝土强度换算值 $f^c_{cu,i}$（MPa）												
	平均碳化深度 d_m（mm）												
	0	0.5	1.0	1.5	2.0	2.5	3.0	3.5	4.0	4.5	5.0	5.5	≥ 6.0
46.0	58.0	56.9	55.7	54.6	53.6	52.5	51.5	50.5	49.5	48.5	47.5	46.6	45.7
46.2	58.5	57.3	56.2	55.1	54.0	52.9	51.9	50.9	49.9	48.9	47.9	47.0	46.1
46.4	59.0	57.8	56.7	55.6	54.5	53.4	52.3	51.3	50.3	49.3	48.3	47.4	46.4
46.6	59.5	58.3	57.2	56.0	54.9	53.8	52.8	51.7	50.7	49.7	48.7	47.8	46.8
46.8	60.0	58.8	57.6	56.5	55.4	54.3	53.2	52.2	51.1	50.1	49.1	48.2	47.2
47.0	—	59.3	58.1	57.0	55.8	54.7	53.7	52.6	51.6	50.5	49.5	48.6	47.6
47.2	—	59.8	58.6	57.4	56.3	55.2	54.1	53.0	52.0	51.0	50.0	49.0	48.0
47.4	—	60.0	59.1	57.9	56.8	55.6	54.5	53.5	52.4	51.4	50.4	49.4	48.4
47.6	—	—	59.6	58.4	57.2	56.1	55.0	53.9	52.8	51.8	50.8	49.8	48.8
47.8	—	—	60.0	58.9	57.7	56.6	55.4	54.4	53.3	52.2	51.2	50.2	49.2
48.0	—	—	—	59.3	58.2	57.0	55.9	54.8	53.7	52.7	51.6	50.6	49.6
48.2	—	—	—	59.8	58.6	57.5	56.3	55.2	54.1	53.1	52.0	51.0	50.0
48.4	—	—	—	60.0	59.1	57.9	56.8	55.7	54.6	53.5	52.5	51.4	50.4
48.6	—	—	—	—	59.6	58.4	57.3	56.1	55.0	53.9	52.9	51.8	50.8
48.8	—	—	—	—	60.0	58.9	57.7	56.6	55.5	54.4	53.3	52.2	51.2
49.0	—	—	—	—	—	59.3	58.2	57.0	55.9	54.8	53.7	52.7	51.6
49.2	—	—	—	—	—	59.8	58.6	57.5	56.3	55.2	54.1	53.1	52.0
49.4	—	—	—	—	—	60.0	59.1	57.9	56.8	55.7	54.6	53.5	52.4
49.6	—	—	—	—	—	—	59.6	58.4	57.2	56.1	55.0	53.9	52.9
49.8	—	—	—	—	—	—	60.0	58.8	57.7	56.6	55.4	54.3	53.3
50.0	—	—	—	—	—	—	—	59.3	58.1	57.0	55.9	54.8	53.7
50.2	—	—	—	—	—	—	—	59.8	58.6	57.4	56.3	55.2	54.1
50.4	—	—	—	—	—	—	—	60.0	59.0	57.9	56.7	55.6	54.5
50.6	—	—	—	—	—	—	—	—	59.5	58.3	57.2	56.0	54.9
50.8	—	—	—	—	—	—	—	—	60.0	58.8	57.6	56.5	55.4
51.0	—	—	—	—	—	—	—	—	—	59.2	58.1	56.9	55.8
51.2	—	—	—	—	—	—	—	—	—	59.7	58.5	57.3	56.2
51.4	—	—	—	—	—	—	—	—	—	60.0	58.9	57.8	56.6
51.6	—	—	—	—	—	—	—	—	—	—	59.4	58.2	57.1
51.8	—	—	—	—	—	—	—	—	—	—	59.8	58.7	57.5

续表

平均回弹值 R_m	测区混凝土强度换算值 $f^c_{cu,i}$（MPa）												
	平均碳化深度 d_m（mm）												
	0	0.5	1.0	1.5	2.0	2.5	3.0	3.5	4.0	4.5	5.0	5.5	≥ 6.0
52.0	—	—	—	—	—	—	—	—	—	—	60.0	59.1	57.9
52.2	—	—	—	—	—	—	—	—	—	—	—	59.5	58.4
52.4	—	—	—	—	—	—	—	—	—	—	—	60.0	58.8
52.6	—	—	—	—	—	—	—	—	—	—	—	—	59.2
52.8	—	—	—	—	—	—	—	—	—	—	—	—	59.7

注：① 表中未注明的测区混凝土强度换算值为小于 10MPa 或大于 60MPa。

② 表中数值是根据曲线方程 $f=0.034488R^{1.9400}10^{(-0.0173d_m)}$ 计算。

2. 回弹值测量

（1）测量回弹值时，回弹仪的轴线应始终垂直于混凝土检测面，并应缓慢施压、准确读数、快速复位。

（2）每一测区应读取 16 个回弹值，每一测点的回弹值读数应精确至 1。测点宜在测区范围内均匀分布，相邻两测点的净距离不宜小于 20mm；测点距外露钢筋、预埋件的距离不宜小于 30mm；测点不应在气孔或外露石子上，同一测点应只弹击一次。

3. 碳化深度值测量

（1）回弹值测量完毕后，应在有代表性的测区上测量碳化深度值，测点数不应少于构件测区数的 30%，取其平均值作为该构件每个测区的碳化深度值。当碳化深度值极差大于 2.0mm 时，应在每一测区分别测量碳化深度值。

（2）碳化深度值的测量应符合下列规定：

1）可采用适当的工具在测区表面形成直径约 15mm 的孔洞，其深度应大于混凝土的碳化深度。

2）应清除孔洞中的粉末和碎屑，且不得用水擦洗。

3）应采用浓度为 1%～2% 的酚酞酒精溶液滴在孔洞内壁的边缘处，当已碳化与未碳化界线清楚时，应采用碳化深度测量工具测量已碳化与未碳化混凝土交界面到混凝土表面的垂直距离，并应测量 3 次，每次读数应精确至 0.25mm。

4）取三次测量的平均值作为检测结果，并应精确至 0.5mm。

4. 泵送混凝土的检测

检测泵送混凝土强度时，测区应选在混凝土浇筑表面。

7.1.4.5　回弹值计算

（1）计算测区平均回弹值时，应从该测区的 16 个回弹值中剔除 3 个最大值和 3 个最小值，余下的 10 个回弹值应按下式计算：

$$R_m = \frac{\sum_{i=1}^{10} R_i}{10} \tag{7-6}$$

式中　R_m——测区平均回弹值，精确至 0.1；

R_i——第 i 个测点的回弹值。

（2）非水平方向检测混凝土浇筑侧面时，测区平均回弹值应按下式修正：

$$R_m = R_{m\alpha} + R_{a\alpha} \tag{7-7}$$

式中　$R_{m\alpha}$——非水平状态检测时测区的平均回弹值，精确至 0.1；

$R_{a\alpha}$——非水平状态检测时回弹值修正值，可按表 7-5 取值。

非水平方向检测时的回弹值修正值　　**表 7-5**

$R_{m\alpha}$	检测角度							
	向上				向下			
	90°	60°	45°	30°	−30°	−45°	−60°	−90°
20	−6.0	−5.0	−4.0	−3.0	+ 2.5	+ 3.0	+ 3.5	+ 4.0
21	−5.9	−4.9	−4.0	−3.0	+ 2.5	+ 3.0	+ 3.5	+ 4.0
22	−5.8	−4.8	−3.9	−2.9	+ 2.4	+ 2.9	+ 3.4	+ 3.9
23	−5.7	−4.7	−3.9	−2.9	+ 2.4	+ 2.9	+ 3.4	+ 3.9
24	−5.6	−4.6	−3.8	−2.8	+ 2.3	+ 2.8	+ 3.3	+ 3.8
25	−5.5	−4.5	−3.8	−2.8	+ 2.3	+ 2.8	+ 3.3	+ 3.8
26	−5.4	−4.4	−3.7	−2.7	+ 2.2	+ 2.7	+ 3.2	+ 3.7
27	−5.3	−4.3	−3.7	−2.7	+ 2.2	+ 2.7	+ 3.2	+ 3.7
28	−5.2	−4.2	−3.6	−2.6	+ 2.1	+ 2.6	+ 3.1	+ 3.6
29	−5.1	−4.1	−3.6	−2.6	+ 2.1	+ 2.6	+ 3.1	+ 3.6
30	−5.0	−4.0	−3.5	−2.5	+ 2.0	+ 2.5	+ 3.0	+ 3.5
31	−4.9	−4.0	−3.5	−2.5	+ 2.0	+ 2.5	+ 3.0	+ 3.5
32	−4.8	−3.9	−3.4	−2.4	+ 1.9	+ 2.4	+ 2.9	+ 3.4
33	−4.7	−3.9	−3.4	−2.4	+ 1.9	+ 2.4	+ 2.9	+ 3.4
34	−4.6	−3.8	−3.3	−2.3	+ 1.8	+ 2.3	+ 2.8	+ 3.3
35	−4.5	−3.8	−3.3	−2.3	+ 1.8	+ 2.3	+ 2.8	+ 3.3
36	−4.4	−3.7	−3.2	−2.2	+ 1.7	+ 2.2	+ 2.7	+ 3.2
37	−4.3	−3.7	−3.2	−2.2	+ 1.7	+ 2.2	+ 2.7	+ 3.2
38	−4.2	−3.6	−3.1	−2.1	+ 1.6	+ 2.1	+ 2.6	+ 3.1
39	−4.1	−3.6	−3.1	−2.1	+ 1.6	+ 2.1	+ 2.6	+ 3.1
40	−4.0	−3.5	−3.0	−2.0	+ 1.5	+ 2.0	+ 2.5	+ 3.0
41	−4.0	−3.5	−3.0	−2.0	+ 1.5	+ 2.0	+ 2.5	+ 3.0
42	−3.9	−3.4	−2.9	−1.9	+ 1.4	+ 1.9	+ 2.4	+ 2.9
43	−3.9	−3.4	−2.9	−1.9	+ 1.4	+ 1.9	+ 2.4	+ 2.9
44	−3.8	−3.3	−2.8	−1.8	+ 1.3	+ 1.8	+ 2.3	+ 2.8

续表

$R_{m\alpha}$	检测角度							
	向上				向下			
	90°	60°	45°	30°	−30°	−45°	−60°	−90°
45	−3.8	−3.3	−2.8	−1.8	+1.3	+1.8	+2.3	+2.8
46	−3.7	−3.2	−2.7	−1.7	+1.2	+1.7	+2.2	+2.7
47	−3.7	−3.2	−2.7	−1.7	+1.2	+1.7	+2.2	+2.7
48	−3.6	−3.1	−2.6	−1.6	+1.1	+1.6	+2.1	+2.6
49	−3.6	−3.1	−2.6	−1.6	+1.1	+1.6	+2.1	+2.6
50	−3.5	−3.0	−2.5	−1.5	+1.0	+1.5	+2.0	+2.5

注：① $R_{m\alpha}$ 小于 20 或大于 50 时，分别按 20 或 50 查表；
② 表中未列入的相应于 $R_{m\alpha}$ 的修正值 $R_{m\alpha}$，可用内插法求得，精确至 0.1。

（3）水平方向检测混凝土浇筑表面或底面时，测区平均回弹值应按下列公式修正：

$$R_m = R_m^t + R_a^t \tag{7-8}$$

$$R_m = R_m^b + R_a^b \tag{7-9}$$

式中 R_m^t、R_m^b——水平方向检测混凝土浇筑表面、底面时，测区的平均回弹值，精确至 0.1；

R_a^t、R_a^b——混凝土浇筑表面、底面回弹值的修正值，可按表 7-6 取值。

不同浇筑面的回弹值修正值 **表 7-6**

R_m^t 或 R_m^b	表面修正值（R_m^t）	底面修正值（R_m^b）	R_m^t 或 R_m^b	表面修正值（R_m^t）	底面修正值（R_m^b）
20	+2.5	−3.0	34	+1.1	−1.6
21	+2.4	−2.9	35	+1.0	−1.5
22	+2.3	−2.8	36	+0.9	−1.4
23	+2.2	−2.7	37	+0.8	−1.3
24	+2.1	−2.6	38	+0.7	−1.2
25	+2.0	−2.5	39	+0.6	−1.1
26	+1.9	−2.4	40	+0.5	−1.0
27	+1.8	−2.3	41	+0.4	−0.9
28	+1.7	−2.2	42	+0.3	−0.8
29	+1.6	−2.1	43	+0.2	−0.7
30	+1.5	−2.0	44	+0.1	−0.6
31	+1.4	−1.9	45	0	−0.5
32	+1.3	−1.8	46	0	−0.4
33	+1.2	−1.7	47	0	−0.3

续表

R_m^t 或 R_m^b	表面修正值（R_m^t）	底面修正值（R_m^b）	R_m^t 或 R_m^b	表面修正值（R_m^t）	底面修正值（R_m^b）
48	0	−0.2	50	0	0
49	0	−0.1			

注：① R_m^t 或 R_m^b 小于 20 或大于 50 时，均分别按 20 或 50 查表；

② 表中有关混凝土浇筑表面的修正系数，是指一般原浆抹面的修正值；

③ 表中有关混凝土浇筑底面的修正系数，是指构件底面与侧面采用同一类模板在正常浇筑情况下的修正值；

④ 表中未列入的相应于 R_m^t 或 R_m^b 的 R_a^t、R_a^b 值，可用内插法求得，精确至 0.1。

（4）当回弹仪为非水平方向且测试面为混凝土的非浇筑侧面时，应先对回弹值进行角度修正，并应对修正后的回弹值进行浇筑面修正。

7.1.4.6　测强曲线

1. 一般规定

（1）混凝土强度换算值可采用下列测强曲线计算：

1）统一测强曲线：由全国有代表性的材料、成型工艺制作的混凝土试件，通过试验所建立的测强曲线。

2）地区测强曲线：由本地区常用的材料、成型工艺制作的混凝土试件，通过试验所建立的测强曲线。

3）专用测强曲线：由与构件混凝土相同的材料、成型工艺制作的混凝土试件，通过试验所建立的测强曲线。

（2）对有条件的地区和部门，应制定本地区的测强曲线或专用测强曲线。检测单位宜按专用测强曲线、地区测强曲线、统一测强曲线的顺序选用测强曲线。

2. 统一测强曲线

（1）符合下列条件的泵送混凝土，测区强度可按表 7-4 进行强度换算或该表“注”的曲线方程计算：

1）混凝土采用的水泥、砂石、外加剂、掺合料、拌合用水符合国家现行有关标准；

2）采用普通成型工艺；

3）采用符合国家现行标准的模板；

4）蒸汽养护出池经自然养护 7d 以上，且混凝土表层为干燥状态；

5）自然养护且龄期为 14～1000d；

6）抗压强度为10.0～60.0MPa。

（2）测区混凝土强度换算表所依据的统一测强曲线，其强度误差值应符合下列要求：

1）平均相对误差 δ 不应大于 ±15.0%；

2）相对标准差 e_r 不应大于18.0%。

（3）当有下列情况之一时，测区混凝土强度值不得按表7-4进行强度换算：

1）泵送混凝土粗骨料最大公称粒径大于31.5mm；

2）特种成型工艺制作的混凝土；

3）检测部位曲率半径小于250mm；

4）潮湿或浸水混凝土。

3. 地区和专用测强曲线

（1）地区和专用测强曲线的强度误差值应符合下列规定：

1）地区测强曲线：平均相对误差 δ 不应大于 ±14.0%；

相对标准差 e_r 不应大于17.0%。

2）专用测强曲线：平均相对误差 δ 不应大于 ±12.0%；

相对标准差 e_r 不应大于14.0%。

3）平均相对误差 δ 和相对标准差 e_r 的计算应符合第7.1.4.8节的规定。

（2）地区和专用测强曲线应按7.1.4.8节的方法制定。使用地区和专用测强曲线时，被检测的混凝土应与制定该类测强曲线混凝土的适应条件相同，不得超出该类测强曲线的适用范围，并应每半年抽取一定数量的同条件试件进行校核，当存在显著差异时，应查找原因，不得继续使用。

7.1.4.7 混凝土强度的计算

（1）构件第 i 个测区混凝土强度换算值，可按第7.1.2.5节所求得的平均回弹值 R_m 及按该节所求得的平均碳化深度值 d_m 查表7-4计算得出。当有地区或专用测强曲线时，混凝土强度的换算值宜按地区测强曲线或专用测强曲线计算或查表得出。

（2）构件的测区混凝土强度平均值应根据各测区的混凝土强度换算值计算。当测区数为10个及以上时，还应计算强度标准差。平均值及标准差应按下列公式计算：

$$m_{f^c_{cu}} = \frac{\sum_{i=1}^{n} f^c_{cu,i}}{n} \tag{7-10}$$

$$S_{f_{cu}^{c}}=\sqrt{\frac{\sum_{i=1}^{n}(f_{cu,i}^{c})^{2}-n(m_{f_{cu}^{c}})^{2}}{n-1}} \tag{7-11}$$

式中　$m_{f_{cu}^{c}}$——构件测区混凝土强度换算值的平均值（MPa），精确至 0.1 MPa；

n——对于单个检测的构件，取该构件的测区数；对批量检测的构件，取所有被抽检构件测区数之和；

$S_{f_{cu}^{c}}$——构件测区混凝土强度换算值的标准差（MPa），精确至 0.01MPa。

（3）构件的现龄期混凝土强度推定值 $f_{cu,e}$ 应符合下列规定：

1）当构件测区数少于 10 个时，应按下式计算：

$$f_{cu,e}=f_{cu,min}^{c} \tag{7-12}$$

式中　$f_{cu,min}^{c}$——构件中最小的测区混凝土强度换算值。

2）当构件的测区强度值中出现小于 10.0MPa 时，应按下式确定：

$$f_{cu,e}<10.0\text{MPa} \tag{7-13}$$

3）当构件测区数不少于 10 个时，应按下式计算：

$$f_{cu,e}=m_{f_{cu}^{c}}-1.645S_{f_{cu}^{c}} \tag{7-14}$$

4）当批量检测时，应按下式计算：

$$f_{cu,e}=m_{f_{cu}^{c}}-\kappa S_{f_{cu}^{c}} \tag{7-15}$$

式中　κ——推定系数，宜取 1.645。当需要进行推定强度区间时，可按国家现行有关标准的规定取值。

注：构件的混凝土强度推定值是指相应于强度换算值总体分布中保证率不低于 95% 的构件中混凝土抗压强度值。

（4）对按批量检测的构件，当该批构件混凝土强度标准差出现下列情况之一时，则该批构件应全部按单个构件检测：

1）当该批构件混凝土强度平均值小于 25MPa、$S_{f_{cu}^{c}}$ 大于 4.5MPa 时；

2）当该批构件混凝土强度平均值不小于 25MPa 且不大于 60MPa、$S_{f_{cu}^{c}}$ 大于 5.5MPa 时。

7.1.4.8　地区和专用测强曲线的制定方法

（1）制定地区和专用测强曲线的试块应与欲测构件在原材料（含品种、规格）、成型工艺与养护方法等方面条件相同。

（2）试块的制作、养护应符合下列规定：

1）按最佳配合比设计 5 个强度等级，且每一强度等级不同龄期应分别制作不少于 6 个 150mm 立方体试块；

2）在成型 24h 后，应将试块移至与被测构件相同条件下养护，试块拆模日期宜与构件的拆模日期相同。

（3）试块的测试应按下列步骤进行：

1）擦净试块表面，以浇筑侧面的两个相对面置于压力机的上下承压板之间，加压 60～100kN（低强度试块取低值）；

2）在试块保持压力下，采用符合标准状态的回弹仪和规定的操作方法，在试块的两个相对侧面上分别弹击 8 个点；

3）从每个试块的 16 个回弹值中分别剔除 3 个最大值和 3 个最小值，以余下的 10 个回弹值的平均值（计算精确至 0.1）作为该试块的平均回弹值 R_m；

4）将试块加荷直至破坏，然后计算试块的抗压强度值 f_{cu}（MPa），精确至 0. 1MPa。

5）按"7.1.4.4"第 3 部分的方法在破坏后的试块边缘测量该试块的平均碳化深度值。

（4）地区和专用测强曲线的计算应符合下列规定：

1）地区和专用测强曲线的回归方程式，应按每一试块求得的 R_m、d_m 和 f_{cu}，采用最小二乘法原理计算；

2）回归方程宜采用以下函数关系式：

$$f_{cu}^{c} = aR_{m}^{b} \cdot 10^{cd_m} \qquad (7\text{-}16)$$

3）用下式计算回归方程式的强度平均相对误差 δ 和强度相对标准差 e_r，且当 δ 和 e_r 均符合第 7.1.2.6 节第 3 部分第 3 条规定时，可报请上级主管部门审批：

$$\delta = \pm \frac{1}{n}\sum_{i=1}^{n}\left|\frac{f_{cu,i}^{c}}{f_{cu,i}}-1\right| \times 100 \qquad (7\text{-}17)$$

$$e_r = \sqrt{\frac{1}{n-1}\sum_{i=1}^{n}\left(\frac{f_{cu,i}^{c}}{f_{cu,i}}-1\right)^2} \times 100 \qquad (7\text{-}18)$$

式中 δ——回归方程式的强度平均相对误差（%），精确至 0.1；

e_r——回归方程式的强度相对标准差（%），精确至 0.1；

$f_{cu,i}$——由第 i 个试块抗压试验得出的混凝土抗压强度值（MPa）精确到 0.1MPa；

$f_{cu,i}^{c}$——由同一试块的平均回弹值 R_m 及平均碳化深度值 d_m 按回归方程式算出的混凝土的强度换算值（MPa），精确到 0.1MPa；

n——制定回归方程式的试件数。

7.1.5 高强混凝土强度检测技术

目前，我国常用的《回弹法检测混凝土抗压强度技术规程》JGJ/T 23—2011、《超声回弹综合法检测混凝土抗压强度技术规程》T/CECS 02—2020 等标准，均以普通强度等级的混凝土为检测对象。大量实践证明：这些现行的无损检测混凝土强度技术标准不适用于检测 C50 及以上的高强混凝土强度。

随着高层、超高层和大型混凝土结构的日益增多，高强混凝土已成为我国应用较为广泛的建筑结构材料。为检测高强混凝土抗压强度的需要，我国开展了高强回弹仪的开发和研究，并于 2013 年 5 月 9 日发布了第一个《高强混凝土强度检测技术规程》，自 2013 年 12 月 1 日起实施，标准号为 JGJ/T 294—2013。该标准就是针对按其他现行标准测不准高强混凝土强度而制定的，最合理之处在于，计算回弹推定强度时不考虑碳化深度对强度的影响，因此，相比《回弹法检测混凝土抗压强度技术规程》JGJ/T 23—2011，其准确性必定有明显提高，将减少各种纠纷和误判的发生。但是，目前有些检测机构和监督站仍执意采用《回弹法检测混凝土抗压强度技术规程》JGJ/T 23—2011 规程来检测 C50 等混凝土结构的实体强度，导致了一些纠纷和矛盾继续发生，其应用情况不容乐观。

目前，我国检测高强混凝土强度的回弹仪有三种规格，但使用范围有一定的区别。4.5J（GHT450）高强回弹仪可检测 20～110MPa 的混凝土强度，且通过实验得到相应的全国统一测强曲线，经实际工程检测应用效果较好；5.5J（ZC1）高强回弹仪是由山东乐陵市回弹仪厂在原 ZC3-A 型混凝土回弹仪基础上改进研制的，可检测抗压强度为 60～80MPa 范围内的混凝土结构或构件；9.8J（HT1000）高强回弹仪特点与同类高强回弹仪相比较体积相对较大、重量较重，可检测 C50～C80 混凝土的强度。

为验证《回弹法检测混凝土抗压强度技术规程》JGJ/T 23—2011 和《高强混凝土强度检测技术规程》JGJ/T 294—2013 中的全国统一回弹测强曲线在郑州地区的适用性，笔者制作了 C30、C40、C50 和 C60 混凝土试件进行抗压强度与回弹强度的对比检验。不同强度等级的混凝土采用同一批原材料分别拌制了 5 次（不同天），每次制作 24 块（分 4 组，标养和自养各 2 组，每组为 6 块）边长为 150mm 的立方体标准试件。自然养护试件 24h 脱模，然后置于室外不受日晒雨淋处（均未浇水），待试件达到检验龄期时（采用等效养护龄期，如室外日平均温度逐日累计达到 560℃±10℃时相当于标养 28d）进行检验，检验前表面擦净，以浇筑侧面的两个相对面置于压力机的上下承压板的中心位置，加压至 90kN±10kN 范围进行回弹测试。回弹时，在试件的两个相对侧面上分别选择均匀分布的 8 个点进行弹击，然后从每个试件的 16 个回弹值分别剔除其中 3 个最大值和 3 个最小值，再求余下的 10 个回弹值的平均值 R_m，计算精确至 0.1。回弹测试完毕后卸荷，再以测试面将试件加荷直至破坏，计算试件的抗压强度值时精确至 0.1MPa。回弹时分别采用了标称动能 4.5J 和标称动能 2.207J 的回弹仪对试件进行测试，采用 4.5J 回弹仪时按《高强混凝土强度检测技术规程》JGJ/T 294—2013 进行强度推定，采用 2.207J 回弹仪时按《回弹法检测混凝土抗压强度技术规程》JGJ/T 23—2011 进行强度推定。不同养护及检验方法的混凝土强度检验结果（均为 6 块试件的平均值）见表 7-7。

不同养护及检验方法的混凝土强度检验结果　　　　表 7-7

强度等级	试验次数	28d 强度（MPa）					60d 强度（MPa）				
		标养抗压强度	自养强度				标养抗压强度	自养强度			
			抗压强度	4.5J 回弹	2.207J 回弹			抗压强度	4.5J 回弹	2.207J 回弹	
					碳化按0	按碳化				碳化按0	按碳化
C60	1	70.4	63.2	57.4	51.6	48.6	73.2	67.2	68.8	57.6	52.3
	2	67.9	64.8	56.2	48.4	45.6	72.8	66.5	65.1	56.8	51.4
	3	69.2	65.1	58.1	52.5	49.4	73.3	68.8	69.6	58.3	52.2
	4	71.6	67.5	63.4	53.9	50.8	74.1	68.9	67.4	59.2	53.7
	5	69.7	66.1	57.2	50.6	47.7	72.4	69.5	65.8	57.2	51.8
C50	1	62.8	56.0	53.8	42.6	38.6	66.6	64.4	58.1	52.4	45.0
	2	59.5	54.8	54.4	42.9	38.8	65.3	59.0	56.2	49.2	41.4
	3	62.8	57.3	55.2	42.8	39.4	65.8	58.5	55.6	47.1	40.5
	4	61.2	55.4	54.2	42.2	38.9	67.8	62.2	58.6	51.5	43.8
	5	61.7	56.7	54.6	40.2	37.0	67.4	61.8	57.0	51.8	43.7
C40	1	52.7	47.8	48.9	38.0	34.8	58.0	53.6	52.7	44.2	36.5
	2	49.8	48.8	48.9	37.9	34.6	55.6	52.6	53.2	46.5	38.4
	3	50.0	47.8	47.9	39.1	35.7	57.3	50.4	52.6	43.8	35.4
	4	51.2	48.0	49.1	38.7	35.3	57.3	51.8	50.4	46.6	39.3
	5	52.4	48.2	47.4	38.1	34.8	56.2	53.2	51.6	45.7	37.7
C30	1	37.1	35.6	44.7	33.4	28.7	45.1	41.3	47.1	40.5	33.2
	2	37.5	38.5	46.7	33.1	29.5	46.5	44.7	46.7	40.6	33.3
	3	38.7	39.6	44.6	33.2	29.6	47.1	45.2	49.8	42.9	35.1
	4	39.9	37.1	44.8	33.4	29.8	47.3	42.9	46.8	41.3	33.8
	5	40.5	38.8	46.3	34.2	29.9	48.1	43.0	47.7	38.9	31.2

试验表明：对于自然养护的试件，采用 2.207J 回弹仪所推定的强度均比其他检验方式的强度低许多，碳化深度越深误差越大；而采用 4.5J 回弹仪所推定的强度 C30 偏高，C40～C60 与试件的抗压强度接近，可信度远高于 2.207J 回弹仪所推定的强度。

以下根据《高强混凝土强度检测技术规程》JGJ/T 294—2013 内容编写。

7.1.5.1　总则

（1）为检测工程结构中的高强混凝土抗压强度，保证检测结果的可靠性，制定本规程。

（2）本规程适用于工程结构中强度等级为 C50～C100 的混凝土抗压强度检测。本规程不适用于下列情况的混凝土抗压强度检测：

1）遭受严重冻伤、化学侵蚀、火灾而导致表里质量不一致的混凝土和表面不平整的混凝土；

2）潮湿的和特种工艺成型的混凝土；

3）厚度小于 150mm 的混凝土构件；

4）所处环境温度低于 0℃或高于 40℃的混凝土。

（3）当对结构中的混凝土有强度检测要求时，可按本规程进行检测，其强度推定结果可作为混凝土结构处理的依据。

（4）当具有钻芯试件或同条件的标准试件作校对时，可按本规程对 900d 以上龄期混凝土抗压强度进行检测和推定。

（5）高强混凝土强度检测可采用标称动能为 4.5J 或 5.5J 的回弹仪。采用标称动能为 4.5J 的回弹仪时，应按本书 7.1.5.8 节执行；采用标称动能为 5.5J 的回弹仪时，应按本书 7.1.5.9 节执行。

（6）采用本规程的方法检测及推定混凝土强度时，除应符合本规程外，尚应符合国家现行有关标准的规定。

7.1.5.2　术语

（1）测区：按检测方法要求布置的具有一个或若干个测点的区域。

（2）测点：在测区内，取得检测数据的检测点。

（3）测区混凝土抗压强度换算值：根据测区混凝土中的回弹代表值，通过测强曲线换算表所得到的该测区现龄期混凝土的抗压强度值。

（4）混凝土抗压强度推定值：测区混凝土抗压强度换算值总体分布中保证率不低于 95% 的结构或构件现龄期混凝土强度值。

（5）回弹法：根据回弹值推定混凝土强度的方法。

7.1.5.3 回弹仪

（1）回弹仪应具有产品合格证及检定合格证。

（2）回弹仪的弹击锤脱钩时，指针滑块示值刻线应对应于仪壳的上刻线处，且示值误差不应超过 ±0.4mm。

（3）回弹仪率定应符合下列规定：

1）钢砧应稳固地平放在坚实的地坪上；

2）回弹仪应向下弹击；

3）弹击杆应旋转 3 次，每次应旋转 90°，每旋转 1 次弹击杆应弹击 3 次；

4）应取连续 3 次稳定回弹值的平均值作为率定值。

（4）当遇有下列情况之一时，回弹仪应送计量检定机构进行检定：

1）新回弹仪启用之前；

2）超过检定有效期限；

3）更换零件和检修后；

4）尾盖螺丝松动或调整后；

5）遭受严重撞击或其他损害。

（5）当遇有下列情况之一时，应在钢砧上进行率定，且率定值不合格时不得使用：

1）每个检测项目执行之前和之后；

2）测试过程中回弹值异常时。

（6）回弹仪每次使用完毕后，应进行维护。

（7）回弹仪有下列情况之一时，应将回弹仪拆开维护：

1）弹击超过 2000 次；

2）率定值不合格。

（8）回弹仪拆开维护应按下列步骤进行：

1）将弹击锤脱钩，取出机芯；

2）擦拭中心导杆和弹击杆的端面、弹击锤的内孔和冲击面等；

3）组装仪器后应做率定。

（9）回弹仪拆开维护应符合下列规定：

1）经过清洗的零部件，除中心导杆需涂上微量钟表油外，其他零部件均不得涂油；

2）应保持弹击拉簧前端钩入拉簧座的原孔位；

3）不得转动尾盖上已定位紧固的调零螺钉；

4）不得自制或更换零部件。

7.1.5.4　检测技术

1. 一般规定

（1）使用回弹仪进行工程检测的人员，应通过专业培训并持证上岗。

（2）检测前宜收集下列有关资料：

1）工程名称及设计、建设、施工、监理单位名称；

2）结构或构件的部位、名称及混凝土设计强度等级；

3）水泥品种、强度等级、砂石品种、粒径、外加剂品种、掺合料类别及等级、混凝土配合比等；

4）混凝土浇筑日期、施工工艺、养护情况及施工记录；

5）结构及现状；

6）检测原因。

（3）当按批抽样基础检测时，同时符合下列条件的构件可作为同批构件：

1）混凝土设计强度等级、配合比和成型工艺相同；

2）混凝土原材料、养护条件及龄期基本相同；

3）构件种类相同；

4）在施工阶段所处状态相同。

（4）对同批构件按批抽样检测时，构件应随机抽样，抽样数量不宜少于同批构件的 30%，且不宜少于 10 件。当检验批中构件数量大于 50 时，构件抽样数量可按现行国家标准《建筑结构检测技术标准》GB/T 50344—2019 进行调整，但抽取的构件总数不宜少于 10 件，并应按现行国家标准《建筑结构检测技术标准》GB/T 50344—2019 进行检测批混凝土的强度推定。

（5）测区布置应符合下列规定：

1）检测时应在构件上均匀布置测区，每个构件上的测区数不应少于 10 个；

2）对某一方向尺寸不大于 4.5m 且另一方向尺寸不大于 0.3m 的构件，其测区数量可减少，但不应少于 5 个。

（6）构件的测区应符合下列规定：

1）测区应布置在构件混凝土浇筑方向的侧面，宜布置在构件的两个对称的可测面上，当不能布置在对称的可测面上时，也可布置在同一可测面上；在构件的重要部位及薄弱部位布置测区时应避开预埋件；

2）相邻两测区的间距不宜大于 2m；测区离构件边缘的距离不宜小于 100mm；

3）测区尺寸宜为 200mm×200mm；

4）测试面应清洁、平整、干燥，不应有接缝、饰面层、浮浆和油垢；表面不平处可用砂轮适度打磨，并擦净残留粉尘。

（7）结构或构件上的测区应注明编号，并应在检测时记录测区位置和外观质量情况。

2. 回弹测试及回弹值计算

（1）在构件上回弹测试时，回弹仪的纵轴线应始终与混凝土成型侧面保持垂直，并应缓慢施压、准确读数、快速复位。

（2）结构或构件上的每一测区应回弹 16 个测点，在两个相对测试面各回弹 8 个测点，每一测点的回弹值应精确至 1。

（3）测点在测区范围内宜均匀分布，不得分布在气孔或外露石子上。同一测点应只弹击一次，相邻两测点的间距不宜小于 30mm；测点距外露钢筋、铁件的距离不宜小于 100mm。

（4）计算测区回弹值时，在每一测区内的 16 个回弹值中，应先剔除 3 个最大值和 3 个最小值，然后将余下的 10 个回弹值按下式计算，其结果作为该测区回弹值的代表值：

$$R=\frac{1}{10}\sum_{i=1}^{10}R_i \tag{7-19}$$

式中　R——测区回弹代表值，精确至 0.1；

R_i——第 i 个测点的有效回弹值。

7.1.5.5　混凝土强度的推定

（1）本规程给出的强度换算公式适用于配制强度等级为 C50～C100 的混凝土，且混凝土应符合下列规定：

1）水泥应符合现行国家标准《通用硅酸盐水泥》GB 175—2007 的规定；

2）砂、石应符合现行行业标准《普通混凝土用砂、石质量及检验方法标准》JGJ 52 的规定；

3）应自然养护；

4）龄期不宜超过 900d。

（2）结构或构件中第 i 个测区的混凝土抗压强度换算值应按 7.1.5.4 节第 2 部分的规定，计算出所用检测方法对应的测区测试参数代表值，并应优先采用专用测强曲线或地区测强曲线换算取得。专用测强曲线或地区测强曲线应按 7.1.5.6 节的规定制定。

（3）当无专用测强曲线或地区测强曲线时，可按 7.1.5.7 节的规定，通过验证后，采用本节第 4 条或第 5 条给出的全国高强混凝土测强曲线公式，计算结构或构件中第 i 个测区混凝土抗压强度换算值。

（4）结构或构件第 i 个测区混凝土强度换算值，可按 7.1.5.8 节或 7.1.5.9 节查表得出。

（5）结构或构件的测区混凝土换算强度平均值可根据各测区混凝土强度换算值计算。当测区数为 10 个以上时，应计算强度标准差。平均值和标准差应按下列公式计算：

$$m_{f_{cu}^{c}}=\frac{1}{n}\sum_{i=1}^{n}f_{cu,i}^{c} \tag{7-20}$$

$$S_{f_{cu}^{c}}=\sqrt{\frac{\sum_{i=1}^{n}(f_{cu,i}^{c})^{2}-n(m_{f_{cu}^{c}})^{2}}{n-1}} \tag{7-21}$$

式中　$m_{f_{cu}^{c}}$——结构或构件测区混凝土抗压强度换算值的平均值（MPa），精确至 0.1MPa；

n——测区数，对单个检测的构件，取一个构件的测区数；对批量检测的构件，取被抽检构件测区数之总和；

$S_{f_{cu}^{c}}$——结构或构件测区混凝土抗压强度换算值的标准差（MPa），精确至 0.01MPa。

（6）当检测条件与测强曲线的适用条件有较大差异或曲线没有经过验证时，应采用同条件标准试件或直接从结构构件测区内钻取混凝土芯样进行推定强度修正，且试件数量或混凝土芯样不应少于 6 个。计算时，测区混凝土强度修正量及测区混凝土强度换算值的修正应符合下列规定：

1）修正量应按下列公式计算：

$$\Delta_{tot}=\frac{1}{n}\sum_{i=1}^{n}f_{cor,i}-\frac{1}{n}\sum_{i=1}^{n}f_{cu,i}^{c} \tag{7-22}$$

$$\Delta_{tot}=\frac{1}{n}\sum_{i=1}^{n}f_{cu,i}-\frac{1}{n}\sum_{i=1}^{n}f_{cu,i}^{c} \tag{7-23}$$

式中　Δ_{tot}——测区混凝土强度修正量（MPa），精确到 0.1MPa；

$f_{cor,i}$——第 i 个混凝土芯样试件的抗压强度；

$f_{cu,i}$——第 i 个同条件混凝土标准试件的抗压强度；

$f_{cu,i}^{c}$——对应于第 i 个芯样部位或同条件混凝土标准试件的混凝土强度换算值；

n——混凝土芯样或标准试件数量。

2）测区混凝土强度换算值的修正应按下式计算，精确到0.1MPa：

$$f^{c}_{cu,i1}=f^{c}_{cu,i0}+\Delta_{tot} \tag{7-24}$$

式中 $f^{c}_{cu,i0}$——第 i 个测区修正前的混凝土强度换算值（MPa）；

$f^{c}_{cu,i1}$——第 i 个测区修正后的混凝土强度换算值（MPa）。

（7）结构或构件的混凝土强度推定值（$f_{cu,e}$）应按下列公式确定：

1）当结构或构件测区数少于10个时，应按下式计算：

$$f_{cu,e}=f^{c}_{cu,min} \tag{7-25}$$

式中 $f^{c}_{cu,min}$——结构或构件最小的测区混凝土抗压强度换算值（MPa），精确到0.1MPa。

2）当该结构或构件测区数不少于10个或按批量检测时，应按下式计算：

$$f_{cu,e}=m_{f^{c}_{cu}}-1.645S_{f^{c}_{cu}} \tag{7-26}$$

（8）对按批量检测的结构或构件，当该批构件混凝土强度标准差出现下列情况之一时，该批构件应全部按单个构件检测：

1）该批构件的混凝土抗压强度换算值的平均值不大于50.0MPa且标准差 $S_{f^{c}_{cu}}$ 大于5.50MPa；

2）该批构件的混凝土抗压强度换算值的平均值大于50.0MPa且标准差 $S_{f^{c}_{cu}}$ 大于6.50MPa。

7.1.5.6 建立专用或地区高强混凝土测强曲线的技术要求

（1）混凝土应采用本地区常用水泥、粗细骨料，并应按常用配合比制作强度等级为C50～C100、边长150mm的混凝土立方体标准试件。

（2）试件应符合下列规定：

1）试模应符合现行行业标准《混凝土试模》JG/T 237—2008的规定；

2）每个强度等级的混凝土试件数宜为39块，并应采用同一盘混凝土均匀装模振捣成型；

3）试件拆模后应按“品”字形堆放在不受日晒雨淋处自然养护；

4）试件的测试龄期宜分为7d、14d、28d、60d、90d、180d、365d等；

5）对同一强度等级的混凝土，应在每个测试龄期试3个试件。

（3）试件的测试应按下列步骤进行：

1）试件编号：将被测试件四个浇筑侧面上的尘土、污物等擦拭干净，以同一强度等级混凝土的3个试件作为一组，依次编号；

2）测量回弹值：先将试件测试面擦拭干净，再置于压力机的上下承压板之间，使另外一对测面主要朝向便于回弹测试的方向，然后加压至 60～100kN，并保持此压力；分别在试件两个相对测面上水平测试各 8 个回弹值，精确至 1；剔除 3 个最大值和 3 个最小值，取余下 10 个有效回弹值的平均值作为该试件的回弹代表值 R，计算精确至 0.1；

3）抗压强度试验：回弹值测试完毕后，卸荷将回弹测试面放置在压力机承压板正中，按现行国家标准《混凝土物理力学性能试验方法标准》GB/T 50081—2019 的规定速度连续均匀加荷至破坏；计算抗压强度实测值 f_{cu}，精确至 0.1MPa。

（4）测强曲线应按下列步骤进行计算：

1）数据整理：将各试件测试所得的回弹值 R 和试件抗压强度实测值 f_{cu} 汇总；

2）回归分析：得出回弹法测强公式；

3）误差计算：测强曲线相对标准差 e_r 应按下式计算：

$$e_r=\sqrt{\frac{\sum_{i=1}^{n}\left(\frac{f_{cu,i}^{c}}{f_{cu,i}}-1\right)^2}{n}}\times 100\% \tag{7-27}$$

式中　e_r——相对标准差；

$f_{cu,i}$——第 i 个立方体标准试件的抗压强度实测值（MPa）；

$f_{cu,i}^{c}$——第 i 个立方体标准试件按相应检测方法的测强曲线公式计算的抗压强度换算值（MPa）。

（5）所建立的专用或地区测强曲线的抗压强度相对标准差 e_r 应符合下列规定：

1）回弹法专用测强曲线的相对标准差 e_r 不应大于 14.0%；

2）回弹法地区测强曲线的相对标准差 e_r 不应大于 17.0%。

（6）建立专用或地区高强混凝土测强曲线时，可根据测强曲线公式给出测区混凝土抗压强度换算表。

（7）测区混凝土抗压强度换算表时，不得在建立测强曲线时标准立方体试件强度范围之外使用。

7.1.5.7　测强曲线的验证方法

（1）在采用本规程测强曲线前，应进行验证。

（2）回弹仪应符合 7.1.5.3 节的规定。

（3）测强曲线可按下列步骤进行验证：

1）根据本地区具体情况，选用高强混凝土的原材料和配合比，制作强度等级

C50～C100，边长为150mm的混凝土立方体标准试件各5组，每组6块，并自然养护。

2）按7d、14d、28d、60d、90d，进行预验证测强曲线对应方法的测试和试件抗压试验。

3）根据每个试件测得的参数，计算出对应方法的换算强度。

4）根据实测试件抗压强度和换算强度，按下式计算标准差 e_r：

$$e_r=\sqrt{\frac{\sum_{i=1}^{n}\left(\frac{f_{cu,i}^{c}}{f_{cu,i}}-1\right)^2}{n}}\times 100\% \tag{7-28}$$

式中 e_r——相对标准差；

$f_{cu,i}$——第 i 个立方体标准试件的抗压强度实测值（MPa）；

$f_{cu,i}^{c}$——第 i 个立方体标准试件按相应检测方法的测强曲线公式计算的抗压强度换算值（MPa）。

5）当 e_r 小于等于15%时，可使用本规程测强曲线；当 e_r 大于15%时，应采用钻取混凝土芯样或同条件标准试件对检测结果进行修正或另建测强曲线。

6）测强曲线的验证也可采用高强混凝土结构同条件标准试件或采用钻取混凝土芯样的方法，按以上1）～5）条的要求进行，试件数量不得少于30个。

7.1.5.8 采用标称动能4.5J回弹仪推定混凝土强度

（1）标称动能为4.5J的回弹仪应符合下列规定：

1）水平弹击时，在弹击锤脱钩的瞬间，回弹仪的标称动能应为4.5J；

2）在配套的洛氏硬度为HRC60±2的钢砧上，回弹仪的率定值应为88±2。

（2）采用标称动能为4.5J回弹仪时，结构或构件的第 i 个测区混凝土强度换算值可按表7-8直接查得。

采用标称动能为4.5J回弹仪时测区混凝土强度换算值　　表7-8

R	$f_{cu,i}^{c}$	R	$f_{cu,i}^{c}$	R	$f_{cu,i}^{c}$	R	$f_{cu,i}^{c}$
28.0	—	36.0	29.4	44.0	40.5	52.0	52.5
29.0	20.6	37.0	30.7	45.0	41.9	53.0	54.1
30.0	21.8	38.0	32.1	46.0	43.4	54.0	55.7
31.0	23.0	39.0	33.4	47.0	44.9	55.0	57.3
32.0	24.3	40.0	34.8	48.0	46.4	56.0	58.9
33.0	25.5	41.0	36.2	49.0	47.9	57.0	60.6
34.0	26.8	42.0	37.6	50.0	49.4	58.0	62.2
35.0	28.1	43.0	39.0	51.0	51.0	59.0	63.9

续表

R	$f^c_{cu,i}$	R	$f^c_{cu,i}$	R	$f^c_{cu,i}$	R	$f^c_{cu,i}$
60.0	65.6	66.0	76.1	72.0	87.1	78.0	98.7
61.0	67.3	67.0	77.9	73.0	89.0	79.0	100.7
62.0	69.0	68.0	79.7	74.0	90.9	80.0	102.7
63.0	70.8	69.0	81.5	75.0	92.9	81.0	104.8
64.0	72.5	70.0	83.4	76.0	94.8	82.0	106.8
65.0	74.3	71.0	85.2	77.0	96.8	83.0	108.8

注：① 表内未列入数值可用内插法求得，精确至 0.1MPa；

② 表中 R 为测区回弹代表值，$f^c_{cu,i}$ 为测区混凝土强度换算值；

③ 表中数值是根据曲线公式 $f^c_{cu,i}=-7.83+0.75R+0.0079R^2$ 计算得出。

7.1.5.9　采用标称动能 5.5J 回弹仪推定混凝土强度

（1）标称动能为 5.5J 的回弹仪应符合下列规定：

1）水平弹击时，在弹击锤脱钩的瞬间，回弹仪的标称动能应为 5.5J；

2）在配套的洛氏硬度为 HRC60±2 的钢砧上，回弹仪的率定值应为 83±1。

（2）采用标称动能为 5.5J 回弹仪时，结构或构件的第 i 个测区混凝土强度换算值可按表 7-9 直接查得。

采用标称动能为 5.5J 回弹仪时测区混凝土强度换算值　　表 7-9

R	$f^c_{cu,i}$	R	$f^c_{cu,i}$	R	$f^c_{cu,i}$	R	$f^c_{cu,i}$
35.6	60.2	38.6	64.7	41.6	69.1	44.6	73.5
35.8	60.5	38.8	64.9	41.8	69.4	44.8	73.8
36.0	60.8	39.0	65.2	42.0	69.7	45.0	74.1
36.2	61.1	39.2	65.5	42.2	70.0	45.2	74.4
36.4	61.4	39.4	65.8	42.4	70.3	45.4	74.7
36.6	61.7	39.6	66.1	42.6	70.6	45.6	75.0
36.8	62.0	39.8	66.4	42.8	70.9	45.8	75.3
37.0	62.3	40.0	66.7	43.0	71.2	46.0	75.6
37.2	62.6	40.2	67.0	43.2	71.5	46.2	75.9
37.4	62.9	40.4	67.3	43.4	71.8	46.4	76.1
37.6	63.2	40.6	67.6	43.6	72.0	46.6	76.4
37.8	63.5	40.8	67.9	43.8	72.3	46.8	76.7
38.0	63.8	41.0	68.2	44.0	72.6	47.0	77.0
38.2	64.1	41.2	68.5	44.2	72.9	47.2	77.3
38.4	64.4	41.4	68.8	44.4	73.2	47.4	77.6

续表

R	$f^{c}_{cu,i}$	R	$f^{c}_{cu,i}$	R	$f^{c}_{cu,i}$	R	$f^{c}_{cu,i}$
47.6	77.9	48.0	78.5	48.4	79.1	48.8	79.6
47.8	78.2	48.2	78.8	48.6	79.3	49.0	79.9

注：① 表内未列入数值可用内插法求得，精确至 0.1MPa；

② 表中 R 为测区回弹代表值，$f^{c}_{cu,i}$ 为测区混凝土强度换算值；

③ 表中数值是根据曲线公式 $f^{c}_{cu,i}=2.51246R^{0.889}$ 计算得出。

7.2 钻芯法

钻芯法是采用带水冷却装置的薄壁空心钻（即钻芯机），在混凝土结构或构件的某一位置进行钻芯取样，芯样在试验前需采用锯切机、磨平机或修补机等设备进行加工，然后将经加工符合规定要求尺寸的试件进行抗压强度检验。

由于芯样是从实际结构中钻取的，因此其试件抗压强度比较直接地反映了实体结构的混凝土强度，这种方法有比较大的可信度，但是仍有一定的局限性，因为在钻芯过程中会对芯样造成干扰和伤害，这种伤害的积累将降低芯样的实际强度，混凝土强度越高脆性越大，伤害也越大。此外，钻取的芯样在试验前需进行锯切、磨平端面或进行做浆处理，操作误差也将影响试验结果。因此芯样强度并不完全代表结构实体中的混凝土强度。影响试件检验结果准确性最大的是平整度和垂直度，如果平整度和垂直度达不到规定要求，超差越大强度降低越多，有时可造成 20MPa 以上的试验误差，故操作人员的水平或责任心对检验结果有较大的影响。

在正常情况下，据中国建筑科学研究院结构所对试验用墙板的取芯试验证明，龄期 28d 的芯样试件强度换算值也仅为标准强度的 86%，为同条件养护试块的 88%。山东省建筑科学研究院的试验研究表明，锯切芯样的抗压强度比端面加工后芯样试件的抗压强度低 10%～30%。在美国、德国等国家，只要芯样抗压强度值大于或等于 $0.85f_{cu,k}$（$f_{cu,k}$ 为混凝土立方体抗压强度标准值），就认为结构工程中实体混凝土强度满足设计强度等级和结构安全性能要求，并将其编入相应的规范。

由于钻芯法对结构或构件有一定的伤害，且操作复杂，成本高，一般作为回弹法、超声法等间接测试方法的结果进行修正之用，不提倡作为普遍推行的方法。但是，按《回弹法检测混凝土抗压强度技术规程》JGJ/T 23—2011 及统一检强曲线所推定的混凝土强度出现“不合格”情况较多，因此钻芯法也被经常采用。相比而言，符合要求的芯样抗压强度比回弹推定强度可信度明显高许多，在混凝土结构实体强度检测中，回弹不合格的部位钻芯一般都合格，这是事实。

例：某工程五层以下剪力墙混凝土设计强度等级为 C40，2014 年春季浇筑。两个月后，施工单位采用自购的回弹仪进行测试，发现推定强度普遍比结构设计要求低两个等级左右。由于不知回弹仪准确性如何，同时也对结构混凝土强度不放心，因此要求搅拌站带回弹仪到现场进行回弹。搅拌站技术人员到现场的测试结果与施工单位测试的相差不大（均采用 2.207J 回弹仪），施工单位认为搅拌站供应的混凝土强度有问题，最后双方商定委托第三方进行钻芯取样。在钻芯取样之前，先对钻芯位置进行了回弹测试，共随机抽检了 6 个测区；混凝土碳化深度最浅处为 4.0mm，最深处超过了 6mm，碳化如此迅速与拆模早和不养护关系最大。为防止作弊，从钻芯、芯样标识、试件加工到强度检验，施工单位与搅拌站技术人员进行了全程参与。不同检测方法强度检测结果见表 7-10。

C40 剪力墙混凝土不同检测方法的强度检验结果　　表 7-10

测点编号	强度试验结果（MPa）			
	芯样抗压强度	4.5J 回弹推定强度	2.207J 回弹推定强度	
			碳化按“0”计算	按实际碳化深度计算
1	54.4	43.4	36.0	28.4
2	38.1	52.0	41.7	34.2
3	49.8	44.6	38.2	31.4
4	48.6	51.6	41.5	35.4
5	53.1	47.0	37.6	29.6
6	34.2	48.2	40.0	31.5

注：① 采用 4.5J 回弹仪按《高强混凝土强度检测技术规程》JGJ/T 294—2013 标准推定混凝土强度，采用 2.207J 回弹仪按《回弹法检测混凝土抗压强度技术规程》JGJ/T 23—2011 标准推定混凝土强度；

② 芯样锯切和打磨后直接检验强度，未对端面进行坐浆处理，由于芯样试件不标准，其准确性受到了较大影响。如编号“6”，芯样抗压强度应远低于结构实体混凝土强度。

从检验结果来看，6 个芯样抗压强度的极差达到了 20.2MPa，而 4.5J 回弹推定强度的极差为 8.6MPa，2.207J 回弹推定强度的极差分别为 5.7MPa（碳化按“0”计算）与 7.0MPa（按实际碳化深度计算），而且钻芯强度低的部位 4.5J 回弹强度都高，因此，其实际强度应该不会有问题，应是芯样的加工质量有差距影响了强度检验结果。总体来看，采用 4.5J 回弹仪推定的强度较接近芯样抗压强度，虽然均存在一定误差，但采用 2.207J 回弹仪所推定的强度明显可信度很低。

由于个别芯样抗压强度不理想，施工单位仍对混凝土公司供应的混凝土提出异议。在处理争议过程中，混凝土公司向施工单位深入分析了各种检测方法对检测结果的影响；并一再强调：预拌混凝土是半成品，最终成品的质量与施工质量控制关系密切，且按《预拌混凝土》GB/T 14902—2012 规定，预拌混凝土的质量验收是以交货检验结果为依据，只要交货检验结果符合设计要求，就与混凝土公司关系不大。通过一系列交流与沟通，施工单位才勉强接受，但仍提出在检测机构对该工程结构强度检测时及质监站来验收时，要共同面对异常情况，混凝土公司同意配合，并建议尽量延长验收时间。至此，纠纷才暂告一段落。

混凝土结构实体强度检测与验收应充分体现公正性、科学性和先进性。非破损、半破损检测方法不应机械、教条地执行，否则将造成巨大的经济损失或影响混凝土结构的正常验收，并对建设和谐社会产生不良影响。

希望检测、工程监理及施工等单位慎用钻芯法。笔者曾经在某工程看到了令人气愤的情况：有一根柱子竟然钻了两个孔，一个混凝土芯样未取出，估计钻到主筋放弃了，而旁边取出芯样的孔，能够明显看到一根主筋钻断了，这是混凝土结构强度检测，还是在搞结构破坏？这种情况的产生，应该是回弹法检测发现了“问题”，因为钻孔周围有回弹仪弹击留下的痕迹。十年多过去了，该楼至今使用正常。

以下根据《钻芯法检测混凝土强度技术规程》JGJ/T 384—2016 编写。

7.2.1 总则

（1）为规范钻芯法检测混凝土强度技术，保证检测精度，制定本规程。

（2）本规程适用于钻芯法检测普通混凝土的抗压强度、劈裂抗拉强度和抗折强度。

（3）钻芯法检测混凝土强度除应符合本规程外，尚应符合国家现行有关标准的规定。

7.2.2 术语

1. 钻芯法

从结构或构件中钻取圆柱状试件得到在检测龄期混凝土强度的方法。

2. 芯样试件抗压强度值

由芯样试件得到相当于边长为 150mm 立方体试件的混凝土抗压强度。

3. 芯样试件劈裂抗拉强度值

由芯样试件得到相当于边长为 150mm 立方体试件的混凝土劈裂抗拉强度。

4. 芯样试件抗折强度值

由芯样试件得到相当于边长为 150mm×150mm×600mm 的棱柱体试件的混凝土

抗折强度。

5. 混凝土强度推定值

混凝土强度分布中的 0.05 分位值的估计值。

6. 构件混凝土强度代表值

单个构件混凝土强度实测值的均值。

7. 置信度

被测试量的真值落在某一区间的概率。

8. 推定区间

被测试量的真值落在指定置信度的范围，该范围由用于强度推定的上限值和下限值界定。

9. 芯样试件

从结构或构件中钻取并加工制作为符合一定要求的混凝土圆柱体试件。

10. 检测批

混凝土强度等级、生产工艺、原材料、配合比、成型工艺、养护条件基本相同，由一定数量构件构成的检测对象。

7.2.3　检测设备

（1）用于钻取芯样、芯样加工和测量的检测设备与仪器均应有产品合格证，计量器具经检定或校准，并应在有效期内使用。

（2）钻芯机应具有足够的刚度，操作灵活，固定和移动方便，并应有水冷却系统。

（3）钻取芯样时宜采用人造金刚石薄壁钻头。钻头胎体不得有裂缝、缺边、少角、倾斜及喇叭口变形。

（4）锯切芯样时使用的锯切机和磨平芯样的磨平机，应具有冷却系统和牢固夹紧芯样的装置；配套使用的人造金刚石圆锯片应有足够的刚度；锯切芯样宜使用双刀锯切机。

（5）用于芯样端面加工的补平装置，应保证芯样的端面平整，并应保证芯样端面与芯样轴线垂直。

（6）探测钢筋位置的钢筋探测仪，应适用于现场操作，最大探测深度不应小于60mm，探测位置偏差不宜大于 3mm。

（7）在钻芯工作完毕后，应对钻芯机和芯样加工设备进行维修保养。

7.2.4 芯样钻取

（1）采用钻芯法检测结构或构件混凝土强度前，宜具备下列资料信息：

1）工程名称及设计、施工、监理和建设单位名称；

2）结构或构件种类、外形尺寸及数量；

3）设计混凝土强度等级；

4）浇筑日期、配合比通知单和强度试验报告；

5）结构或构件质量状况和施工记录；

6）有关的结构设计施工图等。

（2）芯样宜在结构或构件的下列部位钻取：

1）结构或构件受力较小的部位；

2）混凝土强度具有代表性的部位；

3）便于钻芯机安放与操作的部位；

4）宜采用钢筋探测仪测试或局部剔凿的方法避开主筋、预埋件和管线。

（3）在构件上钻取多个芯样时，芯样宜取自不同部位。

（4）钻芯机就位并安放平稳后，应将钻芯机固定。固定的方法应根据钻芯机的构造和施工现场的具体情况确定。

（5）钻芯机在未安装钻头之前，应先通电确认主轴的旋转方向为顺时针方向。

（6）钻芯时用于冷却钻头和排除混凝土碎屑的冷却水的流量宜为 3～5L/min。

（7）钻取芯样时宜保持匀速钻进。

（8）芯样应进行标记，钻取部位应予以记录。芯样高度及质量不能满足要求时，则应重新钻取芯样。

（9）芯样应采取保护措施，避免在运输和贮存中损坏。

（10）钻芯后留下的孔洞应及时进行修补。

（11）钻芯操作应遵守国家有关安全生产和劳动保护的规定，并应遵守现场安全生产的有关规定。

7.2.5 芯样加工和试件

（1）从结构或构件中钻取的混凝土芯样应加工成符合规定的芯样试件。

（2）抗压芯样试件的高径比（H/d）宜为 1；劈裂抗拉芯样试件的高径比（H/d）宜为 2，且任何情况下不应小于 1；抗折芯样试件的高径比（H/d）宜为 3.5。

（3）抗压芯样试件内不宜含有钢筋，也可有一根直径不大于 10mm 的钢筋，且钢筋应与芯样试件的轴线垂直并离开端面 10mm 以上；劈裂抗拉芯样试件在劈裂破坏面内不应含有钢筋；抗折芯样试件内不应有纵向钢筋。

（4）锯切后的芯样应按下列规定进行端面处理：

1）抗压芯样试件的端面处理，可采取在磨平机上磨平端面的处理方法，也可采用硫黄胶泥或环氧胶泥补平，补平层厚度不宜大于 2mm。抗压强度低于 30MPa 的芯样试件，不宜采用磨平端面的处理方法；抗压强度高于 60MPa 的芯样试件，不宜采用硫黄胶泥或环氧胶泥补平的处理方法。

2）劈裂抗拉芯样试件和抗折芯样试件的端面处理，宜采取在磨平机上磨平端面的处理方法。

（5）在试验前应按下列规定测量芯样试件的尺寸：

1）平均直径应用游标卡尺在芯样试件上部、中部和下部相互垂直的两个位置上共测量 6 次，取测量的算术平均值作为芯样试件的直径，精确至 0.5mm；

2）芯样试件高度可用钢卷尺或钢板尺进行测量，精确至 1.0mm；

3）垂直度应用游标量角器测量芯样试件两个端面与母线的夹角，取最大值作为芯样试件的垂直度，精确至 0.1；

4）平整度可用钢板尺或角尺紧靠在芯样试件承压面（线）上，一面转动钢板尺，一面用塞尺测量钢板尺与芯样试件承压面（线）之间的缝隙，取最大缝隙为芯样试件的平整度；也可采用其他专用设备测量。

（6）芯样试件尺寸偏差及外观质量出现下列情况时，相应的芯样试件不宜进行试验：

1）抗压芯样试件的实际高径比（H/d）小于要求高径比的 0.95 或大于 1.05；

2）抗压芯样试件端面与轴线的不垂直度超过 1°；

3）抗压芯样试件端面的不平整度在每 100mm 长度内超过 0.1mm，劈裂抗拉和抗折芯样试件承压线的不平整度在每 100mm 长度内超过 0.25mm；

4）沿芯样试件高度的任一直径与平均直径相差超过 1.5mm；

5）芯样有较大缺陷。

7.2.6　抗压强度检测

7.2.6.1　一般规定

（1）钻芯法可用于确定检测批或单个构件的混凝土抗压强度推定值，也可用于钻芯修正方法修正间接强度检测方法得到的混凝土抗压强度换算值。

（2）抗压芯样试件宜使用直径为100mm的芯样，且其直径不宜小于骨料最大粒径的3倍；也可采用小直径芯样，但其直径不应小于70mm且不得小于骨料最大粒径的2倍。

7.2.6.2　芯样试件试验和抗压强度值计算

（1）芯样试件应在自然干燥状态下进行抗压试验。当结构工作条件比较潮湿，需要确定潮湿状态下混凝土的抗压强度时，芯样试件宜在20℃±5℃的清水中浸泡40～48h，从水中取出后应去除表面水渍，并立即进行试验。

（2）芯样试件抗压试验的操作应符合现行国家标准《混凝土物理力学性能试验方法标准》GB/T 50081—2019中对立方体试件抗压试验的规定。

（3）芯样试件抗压强度值可按下式计算：

$$f_{cu,cor}=\beta_c F_c/A_c \quad (7\text{-}29)$$

式中　$f_{cu,cor}$——芯样试件抗压强度值（MPa），精确至0.1MPa；

F_c——芯样试件抗压试验的破坏荷载（N）；

A_c——芯样试件抗压截面面积（mm）；

β_c——芯样试件强度换算系数，取1.0。

（4）当有可靠试验依据时，芯样试件强度换算系数β_c也可根据混凝土原材料和施工工艺情况通过试验确定。

7.2.6.3　混凝土抗压强度推定值

（1）钻芯法确定检测批的混凝土抗压强度推定值时，取样应遵守下列规定：

1）芯样试件的数量应根据检测批的容量确定。直径100mm的芯样试件的最小样本量不宜小于15个，小直径芯样试件的最小样本量不宜小于20个。

2）芯样应从检测批的结构构件中随机抽取，每个芯样宜取自一个构件或结构的局部部位，取芯位置尚应符合本规程的规定。

（2）检测批混凝土抗压强度的推定值应按下列方法确定：

1）检测批的混凝土抗压强度推定值应计算推定区间，推定区间的上限值和下限值应按下列公式计算：

$$f_{cu,e1}=f_{cu,cor,m}-\kappa_1 S_{cu} \quad (7\text{-}30)$$

$$f_{cu,e2}=f_{cu,cor,m}-\kappa_2 S_{co} \quad (7\text{-}31)$$

$$f_{cu,cor,m}=\frac{\sum_{i=1}^{n} f_{cu,cor,i}}{n} \quad (7\text{-}32)$$

$$S_{co}=\sqrt{\frac{\sum_{i=1}^{n}(f_{cu,cor,i}-f_{cu,cor,m})^2}{n-1}} \tag{7-33}$$

式中　$f_{cu,cor,m}$——芯样试件抗压强度平均值（MPa），精确至 0.1MPa；

$f_{cu,cor,i}$——单个芯样试件抗压强度值（MPa），精确至 0.1MPa；

$f_{cu,e1}$——混凝土抗压强度推定上限值（MPa），精确至 0.1MPa；

$f_{cu,e2}$——混凝土抗压强度推定下限值（MPa），精确至 0.1MPa；

κ_1，κ_2——推定区间上限值系数和下限值系数，按表 11-12 查得；

S_{co}——芯样试件抗压强度样本的标准差（MPa），精确至 0.1MPa。

2）$f_{cu,e1}$ 和 $f_{cu,e2}$ 所构成推定区间的置信度宜为 0.90；当采用小直径芯样试件时，推定间的置信度可为 0.85。$f_{cu,e1}$ 与 $f_{cu,e2}$ 之间的差值不宜大于 5.0MPa 和 0.10$f_{cu,cor,m}$ 两者的较大值。

3）$f_{cu,e1}$ 与 $f_{cu,e2}$ 之间的差值大于 5.0MPa 和 0.10$f_{cu,cor,m}$ 两者的较大值时，可适当增加样本容量，或重新划分检测批，直至满足本条第 2）款的规定。

4）当不具备本条第 3）款条件时，不宜进行批量推定。

5）宜以 $f_{cu,e1}$ 作为检测批混凝土强度的推定值。

（3）钻芯法确定检测批混凝土抗压强度推定值时，可剔除芯样试件抗压强度样本中的异常值。剔除规则应按现行国家标准《数据的统计处理和解释　正态样本离群值的判断和处理》GB/T 4883—2008 规定执行。当确有试验依据时，可对芯样试件抗压强度样本的标准差 S_{co} 进行符合实际情况的修正或调整。

（4）钻芯法确定单个构件混凝土抗压强度推定值时，芯样试件的数量不应少于 3 个；钻芯对构件工作性能影响较大的小尺寸构件，芯样试件的数量不得少于 2 个。单个构件的混凝土抗压强度推定值不再进行数据的舍弃，而应按芯样试件混凝土抗压强度值中的最小值确定。

（5）钻芯法确定构件混凝土抗压强度代表值时，芯样试件的数量宜为 3 个，应取芯样试件抗压强度值的算术平均值作为构件混凝土抗压强度代表值。

7.2.6.4　钻芯修正法

（1）对间接测强方法进行钻芯修正时，宜采用修正量的方法，也可采用其他形式的修正方法。

（2）当采用修正量的方法时，芯样试件的数量和取芯位置应符合下列规定：

1）直径 100mm 芯样试件的数量不应少于 6 个，小直径芯样试件的数量不应少于

9 个；

2）当采用的间接检测方法为无损检测方法时，钻芯位置应与间接检测方法相应的测区重合；

3）当采用的间接检测方法对结构构件有损伤时，钻芯位置应布置在相应测区的附近。

（3）钻芯修正可按式（7-34）计算，修正量 Δf 可按式（7-35）计算。

$$f^{c}_{cu,i0} = f^{c}_{cu,i} + \Delta f \tag{7-34}$$

$$\Delta f = f_{cu,cor,m} - f^{c}_{cu,mj} \tag{7-35}$$

式中 Δf——修正量（MPa），精确至 0.1MPa；

$f^{c}_{cu,i0}$——修正后的换算强度（MPa），精确至 0.1MPa；

$f^{c}_{cu,i}$——修正前的换算强度（MPa），精确至 0.1MPa；

$f_{cu,cor,m}$——芯样试件抗压强度平均值（MPa），精确至 0.1MPa；

$f^{c}_{cu,mj}$——所用间接检测方法对应芯样测区的换算强度的算术平均值（MPa），精确至 0.1MPa。

7.2.7 推定区间系数表

（1）κ_1 宜为置信度为 0.90，错判概率为 0.05 条件下的限值系数；κ_2 宜为置信度为 0.90，漏判概率为 0.05 条件下的限值系数。当采用小直径芯样试件时，κ_1 可为置信度为 0.85，错判概率为 0.05 条件下的限值系数；κ_2 可为置信度为 0.85，漏判概率为 0.10 条件下的限值系数。

（2）试件数与上限值系数 κ_1、下限值系数 κ_2 的关系可按表 7-11 取值。

推定区间上、下限值系数表 **表 7-11**

试件数 n	κ_1（0.05）	κ_2（0.05）	κ_2（0.10）	试件数 n	κ_1（0.05）	κ_2（0.05）	κ_2（0.10）
10	1.0730	2.91096	2.56837	19	1.16423	2.42304	2.22720
11	1.04127	2.81499	2.50262	20	1.17458	2.39600	2.20778
12	1.06247	2.73634	2.44825	21	1.18425	2.37142	2.19007
13	1.08141	2.67050	2.40240	22	1.19330	2.34896	2.17385
14	1.09848	2.61443	2.36311	23	1.20181	2.32832	2.15891
15	1.11397	2.56600	2.32898	24	1.20982	2.30929	2.14510
16	1.12812	2.52366	2.29900	25	1.21739	2.29167	2.13229
17	1.14112	2.48626	2.27240	26	1.22455	2.27530	2.12037
18	1.15311	2.45295	2.24862	27	1.23135	2.26005	2.10924

续表

试件数 n	κ_1（0.05）	κ_2（0.05）	κ_2（0.10）	试件数 n	κ_1（0.05）	κ_2（0.05）	κ_2（0.10）
28	1.23780	2.24578	2.09881	49	1.32653	2.07008	1.96909
29	1.24395	2.23241	2.08903	50	1.32939	2.06499	1.96529
30	1.24981	2.21984	2.07982	60	1.35412	2.02216	1.93327
31	1.25540	2.20800	2.07113	70	1.37364	1.98987	1.90903
32	1.26075	2.19682	2.06292	80	1.38959	1.96444	1.88988
33	1.26588	2.18625	2.05514	90	1.40294	1.94376	1.87428
34	1.27079	2.17623	2.04776	100	1.41433	1.92654	1.86125
35	1.27551	2.16672	2.04075	110	1.42421	1.91191	1.85017
36	1.28004	2.15768	2.03407	120	1.43289	1.89929	1.84059
37	1.28441	2.14906	2.02771	130	1.44060	1.88827	1.83222
38	1.28861	2.14085	2.02164	140	1.44750	1.87852	1.82481
39	1.29266	2.13300	2.01583	150	1.45372	1.86984	1.81820
40	1.29657	2.12549	2.01027	160	1.45938	1.86203	1.81225
41	1.30035	2.11831	2.00494	170	1.46456	1.85497	1.80686
42	1.30399	2.11142	1.99983	180	1.46931	1.84854	1.80196
43	1.30752	2.10481	1.99493	190	1.47370	1.84265	1.79746
44	1.31094	2.09846	1.99021	200	1.47777	1.83724	1.79332
45	1.31425	2.09235	1.98567	250	1.49443	1.81547	1.77667
46	1.31746	2.08648	1.98130	300	1.50687	1.79964	1.76454
47	1.32058	2.08081	1.97708	400	1.52453	1.77776	1.74773
48	1.32360	2.07535	1.97302	500	1.53671	1.76305	1.73641

7.3　回弹—钻芯法

回弹—钻芯法是《混凝土结构工程施工质量验收规范》GB 50204—2015 规定的新方法。该规范第 10.1.2 条规定：混凝土结构实体强度应按不同强度等级分别检测，检验方法宜采用同条件养护试件方法；当未取得同条件养护试件强度或同条件养护试件强度不符合要求时，可采用回弹—钻芯法进行检验。

回弹—钻芯法的应用方式是在进行混凝土结构实体强度检验时，回弹法与钻芯法并用，但回弹法不作为推定强度，只是将同一强度等级结构构件抽取数量中平均回弹值最小的 3 个测区确定为钻芯位置，以 3 个芯样的抗压强度作为判定混凝土结构实体强度合格与否的依据。

以下是回弹—钻芯法的具体规定：

（1）回弹构件的抽取应符合下列规定：

1）同一混凝土强度等级的柱、梁、墙、板，抽取构件最小数量应符合表 7-12 的规定，并应均匀分布；

2）不宜抽取截面高度小于 300mm 的梁和边长小于 300mm 的柱。

回弹构件抽取最小数量 **表 7-12**

构件总数量	最小抽取数量	构件总数量	最小抽取数量
20 以下	全数	281～500	40
20～150	20	501～1200	64
150～280	26	1201～3200	100

（2）每个构件应选取不少于 5 个测区进行回弹检测及回弹值计算，并应符合现行行业标准《回弹法检测混凝土抗压强度技术规程》JGJ/T 23—2011 对单个构件检测的有关规定。楼板构件的回弹应在板底进行。

（3）对同一强度等级的混凝土，应按每 5 个测区中的最小测区平均回弹值进行排序，并在其最小的 3 个测区各钻取 1 个芯样试件。芯样应采用带水冷却装置的薄壁空心钻钻取，其直径宜为 100mm，且不宜小于混凝土骨料最大粒径的 3 倍。

（4）芯样试件的端部宜采用环氧胶泥或聚合物水泥砂浆补平，也可采用硫黄胶泥修补。加工后芯样试件的尺寸偏差与外观质量应符合下列规定：

1）芯样试件的高度与直径之比实测值不应小于 0.95，也不应大于 1.05；

2）沿芯样高度的任一直径与其平均值之差不应大于 2mm；

3）芯样试件端面的不平整度在 100mm 长度内不应大于 0.1mm；

4）芯样试件端面与轴线的不垂直度不应大于 1°；

5）芯样不应有裂缝、缺陷及钢筋等杂物。

（5）芯样试件尺寸的量测应符合下列规定：

1）应采用游标卡尺在芯样试件中部相互垂直的两个位置测量直径，取其算术平均值作为芯样试件的直径，精确至 0.1mm；

2）应采用钢板尺测量芯样试件的高度，精确至 1mm；

3）垂直度采用游标量角器测量芯样试件两个端线与轴线的夹角，精确至 0.1°；

4）平整度应采用钢板尺或角尺紧靠在芯样试件端面上，一面转动钢板尺，一面用塞尺测量钢板尺与芯样试件端面之间的缝隙；也可采用其他专用设备测量。

（6）芯样试件应按现行国家标准《混凝土物理力学性能试验方法标准》GB/T 50081—2019 中圆柱体试块的规定进行抗压强度试验。

（7）对同一强度等级的混凝土，当符合下列规定时，混凝土结构实体强度可判为合格：

1）三个芯样的抗压强度算术平均值不小于设计要求的混凝土强度等级值的 88%；

2）三个芯样抗压强度的最小值不小于设计要求的混凝土强度等级值的 80%。

第8章　混凝土常见质量问题分析与防治

企业在社会活动中难免会发生各种纠纷。预拌混凝土企业与需方发生的纠纷主要是经济和质量两个方面。有时经济纠纷是由质量问题引起，本章主要叙述发生质量纠纷的原因及防治方法。

引起供需双方发生质量纠纷的主要原因有：混凝土结构裂缝、混凝土结构实体强度检测不合格、混凝土亏方、混凝土表面起粉起砂、混凝土拌合物凝结时间异常、混凝土抗压强度不足、混凝土离析、泌水等。这些问题一旦发生，如果处理不好就会影响双方的继续合作，甚至对簿公堂。

预拌混凝土企业数量近二十年来发展增加，已致该行业产能过剩。在产能严重过剩的情势下，几乎所有的混凝土企业都要为需方垫资，且垫资上亿的企业不在少数。因此，当混凝土发生质量问题时，在谁是谁非问题上自然处于弱势地位，被动吃亏在所难免，并影响资金的回笼。故预拌混凝土企业的技术人员，为掌握或发现质量问题发生的原因，加强自我保护意识，应经常亲临施工现场了解施工情况，加强与需方的技术交流，力争需方的密切配合，共同做好工程质量“事前预防”措施，这是日常经营活动过程中的一项重要工作。

8.1　引发混凝土质量问题的主要因素

高质量的混凝土结构是需要设计单位、原材料供应商、混凝土企业、建设单位、施工单位、工程监理单位以及地方建设管理部门共同努力创造的。然而，有些单位的部分人员对现代混凝土技术的发展与特点了解不够深入，某些行为影响了混凝土工程质量。

引发混凝土质量问题的因素较多，且十分复杂，笔者根据长期工作实践经验，从“人、机、料、法、环”五大方面，总结与整理了混凝土自身缺陷以外影响混凝土质量的原因，供相关人员参考，共同努力采取有效措施确保工程质量。

8.1.1　人

人是第一因素，是质量的创造者。人的学识、素质、行为、专业技术、管理水平和实践经验等，直接影响工程质量的优劣，包括直接参与的决策者、组织者、指挥者和操作者。例如：有的人员观念陈旧，认为混凝土水泥用得越多越好，最好只用水泥不用矿物掺合料；抗渗混凝土必须掺膨胀剂；只准用天然河砂不许用人工砂；裂缝是因为粉煤灰掺多了；石子粒径大的混凝土好；混凝土坍落度大是因为水用多了；混凝土中掺入防冻剂就不应该上冻等。人们往往一味盯着生产配合比，造成了不必要的资源和能源浪费，影响了混凝土的技术进步。

质量管理与控制必须“以人为核心”，最关键的工作是相关单位应加强人员管理和培训，不断提高人员的专业知识，充分发挥人的积极性和创造性，以工作质量来保证工程质量；管理要以“预防为主”，将过去的“事后检查”变为“事前控制”，这样才能避免或减少质量问题的发生。目前，建筑行业人员素质与管理存在以下问题。

8.1.1.1　建筑施工企业

建筑市场的竞争在很大程度上是企业信誉的较量，而工程质量的高低是企业信誉的首要标志。因此，建筑企业应严格质量管理，牢固树立“百年大计，质量第一”的思想，走质量效益型之路。进一步摆正质量与进度、效益、企业发展的关系，不断强化质量意识、信誉意识、精品意识和效益意识。自始至终搞好全面质量管理，不断完善质量管理体系，加强人员的技能培训与管理，努力提高执行力，是防止发生工程质量通病和事故的根本。目前，建筑施工企业主要存在以下问题：

（1）有些建筑企业基础工作不扎实，相关制度不健全或流于形式；工程管理水平较低，缺乏先进、实用的手段，其中质量管理仍属于粗放型管理，施工生产中随意性强，未形成制度化、程序化、标准化的管理模式；对人员的岗前培训缺乏系统性和针对性，且十分缺少专业技术人员和管理人员。

（2）建筑施工生产流动性大，企业的生产经营对象和业务不固定和不稳定，因此不宜保持庞大的固定工队伍，而且内部管理实行的是项目管理制（只派管理人员入驻现场），对所总包的工程项目采取转包或分包的方式施工，因此施工队伍作业工人往往是临时组织拼凑的。这些人受自身文化或专业水平的限制，专业素质普遍不高、责任心和质量意识不强。

（3）由于建筑施工投入较大，工期越长施工成本就越高。为了最大限度地发挥生产能力，提高生产效率和经济效益，因此在工程施工前，企业都会组织相关人员精心编制施工生产计划，施工生产计划的特点是“进度快”，施工进度快工程质量就会受到一定影响。如混凝土浇筑后，施工人员只忙于上一楼层的施工作业，顾不上按规范要求对混凝土进行养护；无论浇筑什么部位都希望混凝土拌合物自流平最好，否则就加水；混凝土的浇筑很少有按规定要求进行分层浇捣；竖向结构混凝土在浇筑后常常6～12h就开始拆模（冬期施工稍长一些）；现浇楼板有时不等混凝土终凝就上人放线、放置材料等。如果混凝土凝结时间影响了下一道工序的施工，混凝土生产企业相关人员可能就会被“请”到现场说事。这些不良行为影响了工程质量。

当然，进度问题也与建设单位有关，他们为了能尽快收回投资成本及产生效益，经常催促施工单位加紧施工，或采取奖罚措施，施工单位有时是被迫赶工期，这种质量服从速度的方式容易导致问题的发生。

8.1.1.2 预拌混凝土生产企业

我国预拌混凝土企业以私有为主，多数企业惜才、重质、守信。但也有少数企业对质量管理和控制重视不够，管理粗放，技术力量较薄弱。有些老板认为混凝土就是一种简单的材料，出点问题就对技术管理人员不满，甚至频繁更换技术管理人员。当然，一些技术管理人员也存在经验欠缺问题，不能较好地进行人员与技术工作管理，时常发生问题。部分企业人治色彩浓厚、工作条件差、待遇低，导致人员流动较大，影响了混凝土生产质量的稳定性。

有些买方对混凝土生产企业不了解或只考虑混凝土价格，使一些无资质或挂靠经营的搅拌站有了生存的空间。由于无资质或一些小搅拌站投资少、人员少、生产成本低，混凝土销售价格一般比规模大的搅拌站低，扰乱了行业市场，影响着预拌混凝土行业的正常发展。

8.1.1.3 建设工程监理

建设工程监理是指监理单位受项目法人的委托，依据国家批准的工程项目建设文件、有关工程建设的法律、法规和工程建设监理合同及其他工程建设合同，对工程建设实施的监督管理。监理单位是建筑市场的主体之一，建设工程监理是一种高智能的有偿技术服务。

目前，工程监理公司数量众多，市场竞争相当激烈，造成工程监理费用越来越低。在这种情势下，对于监理公司来说，降低人工费就成为企业获得利润的主要途径。而高水平专业人才需支付高额报酬，因此监理公司高水平专业人才较少，人员整体素质不高；多数工程监理人员较年轻，缺少工程施工实践经验，工作水平不高，缺乏预见、发现和解决问题的能力，在监理过程中难以树立威信和发挥作用，如对混凝土施工过程中出现的加水问题、坍落度问题、养护问题等基本失控。作为施工过程质量的监督方，有些混凝土质量问题与监理人员工作不力有关。

8.1.1.4　设计单位

混凝土结构工程质量的优劣，与设计密不可分。如果结构设计人员经验不足，设计计算失误，复核审查不严等，也会导致施工的混凝土结构出现质量问题。特别是经济效益驱动下的“赶图”，仓促设计难免会忙中出错。从混凝土结构设计情况来看，存在的问题主要有：

（1）有的结构钢筋配置不合理，存在局部钢筋配置过密，在混凝土浇筑过程中出现振动棒下不去的情况，容易造成振捣不密实，给工程带来质量隐患；有的钢筋配置又过少，特别是地下室外墙和水池等墙体结构，这种有抗渗要求的部位出现水平配筋间距达到 200～300mm 的情况，不利于结构抗裂。

（2）有的工程地下室外墙设计混凝土强度等级为 C50 甚至 C60 的高强混凝土。高强混凝土水胶比小，混凝土的自收缩与水胶比有关，水胶比越低自收缩越大；由于高强混凝土胶凝材料用量多，水化热较大，养护控制不好会产生较大的温度应力，增加了混凝土的易裂性；另外，高强混凝土弹性模量也高，在相同收缩变形下会引起较高的拉应力，更由于高强混凝土的徐变能力低，应力松弛量较小，所以抗裂性能较差。因此，高强混凝土比普通混凝土更易开裂，这就是“高强不一定耐久”的主要原因。对于地下室外墙，其强度等级不宜超过 C40，但是一些设计院并未认识到这个问题。

（3）对于抗渗混凝土结构，设计很少有不掺膨胀剂的，甚至出现有的整个工程主体混凝土结构设计都掺膨胀剂的情况，这种做法是非常欠妥的。

8.1.1.5　建设监督管理部门

有些地方建设监督管理部门由于监督人员配置不足，对于工程质量往往“请”才去检查或验收，施工过程的质量监督完全交给了监理公司，但监理公司权利有限、水平不高，执行力并不乐观。在对预拌混凝土生产企业的管理方面，有些地区只对有资质的混凝土生产企业进行动态管理及部分试验数据上传等，却对无资质的混凝土搅拌站视而不见，这种做法对该行业的良性发展及工程质量控制极为不利。

8.1.2　机

机即机械，用于生产与施工的机械设备对混凝土质量有一定的影响，对混凝土质量产生影响的机械设备主要有以下几种。

1. 生产设备

生产设备的类型、计量精度、完好程度、搅拌时间等，对混凝土拌合物质量将产生一定的影响。如有些搅拌站管理粗放，对生产机械设备的维护保养、校准不重视，往往造成原材料计量误差偏大；为了提高生产率，缩短混凝土的搅拌时间等。

2. 运输设备

混凝土运输车搅拌筒的叶片如果磨损严重或混凝土残留物过多，就会降低搅拌功能，在运输过程中将对混凝土拌合物匀质性产生一定的影响。

3. 施工设备

随着建筑科学技术的发展，建筑工业化、机械化水平正迅速提高，以机械施工替代繁重的体力劳动日益增多，机械设备在施工中所起的作用越来越大。但是，并非机械化施工水平越高就对工程质量越有利，例如混凝土施工采用的泵送机械对混凝土质量就有明显的影响，但往往容易被人们忽视。

混凝土采用泵送工艺提高了施工进度、减少劳动力，受到了广大施工人员的欢迎。但是，混凝土要满足泵送性能要求，就必须提高砂率或增加胶凝材料用量，掺入减水类外加剂等以增大拌合物坍落度和流动性。传统现场搅拌的混凝土粗骨料用量普遍在 1200kg/m^3 以上，坍落度一般在 70mm 以下；而泵送混凝土粗骨料用量普遍在 1060kg/m^3 以下，甚至不足 1000kg/m^3，坍落度普遍超过 200mm。配合比与拌合物性能已经发生了巨大的变化，造成混凝土体积稳定性下降，收缩率成倍增大，浇筑后养护不当容易发生裂缝问题，导致了许多纠纷的发生。

混凝土拌合物泵送施工工艺的推广给浇筑创造了便利条件，使施工人员越来越依赖大流动性混凝土，恨不得自流平更好；为提高施工速度和减少移动泵管所带来的麻烦，竖向结构经常采取“一灌到顶、整体推进”的模式进行浇筑，很少采取分层浇筑；如果现浇楼板混凝土的浇筑采用泵送同时又采用移动式布料机施工时，由于布料机泵送管道弯管较多，对混凝土拌合物的和易性及流动性要求则更高，而混凝土在泵送时，由于泵送机械对混凝土拌合物有一个“吸”与“送”反复交替的过程，导致泵管受此影响产生了一定范围的“伸与缩”现象，而泵管的一伸一缩带动布料机在整个使用过程中不停地晃动摇摆，布料机的摇摆又带动了整个浇筑楼层都在颤动，若混凝土浇筑面积较大，且浇筑时间又长，可能会造成先浇筑的已初凝的混凝土产生裂纹。因此，当泵送机械与布料机同时使用时，对混凝土结构质量的影响更大。笔者曾经在一个采用布料机施工的混凝土浇筑现场，感觉整个浇筑楼层晃动过大，存在坍塌的安全风险，于是向项目经理反映了情况，项目经理亲临现场也感觉晃动过大，为防止意外情况发生，立即下令拆除布料机浇筑混凝土。

因此，一些施工机械的使用虽然加快了施工速度，但对于混凝土工程质量来说不一定是有利的，甚至导致混凝土性能的明显下降。

8.1.3　料

料即原材料。原材料质量的优劣将直接影响混凝土工程质量，目前混凝土原材料质量存在的问题主要有以下内容。

8.1.3.1　建设用砂石

在混凝土中，砂石的用量占混凝土体积的 70% 左右，因此其质量对混凝土质量影响很大。但是，近 20、30 年我国基础设施建设规模庞大，建设用砂石资源已逐渐匮乏，导致质量越来越差。天然砂供不应求、颗粒变细、含泥量和石子含量大；人工砂石粉含量偏大、级配不良；石子级配普遍不良，孔隙率多数在 45% 以上。砂石质量普遍不良使用户的选择余地很小，通常级配问题可采用两种不同规格的骨料进行改善，但当不具备条件时只能采用一种规格的骨料配制混凝土。

我国对建设用砂石的质量管理几乎是“零”状态，而生产厂家对出厂的砂石也基本不进行质量检验，质量波动较大，质量控制完全靠用户，而用户对砂石质量的要求存在较大差距，虽然有些用户经常退货，但供货方换个用户也能销售，并不存在因质量问题而被退回生产厂的事情，这是砂石质量长期无法提高的原因。

此外，有许多含泥量与石粉含量较大的石屑经过水洗处理后当人工砂卖，这种砂粒形很差、级配不良（中间颗粒少），且颗粒较粗（细度模数多在 3.2 以上），若单独使用混凝土工作性很差、易离析泌水，施工困难，因此必须与细砂或特细砂混合使用；石屑在水洗处理时，若水中投入的絮凝剂过多，用这种砂拌制混凝土将对拌合物的工作性和硬化性能不利，因此应控制冲洗水絮凝剂的投放量。

8.1.3.2　外加剂

1. 混凝土膨胀剂

混凝土膨胀剂的应用在业界一直存在争议。原因在于，掺了混凝土不一定就不裂，就能抗渗。对于掺膨胀剂的结构，相关规范和参考资料无一不强调养护和配筋问题，如果浇筑后养护非常到位、结构配筋非常合理，不掺膨胀剂应该也不会有多大的问题。在一些大型工程中，未掺膨胀剂也满足了设计要求，如上海八万人体育场、北京中京艺苑（梅兰芳大剧院）、北京蓝色港湾、北京居然大厦、中央电视台 CCTV 新台址、上海环球金融中心、上海金茂大厦、天津 117 大厦、深圳京基金融中心、中国国际贸易中心三期、深圳平安金融中心、上海越洋国际广场等。

但是，对于抗渗混凝土，结构设计不掺膨胀剂的占极少数，甚至出现个别工程整个主体混凝土结构设计都规定掺膨胀剂或防水剂的现象，将膨胀剂或防水剂当“万金油”。不得不说，一些设计人员缺乏材料的基本知识，膨胀剂并不适合所有环境的混凝土结构，特别是暴露于大气中温差较大的混凝土结构。

有些膨胀剂或防水剂中混合有少量的合成纤维，厂家对这种产品的命名可谓是高大上，且推荐掺量普遍为4%～6%。笔者曾对这种产品作过检验，其纤维含量多在0.2%～0.5%之间，这类产品用量少、纤维含量也少，其抗裂防水效果无需多说，而销售价格差距很大，主要视使用单位不同而定。

很多抗渗混凝土工程，膨胀剂或防水剂是由施工单位或建设单位采购，由于供货较晚，搅拌站往往等不到试验结果出来就得用，有时甚至连掺量都是施工单位或建设单位说了算。若膨胀剂由搅拌站购买，施工单位往往只给10～20元/m^3的膨胀费。

关于膨胀剂的掺量问题，在《补偿收缩混凝土应用技术规程》JGJ/T 178—2009中，其推荐掺量为：用于补偿混凝土收缩时为30～50kg/m^3；用于后浇带、膨胀加强带和工程接缝填充时为40～60kg/m^3。由此可见，要实现补偿收缩的目的，膨胀剂在混凝土中的掺量低于30kg/m^3基本达不到设计要求，且还必须是膨胀剂在合格的情况下，而市场许多膨胀剂的销售价格为500～800元/t，这种产品的质量很难得到保障。

目前，混凝土膨胀剂的产、销、用乱象丛生，对工程质量非常不利。

2. 减水剂

预拌混凝土基本都掺减水类外加剂（减水剂）。混凝土中掺入减水类外加剂虽然改善了混凝土的许多性能，但其存在一个极大的负面影响，那就是增大了混凝土的早期收缩。大量实验结果表明：掺减水剂、泵送剂等减水类化学外加剂极大地增加了混凝土的早期收缩、加速早期开裂、增加裂缝数量。此外，不同的减水剂还存在其他的不良缺陷：

（1）脂肪族减水剂

这种产品黏性较大，掺入的混凝土浇筑后容易发生“橡皮”状现象（表面硬下部软），黏性大导致了不好抹面（常常洒水后再抹）、易开裂，特别是在气温高、风大的天气和强度等级高的混凝土，这种现象更加明显。近年来脂肪族减水剂已发展到五组分，以及与萘系减水剂复配混合，这种现象得到了明显改善。但是，对于结构表面质量要求较高的路面及地坪等部位，最好不用或少用。

（2）聚羧酸系高性能减水剂

作为第三代代表的聚羧酸系高性能减水剂，虽然这类产品号称具有“高性能”，但同样存在一些缺陷：对含泥量、用水量和温度非常敏感（包括环境气温、原材料温度），掺量控制不好容易发生离析、泌水或混凝土坍落度损失过快等问题。

3. 抗泥剂

近年来，外加剂市场出现了“抗泥剂”品种。该产品能明显改善骨料含泥量大给混凝土拌合物带来的坍落度经时损失大、流动性差的问题，但应用这种产品将大量的砂石含泥带入了混凝土中，将对混凝土强度及抗裂性能产生不利影响，可以说得不偿失，不建议推广应用。

8.1.3.3　水泥

水泥是混凝土强度的主要来源，水泥质量对混凝土其他性能的影响也很大。

最新的水泥标准修订后对水泥强度要求高了，水泥厂多采取提高 C_3A 和 C_3S 以及细度的措施来提高水泥的强度。特别是最近几年越磨越细，导致水泥生产质量的现状存在“四高”问题，即高细度（比表面积普遍达到 $350m^2/kg$ 以上，甚至超过 $400m^2/kg$）、高早强（P・O 42.5 水泥 3d 强度一般都超过 25MPa，超过 30MPa 也常见）、高 C_3S（常常大于 60%）和高 C_3A（普遍大于 8.0%）的含量。所带来的结果则是水化热增大、降低与外加剂的相容性、增加混凝土的用水量、收缩增大、开裂敏感性增加、抗化学腐蚀性下降；早期强度高而后期增长小，有冲劲无后劲，使结构自愈能力较差。

8.1.3.4　粉煤灰

鉴于粉煤灰的多种优点，因此被大量、广泛应用于混凝土生产中。但市场供应的粉煤灰质量存在较大差距，甚至出现假冒伪劣、以次充好的情况。因此，粉煤灰进厂后必须每车取样，检验其细度，采用显微镜观察是否有大量发亮的微珠，避免劣质及假冒灰用于混凝土的生产。

一般来说，灰色、乳白色、颜色较浅的粉煤灰烧失量小、质量较好；黑色烧失量大；颜色微红需水量大；而高钙粉煤灰往往呈浅黄色，掺量超过 10% 可能会引发安定性不良问题。好的粉煤灰在显微镜下可看到大量微珠（颗粒发亮），否则是假灰，应退货。

综上所述，由于原材料问题、泵送工艺问题，使现代混凝土变得较为“脆弱”，易开裂。这一质量缺陷必须在施工过程中采取有效的技术措施加以补救，特别是要对新浇混凝土结构采取良好的养护措施，否则裂缝问题仅仅依靠混凝土公司来解决是无法做到的！

8.1.4 法

法即方法。方法包括国家、行业和地方标准规范、施工技术方案、各种技术交底等。这些方法是科学技术研究成果和实践经验的总结，应成为设计、施工、生产和使用等单位共同遵循的准则，也是质量控制和检查的重要依据。随着科学发展和技术实践经验的不断丰富，方法是一个不断演进的动态过程。因此，每位工程技术人员对不熟悉的东西要尽快熟悉起来，要认真学习和执行，要在实践工作中不断总结、正确应用、积极创新，更重要的是要有正确的思维观念。

清华大学廉慧珍教授指出："正确的技术决策取决于正确的观念，正确的观念取决于正确的思维方法；环境和条件都在变化，生产技术也在不断发展，如果思维方法毫无变化和变化甚微，就不可能取得技术进步"。

8.1.4.1 施工方面

混凝土施工工序多且工艺复杂，是影响结构安全及使用功能的重要环节之一。预拌混凝土浇筑后，结构实体是否匀质密实无缺陷、强度是否正常发展、耐久性是否满足设计要求等，都与混凝土施工质量的控制密切相关。影响因素主要包括：钢筋的连接与绑扎、模板的安装、预拌混凝土的交货验收、浇筑与振捣、抹面、模板的拆除时间、结构养护、保护层厚度以及结构施载时间等，这些施工工序与质量都对混凝土质量有很大的影响。

1. 关于预拌混凝土的交货与坍落度问题

预拌混凝土是一种时效性很强的特殊商品，因运距、交通及现场等问题，随着混凝土出机时间的延长，水泥逐渐水化使拌合物稠度渐小。

现行标准《预拌混凝土》GB/T 14902—2012 第 10.3.2 条规定：交货时，需方应指定专人及时对供方所供预拌混凝土的质量、数量进行确认。而在实际交货过程中，多数需方没有设置专职的验收人员，而是由泵送设备操作员或放料工人替代。他们对混凝土拌合物质量谈不上真正意义上的验收，其坍落度和流动性多数都是浇筑工人说了算，特别是浇筑平面结构时，总希望自流平，否则就加水；有的甚至不管罐车中混凝土状态如何，先加水快速搅拌后再卸料；甚至一边加水一边卸料，有时加到离析的程度。许多供方怕现场加水过多发生质量问题，特意每辆运输车都带些减水剂备用。

加水问题长期普遍存在，已成为混凝土施工过程中难治的顽疾。混凝土加水后导致水胶比增大、黏聚性降低，易离析和泌水；削弱了水泥石与骨料界面的粘结力，使混凝土的连续性、密实性、强度、自防水能力及耐久性能下降，易产生开裂等问题。

2. 关于混凝土的浇筑、振捣问题

混凝土的浇筑与振捣过程牵涉到顺序与方法、不同强度等级的变换供应及入模时的准确把控等，是确保结构质量的重要环节之一。

（1）关于分层浇筑问题

《混凝土结构工程施工规范》GB 50666—2011 第 8.3.3 条规定：混凝土应分层浇筑，分层厚度应符合本规范第 8.4.6 条的规定，上层混凝土应在下层混凝土初凝之前浇筑完毕。

该条对浇筑体高度较高或体积较厚的结构做出了明确分层浇筑的规定。混凝土分层浇筑由于有一定的间歇时间，相比一次性浇筑到位的结构质量更有保障。一是能改善沉降与体积收缩引起的裂缝问题；二是减轻胀模和漏浆问题的发生；三是便于振捣，减少漏振或欠振导致的蜂窝、麻面、孔洞等质量缺陷，使混凝土更密实，可提高结构整体的匀质性，从而提高承载能力。

另外，大流动性混凝土在“宁愿过振，不可漏振”的操作下，如果一次性浇筑高度过高，容易使结构中的混凝土产生离析或分层问题，降低整体匀质性。即粗骨料易下沉，产生结构实体下部石子多、上部砂浆多的情况，易引起结构上部开裂而降低承载力。

但在实际浇筑过程中，由于竖向结构分层浇筑需要频繁挪动及装卸泵管，费时费力施工人员不愿干，几乎都是采取一次性灌满模腔再向前推进的方式进行浇筑，很少有分层的情况，更不用说混凝土落差高度超过 3m 时应设置串筒或溜槽浇筑了。对于工人来说，能达到自流平的混凝土才是好混凝土，越省时省力的方法就是好方法，至于强度及其他质量则不是他们关心的问题，他们的目标是尽快浇筑完毕。

（2）关于不同强度等级交叉浇筑问题

在混凝土结构工程中，一般同一楼层的混凝土强度设计等级有两三种（柱、墙高，楼板低），而且施工时基本都是整一楼层同时连续浇筑。

混凝土浇筑时，一般从长度方向的一端向另一端推进，这就需要按结构设计每隔一段距离变换强度等级进行浇筑。因此，准确掌握不同强度等级的变换浇筑，是确保工程质量的关键环节。但是在一些工程主体结构现场，能够发现结构局部部位浇错了混凝土等级。识别方法是通过混凝土结构实体表面的色泽进行判别，一般高等级的混凝土颜色相对深一些，系胶凝材料用量比低等级混凝土多的缘故。

混凝土强度等级浇错部位可能导致工程质量大事故，损失巨大，必须准确浇筑！

（3）关于楼板混凝土的浇筑与振捣问题

浇筑楼板混凝土时，常常在施工现场看到操作人员将振动棒插入泵管出口处的混凝土中久振不息，或者无序反复拖振，目的是使混凝土流得更远，直到泵管出口处混凝土开始堆积才移动泵管变换泵送点。另外，有些楼板混凝土基本达到了自流平状态，因此一浇一大片，施棒人员则边走边以拖振的方式随意进行振捣，在板面上留下了许多无规则的砂浆带，由于混凝土坍落度较大，导致每一泵送点外围边缘的拌合物难免存在砂浆多的情况，而这些砂浆带和砂浆偏多的部位就成了薄弱带，如果养护不当就容易产生开裂问题。

当然，若采用了汽车泵或泵送管道用塔式起重机吊着布料时，因泵管摆动方便，集中泵送出料的情况明显减少，这种浇筑方式混凝土的整体性要好一些。

3. 关于洒水收面问题

混凝土浇筑后，为了便于收面，有的工人洒水后再进行收面。

洒水收面增大了混凝土表面的水胶比，降低了表面的强度，容易引发起灰、起粉、起砂、开裂等质量问题，以及冬施期间容易遭受冻害等。对于表面外观质量要求较高的混凝土结构，如路面、车间、停车场等，应杜绝洒水收面的行为。

4. 关于浇筑时间问题

混凝土出机后，越早使用越好。现行标准《混凝土质量控制标准》GB 50164—2011 第 6.6.14 条规定，预拌混凝土拌合物从搅拌机卸出后到浇筑完毕的延续时间不宜超过：气温≤ 25℃时为 150min；气温＞ 25℃时为 120min。

但在实际浇筑过程中，由于某些施工原因造成混凝土出机后 3h 以上仍然不能浇筑的情况时有发生，当供方提出退货时需方基本不会同意（主要是不愿承担费用），由于混凝土在现场等待的时间较长，使用时则加水调整混凝土的坍落度。

5. 关于养护问题

为保证混凝土结构的力学及耐久性能满足设计要求，浇筑后及时采取有效的措施，使混凝土在适宜的温度和充分的湿度条件下持续一定的时间，这个过程叫混凝土养护。

关于混凝土的养护时间，现行国家标准《混凝土结构工程施工规范》GB 50666—2011 第 8.5 条规定：采用硅酸盐水泥、普通硅酸盐水泥或矿渣硅酸盐水泥配制的混凝土，不应少于 7d；采用缓凝型外加剂、大掺量矿物掺合料配制、抗渗混凝土、后浇带混凝土、大体积混凝土、C60 及以上等级的混凝土，不应少于 14d；大体积混凝土表面以内 40～100mm 位置的温度与环境温度的差值小于 25℃时，可结束覆盖养护。《混凝土外加剂应用技术规范》GB 50119—2013 第 13.5.1 条规定：掺膨胀剂的补偿收缩混凝土，养护期不得少于 14d，冬期施工时，构件拆模时间应延至 7d 以上，表层不得直接洒水，可采用塑料薄膜保水，薄膜上部应覆盖岩棉被等保温材料。

国家标准《混凝土质量控制标准》GB 50164—2011 第 6.7.1 条的条文明确指出：混凝土养护是水泥水化及混凝土硬化正常发展的重要条件，混凝土养护不好往往会前功尽弃。在工程中，制订施工养护方案或生产养护制度应作为必不可少的规定，并应有实施过程的养护记录，供存档备案。

混凝土结构的养护方式应根据环境条件及时采取保温保湿措施，可采用蓄水、洒水、覆盖、喷雾、喷涂养护剂等。养护期间要始终保持混凝土表面湿润，若干湿交替则不能达到预期的效果。此外，养护应避免不顾条件地教条执行。例如：在一般情况下，要求混凝土拆模后及时浇水养护，但如果混凝土浇筑后 3d 左右拆模，由于此时混凝土温度较高，若水与混凝土的温差较大，就会造成混凝土表面温度的骤然下降，易产生很大的瞬时应力而开裂；又如：一些大体积混凝土养护过程中采用强制的“冷却降温法”，即在结构内埋置管道，浇筑后通水对混凝土进行局部强制降温。这种方法不仅成本较高，且易产生不均匀的冷却降温，使大体积混凝土产生贯穿性裂缝；当采用蓄水法养护混凝土时，蓄水时间要长，而且要逐渐转入正常才能取得良好的养护效果，如果蓄水时间很短，突然脱离蓄水状态反而会使结构产生更为严重的开裂。

但长期以来，混凝土浇筑后不按规范要求进行养护很普遍。这种现象可能与施工成本、工期、质量意识等原因有关，导致结构裂缝及强度偏低问题时有发生。

在新拌混凝土中，拌合水一般占总体积的 15%～18%，当环境湿度小于 100% 时，暴露在空气中的新浇混凝土水分就会蒸发，蒸发量越多其体积收缩就越大，而且混凝土失水的时间越早，收缩开裂越严重，表面越疏松，异常碳化更快更深；特别是墙、柱等承重竖向结构，模板拆除早且养护不当对结构造成的伤害极大，影响结构的使用寿命。因为养护不足直接损伤了表层混凝土的密实性与强度，而防止钢筋发生锈蚀和外界有害物质侵入混凝土内部所依靠的就是表层混凝土的密实性，表层混凝土抵抗外界有害物质侵入的能力（抗侵入性或抗渗性）可因养护不良而成倍降低。

混凝土结构发生裂缝主要出现在浇筑后的 1d 内，说明 1d 内混凝土的收缩很大，故浇筑后第一天的养护是关键中的关键。必须注意，养护应从混凝土收面时开始，即在浇筑过程中一边抹面一边用塑料薄膜紧密覆盖表面，及时封堵拌合水，尽量减少拌合水的蒸发，实践证明，该方法是目前防止新浇混凝土开裂非常有效的养护方法；若混凝土浇筑后长时间暴露于大气中不覆盖、不洒水，就会失去塑性裂缝控制的最佳时机，尤其是在高温、风大、空气干燥环境施工时必须及时覆盖塑料薄膜。而采取在混凝土终凝前对表面进行二次抹面的方法，也许适合空气湿度较大的环境。

在冬期施工期间，混凝土的凝结时间及强度增长主要依赖于起始养护温度，这也是确保混凝土尽快获得受冻临界强度的基本条件。因此，确保混凝土的入模温度并及时采取保温保湿养护措施是冬期施工重中之重的工作。但有些需方却在此条件下仍然习惯性地坚持进行二次抹面，这种长时间使混凝土暴露在大气中的做法是非常欠妥的，容易导致新浇混凝土遭受冻害和开裂；有些施工人员认为混凝土中掺入早强剂或防冻剂就万事大吉，这更加错误。当温度降至 0～4℃时，水的活性较低，将明显影响水泥的水化，从而延长凝结时间与强度的增长，掺入早强剂虽然有提高混凝土早期强度的性能，但是若忽略养护温度其强度增长依然达不到预期要求，况且，若早强剂的掺量过大将对混凝土的后期强度及耐久性不利。而防冻剂的主要功能是降低水的冰点和改变冰晶结构，使混凝土在一定负温条件下不发生冻胀破坏。因此，对早强剂或防冻剂的作用估量过高而忽略养护条件容易导致问题的产生，影响下一道工序的施工。

另外，由于在低温环境下混凝土的硬化较慢，在揭掉塑料薄膜或保温材料时不能单方面只看浇筑完毕的时间，而是要看揭膜时混凝土所达到的强度更为重要。否则可因过早揭膜而产生许多有害裂缝，使覆盖养护徒劳无功。

对于掺膨胀剂的混凝土，特别是地下室外墙、水池等防水墙体结构更要加强保湿养护。因为膨胀剂发生膨胀反应时需要大量的水，水化所产生的热能比水泥大，如果浇筑后保湿养护不当，将会加速拌合水的蒸发，水分不足怎么膨胀？不仅如此，缺水还将增加干缩裂缝的产生，保温不当还会增大温差裂缝。尤其是水胶比小于 0.40 的高强度等级膨胀混凝土，拌合水本来就少，养护不当可能裂缝更多，何况膨胀剂无法解决干缩裂缝和温差引起的裂缝问题，并非是“一掺就灵”的万能产品！

6. 关于模板的拆除问题

混凝土浇筑后模板一般分两次拆除，即侧面模板和底面模板的拆除。

关于侧面模板的拆除，《混凝土结构工程施工规范》GB 50666—2011 第 4.5.3 条规定：当混凝土强度能保证其表面及棱角不受损伤时，方可拆除。但对于有抗渗要求的混凝土结构，该规范第 8.5.7 条规定：地下室底层和上部结构首层柱、墙混凝土带模养护时间不应少于 3d；带模养护结束后，可采用洒水养护方式继续养护，也可采用覆盖养护或喷涂养护剂养护方式继续养护。而《建筑工程冬期施工规程》JGJ/T 104—2011 第 6.9.6 条规定：模板和保温层在混凝土达到要求强度并冷却到 5℃后方可拆除。拆模时混凝土表面与环境温差大于 20℃时，混凝土表面应及时覆盖，缓慢冷却。

然而，在实际施工过程中，地下室结构混凝土带模养护 3d 的情况很少；按照《建筑工程冬期施工规程》JGJ/T 104—2011 规定要求执行的工程很罕见。相反，为了拆模方便和模板能尽快得到周转，不管什么部位，侧模基本都是在混凝土浇筑结束之后 6～12h 就开始拆除（冬期施工稍长一些）。因混凝土强度较低在拆模过程中导致结构缺棱掉角或局部表面被模板粘坏的现象时有发生，但施工人员往往认为是预拌混凝土凝结时间过长或强度有问题造成的。

侧模拆除过早所产生的缺陷不仅影响结构美观，若不采取有效养护措施还可能导致结构强度不足、产生裂缝；而底模过早拆模则容易造成梁和楼板产生开裂，严重时甚至可能发生坍塌事故。

拆模及养护条件对混凝土强度的影响非常明显。例如进行结构实体强度检验时，同时浇筑的同等级混凝土，墙、柱等竖向结构回弹容易发生“不合格”的情况，而梁和楼板很少出现这种情况。原因在于，梁和楼板的模板拆除时间较晚（常温下一般 7d 以上）。仅模板拆除时间不同，强度就有明显的差别，说明拆模早且不养护是影响混凝土质量的重要因素。当然，回弹法检测混凝土结构实体强度误差很大，在实际工程中造成了许多错判和误判，增加了供需双方的矛盾与经济损失。在许多地区，按《回弹法检测混凝土抗压强度技术规程》JGJ/T 23—2011 规范检测，其推定强度一般比芯样抗压强度低 10MPa 以上。

为了验证不同拆模时间对混凝土强度的影响，笔者采用 C35 混凝土成型了 150mm×150mm×150mm 的试块，拆模时间分别为 10h、20h、2d 和 3d，拆模后移至室外养护架上进行自然养护（有遮阳棚，但未对试块洒水）。回弹法检测时，采用标称能量为 2.207J 的回弹仪，将试块置于压力机上恒压 80kN±2kN 时测其回弹值，并按《回弹法检测混凝土抗压强度技术规程》JGJ/T 23—2011 进行强度换算，其试验结果见表 8-1。

C35 混凝土试块不同拆模时间与自养试验结果　　表 8-1

成型后拆模时间	等效龄期（d）	抗压强度（MPa）	回弹推定强度（MPa）	碳化深度（mm）
10h	8	23.1	—	2.0
	28	32.1	25.5	3.5
	60	35.2	29.4	4.0

续表

成型后拆模时间	等效龄期（d）	抗压强度（MPa）	回弹推定强度（MPa）	碳化深度（mm）
20h	8	26.0	—	1.5
	28	37.2	30.5	2.5
	60	40.0	33.2	3.0
2d	8	29.4	—	0.5
	28	40.4	33.0	1.5
	60	45.4	35.8	2.0
3d	8	29.2	—	0.0
	28	39.8	32.5	0.5
	60	43.5	34.9	2.0

从以上试验结果来看，拆模早对混凝土强度及碳化深度的影响很大，说明晚拆模是一种有效的养护方式。虽然混凝土结构的体积远远大于试块，但体积大水化热也大，拌合水的蒸发快，而且楼层高风速快，对混凝土结构失水的影响也大。因此该试验具有一定的实际意义，对于不浇水养护的竖向结构来说仍然有较好的参考价值。

7. 关于钢筋保护层问题

钢筋在混凝土工程结构中的作用，就好比人体中的骨架一样，极其重要。而钢筋在混凝土中的布局、所处位置，将直接影响结构的抗裂性能和承载力。

但是，在实际混凝土浇筑过程中经常可以看到，楼板钢筋在不断反复被工人踩踏下有的产生了位移或弯曲，甚至有的钢筋保护层垫块发生脱落；有的梁、楼板的底面局部由于保护层厚度不足，导致钢筋几个月后开始出现锈蚀的情况；而有的竖向混凝土结构产生顺筋裂缝的情况也屡见不鲜。

《混凝土结构耐久性设计标准》GB/T 50476—2019 第 3.5.1 条的条文说明指出：保护层厚度的尺寸较小，而钢筋出现锈蚀的年限大体与保护层厚度的平方成正比，保护层厚度的施工偏差会对耐久性造成很大的影响。以保护层厚度为 20mm 的钢筋混凝土板为例，如果出现 5mm 的允许负偏差，就可使钢筋出现锈蚀的年限缩短约 40%。可想而知，当混凝土浇筑几个月后就出现了钢筋锈蚀情况会对结构质量造成多大的伤害。

8.1.4.2 结构检测问题

非破损、半破损检测方法有一定的局限性，存在较大的检测误差。特别是回弹检测混凝土结构强度采用标称动能 2.207J 的回弹仪时，其检测误差更大，导致了许多纠纷和误判的发生，影响了供需双方的和谐合作。

8.1.5　环

环即环境。混凝土是一种有生命的建筑材料。不仅具有对环境的依赖性，而且同时具有对时间的依赖性，包括初生期、生长期和衰落期。因此，混凝土的质量与环境因素密切相关。

混凝土浇筑早期，如果环境湿度大、温度高、风小则对强度的增长有利，反之不仅强度增长慢，而且容易产生开裂。另外，昼夜温差较大的天气浇筑混凝土时，也容易导致混凝土产生温差裂缝。因此，混凝土浇筑的早期，必须严格按照相关标准规范做好结构的保温保湿养护工作。

混凝土结构所处的环境条件对耐久性影响较大。如混凝土的碳化速率，除与环境湿度有关外，还与空气中 CO_2 酸性气体的浓度有关；当混凝土内部含水量比较充足且经历反复冻融循环时，混凝土内部遭受的损伤不断积累而发生开裂甚至剥落，导致骨料裸露；混凝土若遭受硫酸盐侵蚀使混凝土易碎，甚至松散解体；引起混凝土中钢筋锈蚀的主要环境因素是“盐害”，造成盐害的罪魁祸首当然是氯离子。氯离子侵入混凝土有两个途径：一是产生时使用了含氯离子的原材料；二是环境中（包括海水、大气、地下水、含有氯化物的土壤及降雪地区洒的除冰盐等）的氯离子通过混凝土的宏观、微观缺陷渗入到混凝土中。氯离子引起的钢筋锈蚀难以控制、后果严重，因此是混凝土结构耐久性的重要问题，世界各国为此付出了巨大代价。

当环境作用等级严重或极端严重时，按常规手段调整混凝土配合比和增加结构保护层的办法可能保证不了设计使用年限的要求，这时应采取其他防腐蚀附加措施。

8.1.6　小结

混凝土是一种具有生命的建筑材料，浇筑后对环境和时间的依赖性极强，对初始条件极为敏感，初始条件较小的偏差可引起结果巨大的差异，可以说具有“蝴蝶效应”。

预拌混凝土是半成品，交货时是塑性状态的“鲜货”。交货后还需要需方规范施工，浇筑坍落度的大小要服从于混凝土的匀质性和体积稳定性，面对如今大流动性泵送混凝土早期收缩大的事实，必须严格按照相关标准规定尽力做好养护工作，才能有效减少裂缝、强度不足等问题的产生。如果施工环节不重视质量，不按规范施工，将造成即使混凝土拌合物达到“高性能”的技术要求，浇筑成型后仍会发生一些质量问题，使“高性能混凝土”拌合物优异的性能在结构中荡然无存。

混凝土的施工在一些重点工程相对规范，但是许多工民建工程的施工就不那么规范，甚至无视规范，使应用预拌混凝土的工程时不时发生这样那样的问题，导致供需双方的矛盾和纠纷不断。归纳其主要原因：一是施工狠抓进度，盲目赶工期，对工程质量的重视程度不够；二是混凝土施工过程中工人总想省时省力，因施工速度快能降低施工成本，所以需方管理人员未严格要求；三是劳务人员稀缺、年龄偏大，文化素质不高，人员管理难以到位；四是工程监理没有充分发挥作用；五是很多工程技术人员对现代混凝土的了解和认识不深入，导致了一些错误的施工行为；六是存在侥幸心理，出了问题可以推给搅拌站。

从众多工程施工实际情况、业内相关信息和资料来看，使用预拌混凝土施工的工程，其结构产生的质量问题或事故大部分是由施工原因引起的。可以说，如果施工严格按照现行相关标准规范认真执行，浇筑后混凝土结构就能避免许多质量问题的发生，“高性能混凝土”推广和应用的呼声就会明显低很多。

当然，混凝土结构质量不只是需方的事情，作为预拌混凝土的供方，企业应有健全的管理制度和质量保证体系，认真落实到位，诚信经营，把好混凝土生产质量关，确保混凝土的连续供应，坚持“质量第一”的思想企业才能长期生存。因此，对于施工中存在的一些不规范行为，技术人员要耐心有理有据地与需方相关人员进行沟通，努力做好事前预防工作，减少事后扯皮情况的发生。

混凝土结构质量也不只是供需双方的事情，还与工程结构设计、原材料生产、建设、工程监理等相关企业以及地方行业主管部门有关。只有各相关单位和部门各司其职，环环把关，才能建造更多的优良工程。

8.2 混凝土结构裂缝

混凝土结构在建设和使用过程中常常出现不同程度、不同形式的裂缝，是长期以来困扰建筑工程技术人员的技术难题。

我国著名工程结构裂缝控制专家王铁梦教授在其专著《工程结构裂缝控制》一书中指出：“近代科学关于混凝土强度的细观研究以及大量工程实践所提供的经验都说明，结构物的裂缝是不可避免的，裂缝是一种人们可以接受的材料特征，如对建筑物抗裂要求过严，必将付出巨大的经济代价；科学的要求应是将其有害程度控制在允许范围内”。

裂缝是混凝土的缺陷，是混凝土结构固有的物理力学性质。虽然绝大多数裂缝对结构安全并不造成影响，但裂缝却影响混凝土结构外观质量而成为十分敏感的问题，容易引起一些人对工程质量的疑虑或误解，这也是施工单位与混凝土公司发生纠纷较多的问题。

8.2.1　裂缝的类型

混凝土结构裂缝的类型，按其开裂深度可分为表面的和贯穿的；按其在结构物表面形状可分为网状裂缝、爆裂状裂缝、不规则短裂缝、纵向裂缝、横向裂缝、斜裂缝等；按其发展情况可分为稳定的和不稳定的、能愈合的和不能愈合的；按其产生的时间可分为混凝土硬化之前产生的塑性裂缝和硬化之后产生的裂缝；按其产生的原因可分为荷载裂缝和变形裂缝。荷载裂缝是指因动、静荷载的直接作用引起的裂缝。变形裂缝是指因不均匀沉降、温度变化、湿度变异、膨胀、收缩、徐变等变形因素引起的裂缝。

变形裂缝一般不影响承载力，但却存在着防水问题。根据工程调查，由裂缝引起的各种不利后果中，渗漏水占 60%。水分子的直径约 0.3×10^{-6}mm，可穿过任何肉眼可见的裂缝。

8.2.2　有害裂缝与无害裂缝

影响结构安全或使用功能的裂缝，称为有害裂缝。

裂缝的大小主要用表面宽度来表示。宽度大于 0.05mm 的裂缝能用肉眼觉察，称为可见裂缝（宏观裂缝），而小于 0.05mm 的裂缝称为不可见裂缝（微观裂缝）。

宽度小于 0.05mm 的不可见裂缝不影响结构安全和耐久性能，是无害裂缝。但是，裂缝宽度等于或大于 0.05mm 以后，从结构使用功能及耐久性上看，其有害程度是不同的，应根据不同功能要求分为有害裂缝与无害裂缝。判断有害裂缝与无害裂缝时应当从不同结构、不同环境条件下的作用效应和抗力两方面同时来考虑。首先它是否有害结构安全和耐久性，其次是否影响使用功能（如防水、防潮）。多数轻微细小的可见裂缝对工程结构的承载能力、使用功能和耐久性不会有大的影响，只是影响结构的外观，引起人们对工程质量的疑虑，这些裂缝是无害裂缝。不危及结构安全的无害裂缝可不作处理；当裂缝已影响到或可能发展到影响结构安全或使用功能时，作为质量缺陷要妥当处理。

例如地下和水工工程，小于 0.2mm 裂缝视为无害裂缝，作简单表面封闭即可，再做柔性防水层就更保险了。宽度为 0.1～0.2mm 的裂缝，开始有些渗漏，水通过裂缝同水泥中的未水化颗粒反应，新形成氢氧化钙和C-S-H凝胶，经一段时间裂缝自愈不渗了。有的裂缝能在压应力作用下闭合。有的裂缝在周期性温差和周期性反复荷载作用下产生周期性的扩展和闭合，称为裂缝的运动，但这是稳定的运动。有的裂缝产生不稳定扩展，视其扩展部位考虑加固措施。

在钢筋混凝土中，常常根据能否引起钢筋锈蚀来区分有害裂缝与无害裂缝。大量观察的结果表明，如果混凝土本身质地密实，当环境相对湿度小于50%时，宽度小于0.5mm的裂缝中的钢筋不会生锈（如楼板，裂缝0.5mm以下可不作处理）。在一定水压下或水位经常变动和冻融循环的部位，裂缝宽度大于0.1mm时钢筋就可能生锈。在侵蚀性介质中，防止生锈的裂缝宽度应更小。凡是大于这些宽度的裂缝都被认为是该环境条件下的有害裂缝。

我国《地下防水工程质量验收规范》GB 50208—2011规定：防水混凝土结构表面的裂缝宽度不应大于0.2mm，且不得贯穿。根据国内外设计规范及有关试验资料，混凝土最大裂缝宽度的控制标准大致如下：

（1）正常条件，无特殊要求：宽度为0.3～0.4mm。

（2）轻微侵蚀，无防渗要求：宽度为0.2～0.3mm。

（3）严重侵蚀，有防渗要求：宽度为0.1～0.2mm。

上述裂缝宽度是设计上和检验上的控制范围，在工程实践中，有些结构物尽管带有数毫米宽的裂缝工作，多年并无破坏危险。

8.2.3 产生裂缝的原因

裂缝是混凝土不可避免的质量缺陷，是混凝土工程常见的质量问题，无裂缝是相对的，成因十分复杂，主要与原材料、混凝土配合比、施工、设计、环境及管理等综合性原因。

混凝土结构产生的裂缝以变形变化（温度、收缩、不均匀沉降）为主，其次是荷载裂缝和荷载与变形共同作用下产生的裂缝，其他裂缝产生的很少或只是在某些局部地区发生，如碱骨料反应等。混凝土结构裂缝实际上很少由单一因素引起，往往是多种原因共同作用的综合结果，因此首先要认真观察、分析裂缝的形态；而后了解有关混凝土材料的信息（原材料、配合比等）、施工设计图等。

8.2.3.1 与混凝土自身特性有关的

由于混凝土组成成分的多样化，导致其是多相态、非匀质、复合型的材料，决定了其内部的不连续性，并形成诸多的微小裂隙。因此裂缝是混凝土这种建筑材料与生俱来的固有特性，是不可避免的，实际上混凝土结构是带裂缝承载受力的。

（1）混凝土是一种非匀质的三相体脆性建筑材料，即由固体、液体和气体组成。在普通混凝土拌合物中，三相所占的体积大致为：固相占总体积的 77%～84%、液相占 15%～18%、气相占 1%～5%。三相的体积并非一成不变，在浇筑后的凝结硬化过程中，所占体积将不断发生变化，但终凝以后变化很小。主要是浇筑后液体被胶凝材料的水化作用而吸收，另外一部分蒸发或流失。三相体积的变化是混凝土产生裂缝的主要原因之一，尤其是混凝土终凝之前，不当的养护制度将加剧塑性裂缝的产生，因此有效的防裂措施是尽量控制拌合水的蒸发和流失，可起到事半功倍的作用。

（2）混凝土出现宏观裂缝的原因多种多样，通常是因混凝土发生体积变化时受到约束，或因受到荷载作用时，在混凝土内引起过大拉应力（或拉应变）而产生裂缝。混凝土的微观裂缝则为一般混凝土所固有，因为混凝土组成材料的物理力学性能并不一致，水泥石的干缩值较大，而骨料很小；水泥石的热膨胀系数较大，而骨料较小。因此，混凝土中的骨料限制了水泥石的自由收缩，这种约束等作用使混凝土内部从硬化开始就在骨料与水泥浆体的粘结面（即界面）上出现了微裂缝，但是这些微裂缝在不大的外力或变形作用下是稳定的；当外力或变形作用较大时，这些粘结面上出现的微裂缝就会发展；当外力或变形作用更大时，微裂缝就会扩展穿过硬化后水泥石，逐渐发展成可见的宏观裂缝。

（3）混凝土在水中永远呈微膨胀变形，在空气中永远呈收缩变形。以混凝土收缩引起的裂缝为例：据测试，混凝土的收缩值一般在（4～8）$\times10^{-4}$，混凝土抗拉强度一般在 2～3MPa，弹性模量一般在（2～4）$\times10^{4}$。由公式 $\varepsilon=б/E$（式中，ε：应变值，$б$：混凝土应力，E：混凝土弹性模量）可知混凝土允许变形范围在万分之一左右，而混凝土实际收缩在（4～8）$\times10^{-4}$，混凝土实际收缩大于混凝土允许变形范围，因此混凝土的裂缝是不可避免的，关键在于控制裂缝的宽度与深度。

8.2.3.2　与结构设计及受力荷载有关的

设计的合理与否对混凝土结构的裂缝状态有重要的影响。结构设计缺陷引起的混凝土裂缝主要有以下几种：

（1）在设计荷载范围内，超过设计荷载范围或设计未考虑到的作用；

（2）局部区域配筋不足，无法承担由于承载受力或各种间接作用引起的拉应力而开裂；

（3）构件断面尺寸不足、钢筋配置位置不当；

（4）混凝土保护层厚度处理不当，引起钢筋锈蚀以及相应的锈胀裂缝；

（5）设计时环境条件选择不当，不满足耐久要求，长久使用后发生耐久性裂缝；

（6）对温度应力和混凝土收缩应力估计不足；

（7）混凝土结构设缝不当，体量、尺度过大，约束应变积累过多而无法释放，就会在相对薄弱处引起裂缝；

（8）配筋方式不当，细而密的钢筋可较好地控制裂缝，而少而粗的配筋方式宽度较大，往往无法控制裂缝；

（9）混凝土强度等级设计过高，收缩大易开裂。

8.2.3.3　与使用及环境条件有关的

裂缝与使用及环境条件有关，良好的混凝土结构在服役期间同样会出现裂缝。

（1）环境温度、湿度的变化；

（2）结构或构件各区域温度、湿度差异过大；

（3）冻融、冰胀；

（4）内部钢筋锈蚀；

（5）火灾或表面遭受高温；

（6）酸、碱、盐类的化学作用；

（7）冲击、振动、严重超载；

（8）改变用途和结构形式，在关键部位钻孔等。

8.2.3.4　与原材料和配合比有关的

混凝土原材料性质和配合比例是否合理对结构质量的影响不言而喻，对混凝土结构裂缝形成的影响归纳如下：

（1）水泥用量多，收缩大；

（2）水泥越细，水化热越大，收缩也越大；

（3）水泥活性越强，水化热越大，凝结过程中收缩加大；

（4）骨料含泥量过大、级配不良或使用了碱活性骨料或风化岩石；

（5）混凝土保水性能差，体积稳定差，容易引起离析、泌水，收缩大；

（6）混凝土配合比不当（胶凝材料用量大、用水量大、水胶比大、砂率大等）；

（7）外加剂（包括减水剂、膨胀剂等）选择失误、掺量不当，或与胶凝材料相容性差，加大收缩引起混凝土开裂。

8.2.3.5　与施工有关的

施工质量对混凝土结构裂缝的形成比较直观，往往在施工过程中就显露出来。主要有以下原因引起的混凝土结构裂缝：

（1）养护不及时、时间不足或措施不当；

（2）泵送时加水；

（3）浇筑顺序有误，浇筑不均匀（振动赶浆、钢筋过密）；

（4）捣实不良，坍落度要求过大、骨料下沉；

（5）连续浇筑间隔时间过长，接缝处理不当；

（6）钢筋保护层厚度不够，搭接、锚固不良，钢筋、预埋件被扰动；

（7）模板变形、模板漏浆或渗水；

（8）模板支撑下沉、过早拆除模板、模板拆除不当；

（9）硬化前遭受扰动或承受荷载；

（10）施工时超载或意外荷载（如撞击、大量堆载等）的非设计工况；

（11）浇筑初期遭受急剧干燥（日晒、大风）或冻害；

（12）混凝土表面抹压不及时；

（13）大体积混凝土内部温度与表面或表面与环境温度差异过大；

（14）地下工程未及时回填土，地上工程长期暴露，环境持续干燥；

（15）地基处理不当，导致不均匀沉降。

8.2.4　混凝土结构裂缝的防治

控制混凝土结构裂缝发生应从设计、材料、施工和使用维护四个方面入手。

8.2.4.1　有关设计方面的

（1）在板的温度、收缩应力较大区域，如跨度较大并与混凝土梁及墙整浇的双向板的角部区域或当垂直于现浇单向板跨度方向的长度大于 8m 时沿板长度的中部区域等，宜在板未配筋表面配置控制温度收缩裂缝的构造钢筋。

抗温度、收缩钢筋可利用板内原有的钢筋贯通布置，也可另外设置构造钢筋网，并与原有钢筋按受拉钢筋的要求搭接或在周边构件中锚固。

抗温度、收缩钢筋宜采用直径细而间距密的方法配置，其间距不宜大于 100mm，沿板纵横两个方向的配筋率分别不宜小于 0.1%。

（2）在房屋下列部位的现浇混凝土楼板、屋面板内应配置抗温度收缩钢筋：

1）当房屋平面体形有较大凹凸时，在房屋凹角处的楼板；

2）房屋两端阳角处及山墙处的楼板；

3）房屋南面外墙设大面积玻璃窗时，与南向外墙相邻的楼板；

4）房屋顶层的屋面板；

5）与周围梁、柱、墙等构件整浇且受约束较强的楼板。

（3）当楼板内需要埋置管线时，现浇混凝土楼板的设计厚度不宜小于110mm。管线必须布置在上下钢筋网片之间，管线不宜立体交叉穿越，并沿管线方向在板的上下表面一定宽度范围内采取防裂措施。

（4）楼板开洞时，当洞直径或宽度（垂直于构件跨度方面的尺寸）不大于300mm时，可将受力钢筋绕过洞边，不需截断受力钢筋和设置洞边附加钢筋。当洞的直径较大时，应在洞边加设边梁或在洞边每侧配置附加钢筋。每侧附加钢筋的面积应不小于孔洞直径内或相应方向宽度内被截断受力钢筋面积的一半。

对单向板受力方向的附加钢筋应伸至支座内，另一方向的附加钢筋应伸过洞边，不小于钢筋的锚固长度。对双向板两方向的附加钢筋应伸至支座内。

（5）为控制现浇剪力墙结构因混凝土收缩和温度变化较大而产生的裂缝，墙体中水平分布筋除满足强度计算要求外，其配筋率不宜小于0.4%，钢筋间距不宜大于100mm。外墙墙厚宜大于160mm，并宜双排配置分布钢筋。

（6）对现浇剪力墙结构的端山墙、端开间内纵墙、顶层和底层墙体，均宜比按计算需要量适当增加配置水平和竖向分布钢筋配筋数量。

（7）在长大建筑物中为减小施工过程中由于混凝土收缩对结构形成开裂的可能性，应根据结构条件采取“抗放结合”的综合措施。对大体积混凝土工程，可采取降低混凝土水化温升的有效措施；对大面积混凝土工程可采用分段间隔浇筑措施，分段原则应根据结构条件确定，经过大于10d的养护再将各分段连成整体。对有防水要求的结构，应在分段之间设置钢止水带，并仔细处理好施工缝。对较长的工程可设置“后浇带”，宜每隔不超过30m设置一道。后浇带的宽度不宜小于800mm，后浇带内的钢筋可不截断。后浇带的混凝土强度等级宜高一个等级，并应采用补偿收缩混凝土进行浇筑，其湿润养护时间不少于15d。

（8）为解决高层建筑与裙房间沉降差异过大而设置的“沉降后浇带”，应在相邻两侧面的结构满足设计允许的沉降差异值后，方可浇筑后浇带内的混凝土。此类后浇带内的钢筋宜截断并采用搭接连接方法，后浇带的宽度应大于钢筋的搭接长度，且不应小于800mm。

（9）框架结构较长（超过规范规定设置伸缩缝的长度）时，纵向梁的侧边宜配置足够的抗温度收缩钢筋。此外在设计时应考虑温度收缩对端部区段框架柱的不利影响，适当提高其承载力。

8. 2. 4. 2　有关材料和配合比方面的

为控制混凝土结构有害裂缝的产生，应严格控制原材料质量，配合比设计满足相关标准规定要求，使制备的混凝土性能符合设计和施工要求。

1. 材料方面

（1）水泥：宜采用硅酸盐水泥、普通硅酸盐水泥或矿渣硅酸盐水泥，比表面积不宜大于 350m^2/kg；对大体积混凝土，宜采用中、低热水泥或大量掺用矿物掺合料；对抗渗防裂要求较高的混凝土，所用水泥的铝酸三钙（C_3A）含量不宜大于 8%；使用时水泥的温度不宜超过 60℃。

（2）骨料：对混凝土用的骨料应符合国家现行有关标准的规定。松散堆积密度空隙率不宜大于 45%。

（3）外加剂：使用前应先进行外加剂与胶凝材料的相容性试验。所用外加剂质量必须符合国家现行有关标准、规范要求。

（4）矿物掺合料：为了改善混凝土性能应在其中合理掺入矿物掺合料，掺合料的掺量及质量必须满足有关标准规定的要求。不同的矿物掺合料有不同的优点和弱点，应复合使用；当矿渣粉掺量大应注意泌水问题，且水胶比越小黏性越大。

（5）水：应使用符合《混凝土用水标准》JGJ 63—2006 的规定。当使用生产回收的水时，应经试验确定，确保混凝土质量满足设计和施工要求。

2. 混凝土配合比方面

（1）混凝土配合比的设计应着重考虑耐久性能，除应按《普通混凝土配合比设计规程》JGJ 55—2011 的规定设计外，尚应符合工程结构设计及其他相关的规范要求。

（2）胶凝材料用量：普通强度等级的混凝土宜为 300～500kg/m^3，高强混凝土不宜大于 550kg/m^3。

（3）坍落度：应尽量小，混凝土拌合物坍落度越大匀质性越差。

（4）用水量：严格控制混凝土用水量，宜控制在 175kg/m^3 以下。

（5）水胶比：水胶比过大或过小对混凝土抗裂性能都不利。从抗裂性能角度考虑，混凝土水胶比不宜大于 0.60，也不宜小于 0.35。对用于有外部侵入氯化物环境的钢筋混凝土结构和构件不宜大于 0.55；对用于冻融环境的钢筋混凝土结构和构件不宜大于 0.50。

（6）砂率：在满足工作性要求的前提下，应采用较小的砂率。

（7）粗骨料用量：在满足工作性要求的前提下，尽量提高粗骨料的用量。

（8）泌水量：越小越好，最好不泌水。

（9）宜采用引气剂或引气减水剂。

8.2.4.3　有关施工方面的

施工单位应精心编制施工组织设计、施工技术方案和进行施工技术交底，并应有专门的控制混凝土结构裂缝的技术措施，施工过程中配置相应技能的人员。

1. 混凝土的选择

宜优先采用预拌混凝土。且为确保工程质量和责任分明，同一部位的浇筑应采用同一厂家生产的预拌混凝土，如采用两家或两家以上的预拌混凝土时，应能保证各厂所用的主要原材料及配合比基本相同。

2. 混凝土的运输、浇筑

应符合现行国家标准《混凝土结构工程施工规范》GB 50666—2011 的有关规定。

3. 养护与成品保护

混凝土浇筑后的保湿养护极为重要。从实践经验来看，凡是急剧降温和急剧干燥所引起的瞬时弹性应力都非常高，混凝土的抗拉能力是无法抗住的，弹性拉应力超过混凝土抗拉强度的数倍到数十倍，所以非常容易开裂。因此，混凝土浇筑的早期，应采取有效的保温保湿措施，尽量防止拌合水不发生损失是预防结构产生收缩变形裂缝的关键环节。干缩湿胀是混凝土的物理特性，如果混凝土不发生失水问题，一般不会产生严重的收缩变形裂缝。特别是在大风、干燥、气温骤降和高温的天气条件下浇筑混凝土时，更应加强养护工作。

（1）必须充分重视混凝土的养护工作，应专门制定养护方案，并有专人负责实施。

（2）对于泵送浇筑的混凝土楼板、梁，无论是炎热的夏季还是寒冷的冬季，不必进行二次振捣和收面，应在浇筑过程中一边收面一边用塑料薄膜及时覆盖。大量工程实践证明，该方法对防止混凝土发生塑性收缩裂缝起到了良好的效果。对于大体积混凝土，应进行温度监控，根据实际情况及时采取控温措施，并保持表面湿润。

（3）应加强掺膨胀剂混凝土结构的保湿养护。膨胀剂的膨胀机理是凝胶态膨胀成分，由于吸水而产生体积增大。研究表明，如果早期混凝土中水分不足，不但膨胀剂的膨胀效果得不到正常发挥，可能将起反作用。

（4）掺矿物掺合料和膨胀剂的混凝土养护时间不宜少于 14d。

（5）墙和柱是建筑物的承重结构，更要加强养护工作。模板拆除后，柱子可用塑料薄膜围裹养护，墙体混凝土可以涂刷养护液。另外，地下室外墙宜尽早回填土。

（6）混凝土强度未达到 1.2MPa 以前，不得上人踩踏或施加荷载；吊运堆放重物时，应在堆放位置采取有效措施，以减轻对楼板的冲击影响。

除以上外，还应按第 5 章第 5.5 节及本章第 8.1.4.1 节的要求进行养护。

4. 模板的安装及拆除

应符合现行国家标准《混凝土结构工程施工规范》GB 50666—2011 的有关规定。

8.2.5　混凝土结构裂缝的处理

裂缝是混凝土结构难以避免的质量缺陷，最现实的做法是采取措施尽量减少或避免裂缝的产生。当裂缝超过一定的宽度和深度时应根据实际情况妥善处理，将影响降低到可以接受的最低限度。

8.2.5.1　处理裂缝的原则

裂缝处理应遵循下述原则：

（1）查清情况：主要应查清建筑结构的实际状况、裂缝现状和发展变化情况。

（2）鉴别裂缝性质：确定裂缝性质是处理的必要前提。对原因与性质一时不清的裂缝，只要结构不会恶化，可以作进一步观察或试验，待性质明确后再作适当处理。

（3）明确处理目的：根据裂缝的性质和使用要求确定处理目的，如封闭保护或补强加固。

（4）确保结构安全：对危及结构安全的裂缝，必须认真分析处理，防止产生结构破坏倒塌的恶性事故，并采取必要的应急防护措施，以防事故恶化。

（5）满足使用要求：除了结构安全外，应注意结构构件的刚度、尺寸、空间等方面的使用要求，以及气密性、防渗漏、洁净度和美观方面的要求等。

（6）保证一定的耐久性：除了考虑裂缝宽度、环境条件对钢筋锈蚀的影响外，应注意修补的措施和材料的耐久性问题。

（7）确定合适的处理时间：如有可能最好在裂缝稳定后处理；对随环境条件变化的温度裂缝，宜在裂缝最宽时处理；对危及结构安全的裂缝，应尽早处理。

（8）防止不必要的损伤：例如对既不危及安全，又不影响耐久性的裂缝，避免人为的扩大后再修补，造成一条缝变成两条的后果。

（9）改善结构使用条件，消除造成裂缝的因素：这是防止裂缝修补后再次开裂的重要措施。例如卸载或防止超载，改善屋面保温隔热层的性能等。

（10）处理方法可行：不仅处理效果可靠，而且要切实可行，施工方便、安全、经济合理。

（11）满足设计要求，遵守标准规范的有关规定。

8. 2. 5. 2　裂缝的判断与处理

对混凝土结构裂缝的判断应在本节所列各种因素的基础上进行，并采取措施进行处理。

（1）因胶凝材料安定性引发的膨胀性裂缝，可按下列判断与处理：

1）当有剩余胶凝材料时，应对其进行安定性的试验或检验；

2）当没有剩余胶凝材料时，可按现行国家标准《建筑结构检测技术标准》GB/T 50344—2019 的有关规定判断其继续发展的可能性；

3）对于大面积出现严重裂缝的构件，可采取重新浇筑混凝土或外包混凝土加固等处理措施；

4）对于裂缝较少且没有明显发展的构件，可按 8.2.5.3 节的方法进行裂缝处理，也可采取局部剔凿修补的处理措施。

（2）施工期间，在梁、板类构件钢筋保护层上的顺筋裂缝及墙、柱类构件箍筋外侧的水平裂缝，可采取封闭处理措施。

（3）高温、干燥条件下，浇筑的混凝土终凝后出现的龟裂，应对裂缝进行灌缝或表面封闭的处理。

（4）对混凝土固化过程中因水化热造成的表面与内部的温差裂缝，应待其稳定后向裂缝内灌注胶粘剂封闭。当构件有防水要求时，应检查灌胶后的渗漏情况，或在构件表面增设弹性防水涂层。

（5）混凝土硬化后，在表面积较大构件、形状突变部位、高度较大梁的腹部、门窗洞口角部、长度较大构件的中部和浇筑混凝土的施工缝等处出现的干缩裂缝，应在其稳定后采取封闭处理措施。

（6）混凝土结构中由于钢筋锈蚀引起的裂缝，可根据下列特征进行判断：

1）裂缝顺钢筋的方向发展并有黄褐色锈渍；

2）对锈蚀钢筋边的混凝土取样，进行氯离子含量测定。

（7）对混凝土结构中由于钢筋锈蚀引起的裂缝，在构件承载力尚符合设计要求的条件下，应按下列方法进行处理：

1）采取遏制钢筋锈蚀继续发展的措施；

2）对于发展缓慢的钢筋锈蚀裂缝，应采取封闭裂缝的处理措施或将开裂处混凝土剔除，用高强度等级的砂浆或聚合物砂浆进行修补。

（8）对有热源影响的混凝土构件上的温差裂缝，应在对造成温度变化的原因采取治理措施后，对构件温差裂缝进行处理。

（9）对碱骨料反应引起的裂缝，可根据下列特征进行判断：

1）骨料出现反应开裂；

2）混凝土碱含量超过现行国家标准《混凝土结构耐久性设计标准》GB/T 50476—2019 的限值；

3）混凝土中骨料具有碱活性。

（10）碱骨料裂缝应按下列方法进行处理：

1）干燥常温环境下，对较轻的裂缝进行灌缝处理；对较重的裂缝进行裂缝封闭后，对构件采取约束加固的处理措施；

2）潮湿高温环境下，可在封闭裂缝、约束加固后，增设表面防水处理和隔热处理措施；

3）对不宜采取上述处理措施的构件，可采取更换构件的措施。

（11）对冬季寒冷或严寒地区的室外混凝土构件的冻胀裂缝，可在消除造成冻胀裂缝的因素后，进行构件加固或补强措施。

（12）对使用阶段出现的混凝土构件受力裂缝，应根据裂缝形态作出判断并进行构件承载能力及正常使用极限状态的验算。当不满足设计要求时，应采取加固处理措施。

8.2.5.3　裂缝的处理方法

裂缝处理是确保结构耐久性的维护措施。应根据裂缝的特征、产生的原因、发展趋势、对结构性能的影响程度，采取不同的方法对其进行处理，以达到事半功倍的目的。一般大量表面性裂缝采取表面封闭方法；贯穿性裂缝采取化学灌浆方法。混凝土结构中的可见裂缝的处理方法通常有以下几类：

（1）对于轻微裂缝可采用“掩饰裂缝”的方法处理；

（2）对于一般裂缝可采用“修补裂缝”的方法处理；

（3）对于严重裂缝可采用“封闭裂缝”的方法处理；

（4）对于反映安全隐患的裂缝应该采用“结构加固”的方法处理。

1. 掩饰裂缝

“掩饰裂缝”适用于对轻微裂缝的处理。轻微裂缝也可称为无害裂缝，一般宽度较小，深度也有限，通常用肉眼勉强可以辨认。其除了对观瞻可能造成影响外，对于结构使用功能、承载安全和耐久性基本上不造成影响。因此，只要裂缝已经稳定，无须采取特别的处理手段，简单进行表面处理加以掩饰就可以了。

（1）处理方法

1）结构表面涂刷

结构混凝土表面的浅层裂缝（龟裂或细小的表层裂纹，一般宽度小于0.2mm），或宽度不超过限值的正常受力裂缝，待其稳定以后可以用涂刷水泥浆、其他涂料（如弹性涂膜防水材料、聚合物水泥膏等）或者外加抹灰层（混水结构）的方式加以掩盖，确保其不再显现而造成观感缺陷就可以了。

一般施工方法为：先用钢丝刷将混凝土表面打毛，清除表面附着物；然后用水清洗干净后充分干燥；最后用涂刷材料充填混凝土表面的裂缝。施工的关键在于界面结合的牢固程度。这种方法的优点是比较简便；缺点是修补施工无法深入到裂缝内部，对延伸裂缝难以追踪其变化。

2）后浇混凝土掩盖

对于有找平层、装饰层、叠合层等混凝土后续施工的情况，可以对开裂的混凝土表面打毛或剔凿成粗糙面，经清扫、水冲、湿润后，利用后浇混凝土振捣时水泥浆的渗入，弥合裂缝。

3）表面抹灰装修

对于有抹面层、装饰层、粘贴层的结构表面，无须特别处理。在后续施工前，浇水湿润或涂刷界面粘贴材料（水泥浆等），再进行表面装饰层施工而将其掩盖，即可消除裂缝的影响。

4）清水表面处理

对于清水混凝土构件的表面，可以通过涂刷水泥浆或其他装饰性材料而掩盖微细裂缝。如果裂缝较宽，则可以采用刮腻子的方法将宽度较大的裂缝填塞，然后再涂刷面层材料加以掩饰。

5）建筑手法处理

有时还可以通过建筑处理的手法掩盖裂缝。例如，沿构件拼接处主动设置装饰性的凹槽或其他形式的线条，引导出现裂缝并用深色涂料加以掩盖，还能取得装饰性的效果。

某些房间内的装饰性线条，实际就是为了达到引导并掩盖裂缝的目的而设置的，甚至室外墙面也通过布置雨漏管或竖向装饰性线条以及其他类似的手法掩饰或处理，都取得了很好的效果。

上述处理方法1）和方法4），只适用于已静止、已稳定的浅层裂缝，不适合处理处于发展期的裂缝。

（2）验收

掩饰裂缝的主要目的就是为了消除可见缺陷，改进观瞻上的效果。因此，处理施工完成后，按相应施工质量验收规范对于外观质量的要求，进行检查、验收就可以了。

2. 修补裂缝

“修补裂缝”的处理方法适用于不影响安全和使用功能的较宽裂缝。实际工程中，基本不影响安全和使用功能的一般裂缝是很难避免的。即使在施工阶段经严格控制而未出现裂缝，在服役初期结构也难免因收缩、温度变化或基础沉降而开裂。实际结构中，绝大多数的可见裂缝均属此类。对这类裂缝，仅作修补即可。

（1）处理方法

1）凿槽嵌补

凿槽嵌补法是在开裂混凝土结构的表面上沿裂缝剔凿凹槽，然后嵌填修补材料，以消除结构表面的可见裂缝。凹槽可为“V”形、梯形或“U”形，宽度和深度宜为 40～60mm。凹槽凿成后，可用压缩空气清扫槽内残渣并用高压水冲洗干净。接着用环氧树脂、环氧胶泥、聚氯乙烯胶泥、沥青膏等材料嵌补、填平，或再以水泥砂浆等修补材料按规定的工艺填塞、抹平。有时表面还要刷水泥净浆或其他涂料，或者进行表面处理，压实抹平，使外形平整、光滑、美观。在某些场合，为了功能的需要，还将加做防水油膏或加做防锈涂料层等。当钢筋已经锈蚀时，应先将钢筋除锈并做防锈处理后，再嵌补材料。

凿槽嵌补的方法只是一种消除结构表面可见裂缝的方法，其并不能填补混凝土内部的裂缝，故结构中仍可能残存裂缝。但这些内部裂缝对于结构安全和使用功能并不构成影响。当然，这种方法对原混凝土结构造成一定程度的损害，施工量也较大。环氧胶泥、环氧浆液配合比见表 8-2。

环氧浆液、腻子、胶泥配合比及技术性能　　表 8-2

材料名称	质量配合比					备注
	环氧树脂（g）	邻苯二甲酸二丁酯（mL）	二甲苯（mL）	乙二胺（mL）	粉料（g）	
环氧浆液	100	10	40～50	8～12	—	注浆用
环氧腻子	100	10	—	10～12	50～100	固定灌浆嘴、封闭裂缝用
环氧胶泥	100	10	30～40	8～12	25～45	—

注：① 粉料可用滑石粉、水泥、石英粉。
② 二甲苯、乙二胺、粉料的掺量，可视气温和施工操作具体情况适当调整。

2）扒钉控制裂缝

对尚处于发展期的宽大且不稳定的裂缝，有时为了避免裂缝的继续延伸和发展加宽，可以跨裂缝采用扒钉加以控制。此时除凿槽嵌补以外，还要沿裂缝以一定间距和跨度预先钻孔，然后跨缝钉入扒钉，并采用环氧树脂等胶结材料填充钻孔，固定扒钉。

这种方法与衣服破裂缝补类似，可以增强裂缝区域的抗力。但可能会使混凝土在其他地方（比如附近区域）产生裂缝，因此，应考虑对相邻区域的混凝土进行监测或处理。

修复裂缝的方法相对比较简便，因此在实际工程中经常应用。尽管其并不能根除裂缝，但对于处理一般裂缝也已足够有效了。

3）自行愈合

在潮湿及无拉应力的情况下，一种称之为“自愈合”的自然修复方法可能比较有效。其常应用于闭合潮湿环境中的非活动裂缝，例如地下室混凝土中的静止裂缝。

这种愈合作用通过水泥的连续水化以及存在于空气和水中的 CO_2 对水泥浆体中的 $Ca(OH)_2$ 碳化而产生 $CaCO_3$ 晶体，其在裂缝中沉淀、聚集和生长，从内部密封裂缝。此外，晶体之间相互连接，产生了一种机械粘结力，在相邻晶体之间及晶体与水泥浆体及骨料表面形成化学粘结力，对修补裂缝产生有利作用。

在愈合过程中，裂缝和邻近混凝土的饱水度是获得足够强度的必要条件。可以将开裂截面浸没在水中或者将蓄在混凝土的表面，使裂缝中充满水。在整个愈合过程中，必须保证裂缝的湿润状态，否则出现干湿循环现象会使愈合强度急剧下降。愈合过程应当在裂缝出现后就立即付诸实施，推迟愈合，会使强度恢复程度降低。

4）仿生自愈合

目前正在应用一些新的裂缝处理方法，即“仿生自愈合”。它模仿生物组织对受创伤部位自动分泌某种物质，而使创伤部位得到愈合的机能。在混凝土生产过程中加入某些组分（如膨内传 803 水泥基渗透结晶型防水剂、含胶粘剂液芯纤维的胶囊），在混凝土内部形成智能型仿生自愈合神经网络系统。当混凝土出现裂缝时，与水接触或胶囊破裂就会激活而产生新的晶体，自动修复结构微裂缝，使混凝土得到永久的防水保护。

（2）验收

在施工过程中发现的一般缺陷裂缝，及时进行处理后，按施工质量验收规范的要求检查验收就可以了。对交付使用后在服役期出现的一般裂缝，同样在修补处理的施工完成以后，按施工质量验收规范的要求检查和验收。

3. 封闭裂缝

对于已构成严重缺陷的裂缝，如渗水、漏雨而影响使用功能的裂缝，或宽度很大超过限值，表明抗力消耗较大但尚没有构成安全性问题的受力裂缝，则应进行封闭，对其进行比较彻底的处理。

（1）处理方法

1）压力灌浆

利用压力将修补材料的浆液灌入裂缝内部，从而消除裂缝。这是一种无损的方法，适用于宽度较大，而且较深的裂缝，尤其是贯通裂缝或混凝土破碎裂缝的修补。具有工艺简单、无须钻孔、处理裂缝的针对性强等特点。这种修补方式可以消除结构深层的裂缝，粘结弥合被裂缝分割破碎的混凝土，达到密实混凝土的目的。灌浆材料可为水泥浆或环氧树脂、甲基丙烯酸脂、聚合物水泥等，一般应具有黏度小、粘结性能好、收缩性小、抗渗性好、抗拉强度高、无毒或低毒等特点。有时，为了罐注工艺的要求，还须添加稀释剂、增塑剂、固化剂等掺加剂以提高灌浆效果。同样，为了功能性目的，有时还需掺入各种外加剂。修补灌浆的配制需要有一定的经验和严格的操作工艺。压浆泵的配置、压力的选择、压浆嘴的间距等工艺参数，应根据裂缝检测结果经估算确定。

2）抽吸灌浆

利用抽吸真空造成的负压，将修补材料的浆液吸入裂缝内部，从而消除裂缝。工艺原理为：封闭裂缝后，利用抽吸管的吸盘对裂缝内抽气造成负压，将涂布在裂缝表面的浆液吸入裂缝内，从而达到封闭裂缝的目的。当然，浆液的配制、吸管的规格、布置的间距等工艺参数，也应由裂缝检测结果经估算确定。

常用的浆液包括环氧树脂、丙烯酸脂以及其他专用的混凝土胶粘剂。封闭前需注意清除裂缝内影响粘结的污染物。

3）浸渍混凝土

被裂缝分割破碎的混凝土，当其范围较广且宽度和深度也很大的情况下，靠压力或抽吸灌浆已很难解决问题。此时，为了恢复混凝土的整体性，可以通过钻孔后的高压灌浆形成浸渍混凝土，以恢复混凝土的抗力。具体方法是在需处理的混凝土区域内钻孔，并高压注入修补材料。使其沿裂缝和缺陷深入材料内部，填补所有的缝隙，从而增强混凝土的密实性。浸渍混凝土的实质已经属于改性的混凝土了，经处理以后的混凝土力学性能实际上已有很大的改善。

4）钻孔灌浆

钻孔灌浆法一般可分为骑缝钻孔法和斜孔埋管法两种。

① 骑缝钻孔法

骑缝钻孔法是在混凝土表面直接钻孔。沿裂缝中心钻一孔，直径一般为50～75mm。孔必须足够大，并沿裂缝的整个长度与裂缝相交。修复材料的数量应足以承受作用在栓塞上的结构荷载。所钻的孔应清理干净、不松动，并用灌浆材料填充。

由于裂缝的发展不会是一个平面，以线找面的做法使部分钻孔可能不与裂缝相交，造成盲孔，灌浆材料无法填充到裂缝中，形成了盲段而影响灌浆效果。

② 斜孔埋管法

斜孔埋管法解决了骑缝钻孔难以找准裂缝的缺点，采用以点找面的办法。浆液在灌浆压力下可以畅通地填充到裂缝中，提高了灌浆质量，加强了防渗能力。这种方法对大体积混凝土较厚的结构和薄壁衬砌结构均适用。

该方法工序较少，施工简单，被普遍采用。但仍存在钻孔时微细粉尘容易堵塞缝口的可能，从而会造成灌浆通道堵塞，影响灌浆质量。此外，由于管孔容积大，因而会耗费较多的浆材，增加了灌浆成本。

（2）验收

灌浆、吸浆或浸渍混凝土施工需要有配套的专用设备，施工的工艺参数须通过检测计算并结合工程经验确定。封闭裂缝需有专门制定的施工技术方案，并聘请有实际经验和专用装备的专业队伍进行施工。一般通过控制灌浆量并由浆液从裂缝溢出判断灌浆的效果。

4. 加固处理

对可能影响结构安全的裂缝，若经检测和复核发现结构抗力不足，且有破坏预兆标志和有安全隐患的裂缝，则应对相关的构件进行加固处理。此时裂缝问题已退居次要地位，结构安全已成为问题的关键。

结构加固比较复杂，已不单是裂缝处理问题，而属于另外的范畴，且内容太多，可详见相关著作，本节不再赘述。

8.2.6 混凝土裂缝修补效果检验

混凝土裂缝修补后是否达到预期效果，主要应加强施工中的质量检查与验收。修补结束后，为确认其效果，可以采用下述一种或数种检验方法。

（1）外观检查：通过混凝土表面或装饰层的情况检查，比较容易确认修补效果，如未再次开裂、无渗漏，则说明修补效果良好。

（2）复查施工记录和质量保证资料：这是确保修补质量的重要措施，所有工程都应做这项检查工作。

（3）取芯试验：用灌浆等方法修补裂缝时，在浆液固化后，钻取混凝土芯样，观看浆液渗入与分布情况，然后用压力机检验其强度，并检查裂缝处有无重新开裂破坏的情况。

（4）压水试验：对裂缝较多的构件，灌浆固化后布设检查孔，作压水试验，水压常用灌浆压力的 70%～80%，如混凝土不进水，而且也不渗漏，则认为合格。

8.3　混凝土亏方

浇筑在结构构件中的预拌混凝土，需要经过一系列的环节才能完成。其过程为：原材料计量、搅拌、运输、交货、输送和浇筑。这一系列过程中，由于会产生一定的计量误差、数量损失（包括周转、洒落模腔外、胀模、漏浆、堵管、剩余等）及结构模腔尺寸存在偏差等，这些因素注定了供货方量与按图计算的方量或多或少不一致，因此，发生混凝土亏方问题在所难免。

一个讲诚信重信誉的企业，不会故意让需方亏方。当发生亏方时，如果供需双方认真查找并分析亏方的原因，并主动承担责任，就会减少或避免纠纷的发生。

一般来说，大多数混凝土企业“守约重义，诚信经营”，需方应给予信任。俗话说：“日久见人心”，经过几次合作后就能评价或感觉到供方的信誉度或管理水平如何。作为预拌混凝土企业，应力求做到“质量让顾客放心，数量和服务让顾客满意”。在平时的经营中应加强内部管理，要把企业信誉放在第一位，信誉是建立在过去为客户合作基础之上的，企业信誉的好坏将在顾客心目中留下深深的烙印，并相互传递，因此一个诚信重质的企业，必然会赢得更多的客户。

8.3.1　不同结算方式对供需双方的利弊分析

预拌混凝土的结算方式有两种，一是按施工图纸计算的理论方量结算；二是按混凝土拌合物体积（由运输车实际装载的混凝土拌合物质量除以混凝土拌合物表观密度求得）进行结算。这两种方式均会存在不同程度的偏差，一般按施工图纸计算的理论方量偏差更大、争议更多。现就不同结算方式对双方的利弊分析如下：

1. 按施工图纸结算对供方的不利因素

按施工图纸计算混凝土方量存在许多问题，承担相应亏方损失的基本是混凝土企业。

（1）与土壤接触的结构部位，如垫层、路面、灌注桩、地下连续墙等，由于与混凝土接触的基面不平整，使计算的方量难以为准，往往实际用量超过理论很多。

（2）不规则的结构部位或结构设计较复杂的部位方量不易计算准确，也容易发生亏方问题。

（3）当结构图纸发生变更并增加混凝土的方量时，需方故意隐瞒或忘记向供方提供变更图纸，从而造成供方严重亏方。

（4）模板支撑不牢固造成浇捣部位漏浆、跑模、胀模，或混凝土结构实际尺寸比施工图纸略大等。

（5）施工时，需方将混凝土浇筑到图纸以外的部位，如预制构件、临时设施、路面等。

（6）在浇捣结构尺寸较窄的部位，如框架柱与梁、基础连梁、未与楼板同时浇捣的剪力墙等，混凝土拌合物遗洒浪费现象相对于其他部位要多。

（7）同时浇筑几个强度等级混凝土时，高等级一般都要超方，用到了低等级部位，而计算方量和结算时是按低等级算的，造成了价格亏损。

（8）发生堵管时，在拆装清理过程中和再次用砂浆润滑泵管所产生的损耗，往往都由供方承担损失。

（9）有些结构部位较复杂，在施工过程中混凝土浇筑困难，当运送到现场的混凝土因等待时间过长而报废时，如果不及时在“供货单”上注明并要求需方签字认可，按图纸结算的工程可能就由供方承担损失。

（10）混凝土浇筑即将结束时，需方报料人员对方量的估算不准，如果最后罐车内剩余的混凝土无法得到合理处理，供方只得为此买单。

（11）泵送结束后，泵管中存留的混凝土无法用到浇筑部位上，浇筑工程面积越大、楼层越高、泵管越长，供方亏损越大。

2. 按拌合物体积结算对需方的不利因素

按混凝土拌合物体积计算方量虽然对需方有不利，但容易被发现，好预防，且误差比按施工图纸计算小得多。

（1）运输车筒内壁粘附混凝土，强度等级越高黏度越大粘得越多；混凝土坍落度越小粘得也越多。而混凝土运输车又必须每隔几小时冲刷一次，从而引起需方亏方。

（2）供方在每车混凝土出厂检验（目测拌合物和易性）时，有的检验人员待罐车上磅后进行，如果计量操作人员不注意，所打印的“供货单”中记载的混凝土净重实际上包含了一个人的质量。

（3）供方地磅保养不善，计量失准，精度偏差大。

（4）供方个别司机素质不高，在运输途中偷卖部分混凝土。

（5）发生堵管时，在拆装清理过程中和再次用砂浆润滑泵管所产生的损耗，一般都由需方承担损失。

（6）运输车回皮后加油或加水。

（7）运输车罐中混凝土未卸完。

（8）对于含气量大的混凝土，如抗冻混凝土其含气量入模前可达到 4%～6%，过振时含气量损失大，不仅影响结构的抗冻性能，而且会加大体积损失。

（9）混凝土浇筑即将结束时，报料不准，剩余混凝土的量一般由需方买单。

8.3.2　解决纠纷的方法

通过以上分析，我们已基本了解产生亏方的原因，针对这些原因提前采取措施是解决或消除纠纷的最佳方法。无论采取何种方式结算，在供货和施工过程中，供需双方必须密切配合，各负其责，可互派代表全过程了解每一次供货、浇筑情况，发现问题时可及时提出、随时解决，这样就会减少或避免纠纷的发生。

（1）在施工过程中，供需双方可在交货检验时增加表观密度的测定，取其平均值作为计算方量的依据。这样既公平又能消除需方对混凝土拌合物表观密度的疑问。

（2）按施工图核算方量的工程，供方应派代表到现场监视施工过程，发现需方将混凝土浇筑到图纸外的部位时应予以记录，并要求需方签字认可。

（3）当发生亏方争议时，供方应派技术人员到现场实地观察，测量混凝土结构实体尺寸，尽量查出产生亏方的原因，将企业损失降到最低。

（4）用于润滑泵管的砂浆，不一定使用到浇筑部位，供方代表应做好记录。

（5）为减少亏方纠纷，需方可派人员到供方监视过磅和打票过程，或在交货过程中抽 2、3 车混凝土到第三方复秤，误差不超过 ±1.5% 属正常情况；当复秤超过 ±1.5% 时可提出对供方的地磅进行校准，若认为供方磅不准或以复秤为准的做法是欠妥的。

（6）需方应保证模板支撑牢固，模板缝隙应堵严，尽量减少漏浆、跑模、胀模现象的发生，并尽量控制好浇筑结构尺寸。

（7）每次浇筑完毕后，供需双方应在3d内办理结算签证手续，以便及时消除可能发生的纠纷，有利于和谐合作。

（8）供方应配备GPS监控系统，防止个别司机途中偷卖部分混凝土。

（9）出厂检验目测拌合物或取样时，供方检验人员应在罐车上磅前进行。

（10）发生堵管时，双方应立即分析原因，所发生的损失由责任方承担。

（11）为确保供应的混凝土保质保量，公平交易，供方应配备精度为±1%的地磅，每一车次必须过磅（空车和重车都过磅）；使用的地磅应按规定进行检定并合格；刷车、加油或加水必须在回皮前进行。

综上所述，由于施工过程明显比混凝土生产与供应过程复杂，因此发生混凝土亏方由需方引起的因素较多，而且有时事后要查清原因较困难，供方如果找不到确切的证据就难免要吃哑巴亏。特别是按施工图纸计算方量时，有些部位不易计算准确，计算方量与实际用量可能超过5%以上的偏差，因此按施工图纸进行结算容易造成供方亏方。而按混凝土拌合物体积结算好操作，易于双方掌控，是最合理的结算方式。

8.4 混凝土表面起粉、起砂

混凝土表面起粉、起砂是常见的工程质量问题，对混凝土的外观、耐磨性和回弹强度有直接影响。该问题容易发生在表面质量要求较高的路面、厂房地面、车库等，是预拌混凝土施工中常见的质量纠纷问题之一，处理不好甚至要返工重来。

8.4.1 起粉、起砂现象

起粉、起砂的混凝土表面不坚实，强度低，一经走动或车辆碾压表面砂粒逐渐松动或成片脱落，甚至扬尘，最终将产生露石等耐久性问题。

起粉、起砂的混凝土虽然表面强度不高，但并不一定代表下部强度就有问题，而下部混凝土强度再高，对表面质量要求比较严格的工程来说这种质量缺陷是人们不愿接受的。

8.4.2 起粉、起砂原因分析

混凝土表面起粉、起砂原因是多方面的，既有管理方面的原因，也有配合比与材料方面的原因，还有施工和环境方面的原因。

8.4.2.1　配合比及材料原因

（1）水泥用量少，掺合料用量过多。

（2）砂的粒径过细，耐磨性差。

（3）骨料含泥量过大，影响水泥与骨料的黏结力。

（4）粉煤灰、矿粉等矿物掺合料掺量不宜过大，单掺宜控制在 20% 以内，双掺宜控制在 30% 以内。

（5）混凝土生产时使用的刷车水中固体含量过大，振捣后表面容易出现浮浆，凝结后表面强度低。

（6）外加剂掺量过大，外加剂与胶凝材料相容性差等，出现泌水或滞后泌水、离析现象。

（7）骨料级配不良，粉煤灰过粗，混凝土易泌水。

（8）冬期浇筑混凝土应根据气温变化情况，掺入早强剂或防冻剂。

8.4.2.2　施工原因

（1）没有掌握好压实抹光时机，抹光时间过早压不实，抹光时间过迟只得洒水抹压，造成表面疏松，大大降低混凝土表面层强度和耐磨性能；以及抹压遍数不足。

（2）在干燥环境条件下施工时，未对模板或基层用水湿润，造成混凝土失水过快，影响了水泥的正常水化，强度降低，易开裂。

（3）养护不当。如果路面保湿养护不及时，混凝土中的水分将迅速蒸发，水泥的水化作用受到影响，严重时甚至停止水化，导致表面强度的大幅度降低，抗耐磨性差。但是保湿养护也不能过早，如果在混凝土较“嫩”时浇水，会导致大面积脱皮，通车后容易起粉、起砂。

（4）混凝土浇筑收面过程中突遇大风、下雨、下雪等，一般来不及覆盖，混凝土表面质量将受到影响，容易引起起粉、起砂、脱皮现象。

（5）冬期低温浇筑的混凝土，未做好保温和延长养护时间，造成混凝土表面遭受冻害。

（6）混凝土坍落度过大或振捣时间过长，使表面形成含水量较大的砂浆层，甚至出现浮浆，硬化后表面强度低，易出现起粉、起砂现象。

（7）施工过程中随意往拌合物中加水，降低了混凝土强度，硬化后表面耐磨性能差。

（8）成品保护不力，混凝土尚未达到足够强度就上人走动，使地面受到破坏，容易起砂。

（9）混凝土遭受太阳暴晒或天气非常干燥不养护，表面水分的蒸发过大，导致水泥水化不充分，强度低。

（10）施工过程中路基地面有积水，并在混凝土浇筑过程中积水上浮于表面，增大水灰比而降低路面强度和耐磨性。

8.4.3 预防措施

对于混凝土表面观感要求较高的部位，为避免或减少问题的发生，应针对以上原因制定预防措施，充分做好事前预防工作是最好的方法；当混凝土拌合物不良或其他不良原因估计会对表面质量不利时，应在混凝土终凝前及时采取补救措施，尽量避免事后处理带来的麻烦。

8.4.3.1 原材料与生产方面

（1）合理选用外加剂，加强外加剂与胶凝材料的相容性检验，避免混凝土拌合物产生滞后泌水、离析现象。

（2）天然砂比人工砂配制的混凝土耐磨性好，因此对于表面质量要求高的地面、路面等部位，应尽量使用天然砂配制。

（3）尽量不用刷车水生产表面质量要求高的混凝土。

（4）为确保混凝土硬化后表面有足够的强度，地面、路面等混凝土应控制粉煤灰等掺合料用量，适当提高水泥用量。

（5）尽量采用级配良好、含泥量和泥块含量小的骨料拌制混凝土，砂率应尽量小。

（6）不宜使用低强度等级水泥，或过期、受潮水泥。

（7）为确保混凝土拌合物搅拌均匀，应适当延长搅拌时间。

（8）严格控制混凝土生产坍落度，在满足运输及施工的条件下要尽量小。

8.4.3.2 施工方面

施工人员的技术水平和经验是影响混凝土质量的关键环节，因此施工单位应加强施工人员的技术培训和管理，并做好以下工作：

（1）对于混凝土表面观感要求较高的部位，如车间、仓库、车库等，在混凝土浇筑抹面时，可均匀地撒一薄层硬化剂再抹光，混凝土凝结后表面坚实、耐磨，光感度好，一般不会产生脱皮、起粉、起砂现象。

（2）混凝土坍落度要求不宜过大，更不可往混凝土中随意加水。

（3）为满足水泥水化的需要，混凝土浇筑后应及时采取保湿养护措施，防止过快失水影响强度和造成开裂，养护工作应有专人负责。

（4）炎热的夏季施工时，应尽量选择夜间浇筑混凝土，或有防止太阳直接暴晒新浇混凝土的防护措施。

（5）应尽量避开低温条件下施工，因为在低温环境条件下水泥水化速度较慢，强度的增长也就迟缓。当温度低于冰点以后，水泥水化基本停止，如果保温措施不当，混凝土早期容易遭受冻害。因此，浇筑混凝土时的环境最低温度不应低于 5℃。

（6）预先了解天气预报，避开大风、下雨、下雪等天气施工。若中途遇上这种天气，应立即停止施工，设置施工缝。如果不能停工要立即采取覆盖养护，防止水分蒸发，防止被雨水直接冲刷，造成起粉、起砂现象。

（7）在浇筑路面、地面混凝土过程中，不应集中布料，不宜用插入式振动棒赶料，高出的部分用铁耙搂平，避免出现局部砂浆层过厚。

（8）混凝土浇筑后如果出现泌水，应清除表面泌水，并加强抹压收光，不宜简单采用撒干水泥的抹面处理方法。

（9）混凝土面层未达到足够的强度不得上人走动或进行下一道工序的施工。

（10）对混凝土表面观感要求较高的部位，应进行两三遍收面，并掌握好最后一次压实抹光时机，不宜过早或过迟。

（11）路面、地面混凝土达到一定强度时，应及时切割收缩缝。

8.4.4　处理方法

对于混凝土表面观感要求较高的部位，发生起粉、起砂问题时必须进行处理，可参考以下方法进行：

（1）对于小面积且较浅不严重的起粉、起砂，可将起粉、起砂部分水磨至露出坚硬的表面即可。

（2）对于大面积的起粉、起砂，可将起粉、起砂部分的浮砂清除掉，并用水冲洗干净，采用 108 胶和水泥进行修补，108 胶的掺量应控制在水泥质量的 20% 左右（108 胶不宜在低温环境下施工），涂抹后按水泥地面的养护方法进行养护，也可选用经稀释后的高分子树脂乳液喷涂。

（3）对于较严重的疏松脱落和起粉、起砂，应将面层全部剔除掉，用环氧树脂乳液进行处理。该乳液分甲、乙双组分。甲组分是环氧树脂乳液，乙组分是其固化剂乳液。两组分都可用水稀释到任意浓度，按说明书使用。切忌用过高浓度的乳液，否则会因固化收缩而起皮分层，导致处理失败。根据需要可以在砂浆中添着色剂或其他耐磨增强（如“钢砂”）等组分。

8.4.5 注意事项

（1）路面要尽量延长通车时间，应在混凝土强度达到设计强度 100%，填缝完毕后才能开放交通；在达到设计强度的 40% 以后方可允许行人通行。

（2）要做好养护工作，混凝土终凝后，可用土工布覆盖洒水养护，保湿养护不应少于 7d。

（3）浇筑路面混凝土前，做好稳定层的压实，其厚度与平整度要符合要求。

（4）路面附近的排水要布置好，避免雨水、排污水等直接冲刷混凝土，导致基层沉降产生裂缝。

（5）严禁工人在收光、抹面时随意洒水，否则易致使混凝土面层水胶比增大，强度严重降低而出现起粉、起砂现象。

（6）路面混凝土浇筑后，应待混凝土强度达到设计值的 25%～30% 时进行切缝，避免切缝过晚产生裂缝。

8.4.6 小结

只要在生产和施工过程中加强对“人、机、料、法、环”等各个环节的管理和控制，混凝土表面发生起粉、起砂问题基本能够杜绝。

应警惕混凝土起粉、起砂问题，不应简单看待和盲目处理，对于重要的结构部位，如墙、柱、现浇楼板、公路路面等，可凿开一小洞进行认真观察，当对结构实体质量有疑虑时，应钻取芯样进行强度检验，防止“豆腐渣”工程的发生。

混凝土表面发生起粉、起砂问题往往会滋生出其他问题，其产生的负面影响可能远远大于问题本身，应引起相关单位的高度重视，及时分析原因并采取合理的方法进行处理，将会减少许多麻烦。

8.5 混凝土凝结时间异常

混凝土的凝结时间明显超过正常范围，可判为异常凝结。当混凝土发生凝结时间异常时，轻则影响正常施工，严重时可能会引起工程质量事故。

8.5.1 异常凝结的区别

混凝土凝结时间发生异常现象有缓凝、速凝和假凝三种。无论发生哪种现象，都必须高度重视，及时查找原因，尽快做出正确的处理决定。

（1）缓凝：混凝土产生缓凝现象没有固定的时间规定，往往以是否影响后续的正常施工来进行衡量。对于一般的混凝土结构来说，夏季浇筑后超过 10h 不终凝，冬期超过 20h 不终凝的，可认为是缓凝；而超过 2d 不终凝的可认为是超缓凝。

（2）速凝：速凝的主要特征是混凝土停止搅拌后，很快开始放热，拌合物流动性损失快，导致浇筑困难甚至无法浇筑。

（3）假凝：假凝的主要特征是混凝土停止搅拌后，流动性损失很快，并有凝结特征，但无明显温度上升现象，重新搅拌后有一定的流动性，可用于浇筑。

8.5.2　原因分析

混凝土凝结时间发生异常现象主要与原材料、生产设备、环境条件和施工有关。

1. 原材料

混凝土生产企业应加强罐仓的管理，杜绝发生胶凝材料和外加剂入错罐、用错料情况的发生，否则，不仅仅只是引起混凝土凝结时间问题，还可能发生严重的质量的事故。

（1）外加剂

预拌混凝土生产时使用的减水剂，一般生产厂家掺有少量缓凝剂，如果气温突然大幅下降或突然大幅升温，由于混凝土生产任务紧，往往来不及根据气温调整缓凝剂掺量只得用，所生产的混凝土就容易出现凝结不正常的情况。

（2）水泥

水泥是混凝土用量最大的胶凝材料，对混凝土的凝结硬化起主要作用。水泥引起混凝土凝结时间异常的因素主要有：

1）产生速凝的主要原因是熟料中铝酸三钙（C_3A）和碱含量过高。

2）为调节水泥凝结时间，熟料中需掺入适量的石膏，若石膏的掺入量不足，不能有效地调节水泥凝结时间（较短）；若掺量过多，容易导致水泥发生速凝现象，甚至导致水泥体积安定性不良。

3）水泥在粉磨过程中，当磨内温度过高时，可引起二水石膏脱水，生成溶解度很小的半水石膏，失去调节凝结时间的能力，是产生假凝的主要原因。另外，某些含碱较高的水泥，氯酸钾与二水石膏生成钾石膏迅速长大，也会造成假凝。

4）熟料中生烧料较多。生烧料中含有较多的 f-CaO，这种料水化时速度较快，且放热量和吸水量较大，容易引起混凝土凝结时间异常。

5）水泥的新鲜程度对混凝土凝结时间的影响也较明显。水泥储存的时间越短，温度越高，水化反应越快，将加快混凝土坍落度经时损失，影响外加剂与水泥的相容性。

（3）矿物掺合料

由于矿物掺合料要靠水泥水化生成的 $Ca(OH)_2$ 才能发生胶凝性反应，因此矿物掺合料掺量越大，混凝土的凝结时间越长，故在冬期施工时矿物掺合料的掺量不宜过多。另外，使用脱硫粉煤灰将显著延长混凝土的凝结时间。

2. 生产设备

当生产设备计量装置发生故障失灵时，有可能导致原材料的计量误差很大，特别是外加剂、水泥和掺合料多下或少下时，将明显延长或缩短混凝土的凝结时间，甚至发生严重的质量事故。

3. 环境条件

水泥的水化反应随温度的上升而加快。因此，随着环境温度的上升，新拌混凝土的凝结时间缩短。反之，凝结时间则延长。

4. 施工

（1）往混凝土拌合物中加水的做法，严重时将明显延长混凝土的凝结时间。

（2）冬期施工如果准备工作不到位，某一环节跟不上或仓促施工，容易造成混凝土凝结时间过长，如起始养护温度越低，凝结时间越长。

8.5.3 预防措施

（1）加强胶凝材料与外加剂相容性检验和生产配合比的验证，及时发现问题及时解决，尽量避免混凝土拌合物交付后发生异常情况。

（2）当混凝土的凝结时间采用调整外加剂的方法仍然不能满足施工要求时，在保证混凝土质量的前提下，可同时调整水泥用量（胶凝材料总量不变），如夏季可适当减少，而冬期应增加。

（3）严格按规定周期检定生产计量称量装置，并加强日常自校和维护保养工作，防止发生卡、顶、传感器灵敏度不良现象导致称量失准；当计量装置出现失准时，应立即停止生产，查找原因，及时修理并检定或校准合格后方可生产。

（4）筒仓的管理是混凝土生产管理过程中重中之重的工作，时刻不能放松，不少生产企业就是由于筒仓的管理不善，发生了胶凝材料入错用错的情况，给企业造成了重大的经济和名誉损失。

（5）冬期施工时，必须加强新浇混凝土的养护工作，尽量减少混凝土自身热量损失过快而延长凝结时间，影响早期强度的正常增长。必要时应采取外部增温措施。

（6）当混凝土产生异常凝结时，应及时查明原因。若是外加剂超量引起并在 3d 内凝结硬化，在保湿养护做到位的情况下对混凝土后期强度影响不大，可以采取延长拆模时间的方式进行处理；若是其他原因引起，可能导致强度大幅降低时，应尽早凿除重新浇筑。

（7）当发生速凝或假凝时，如采取调整外加剂的方式仍无法保证施工，应立即更换水泥生产混凝土（更换批次，最好更换厂家），一般情况下问题能够得到解决。

（8）禁止施工过程中随意往混凝土里加水。

当混凝土在浇筑过程中或浇筑后发生不正常凝结时，必须立即追溯产生的原因，及时合理处理，尽量将损失降到最低。

8.6　混凝土强度不足

预拌混凝土企业（以下称供方）是服务型行业，为需方供应的是混凝土拌合物（半成品），交付后其最终成品质量受需方施工质量的影响很大。但是，当交货检验试件、非破损、半破损结构实体强度检测出现强度“不合格”时，无论责任人是谁或是什么原因造成的，需方都会找供方说事。在这种情况下，供方如何证明所供应的混凝土是没有问题的，对处于弱势的供方来说不是一件容易的事，处理不好就会被迫承担一定的责任。

实际上，混凝土强度检验结果不合格存在“真”和“假”的问题。“真不合格”是指供方原因造成的，如原材料、配合比及生产等环节存在问题所致；而“假不合格”则是指半成品本身无质量问题，是由于浇筑振捣、结构养护、现场试件的养护、检验设备与方法等存在问题造成的。无论真不合格还是假不合格，对于供方来说都是一件急需处理而又非常棘手的问题，现就造成的原因分析如下：

8.6.1　“真不合格”原因分析及预防措施

混凝土强度不足将影响结构的承载能力，严重时影响结构安全。因此，供方必须加强内部管理，提高人员的责任心和质量意识，杜绝所供应的混凝土强度发生真不合格问题，否则将严重影响企业的生存和可能承担法律责任。

8.6.1.1 原因分析

1. 原材料方面

（1）水泥

同一等级的水泥，生产厂家不同其实际强度与其他性能存在一定的差异，当更换水泥厂家时，要提前进行市场调查，了解其他用户对该水泥的评价，以及做一些验证对比，避免盲目使用。

管理良好的水泥企业，其水泥实际强度和需水量波动不大，而质量控制较差的企业其28d强度存在10MPa左右的波动，盲目更换厂家将加大企业的质量风险。

（2）骨料

当骨料质量发生明显变化，而混凝土生产配合比不及时调整时，就可能发生强度不足的问题。如人工砂的总压碎值对混凝土强度有明显影响，使用总压碎值在30%和15%的两种人工砂配制混凝土，前者比后者混凝土强度低3～4MPa。

骨料中含泥量大、泥块含量大、有害物质含量高、粗骨料中针片状颗粒含量大等，对混凝土的强度及工作性影响很大。

（3）拌合水

拌合水质量不合格。拌合水中有机杂质含量高，或者使用污水、工业废水拌制混凝土，都会造成混凝土强度下降。

（4）外加剂

外加剂对混凝土强度有一定影响。当减水剂减水率发生明显变化时，如不及时调整掺量将造成混凝土强度下降，膨胀剂、缓凝剂、早强剂用量过大等，都会造成混凝土强度下降。

（5）矿物掺合料

矿物掺合料质量发生明显变化，如细度较粗或使用了掺假的矿物掺合料。

2. 混凝土配合比及生产方面

（1）原材料已发生了明显变化，未对配合比进行试验验证，随意套用配合比。

（2）未准确根据原材料质量变化及时合理调整生产配合比。

（3）剩余混凝土处理不当，刷车水应用不当。

（4）计量装置失准，造成生产配合比严重失控。

8.6.1.2 预防措施

（1）混凝土在生产过程中，必须严格控制水胶比，配合比的调整保证水胶比不发生变化。

（2）应优选生产规模较大的水泥生产厂家，大厂一般都重视质量和信誉，质量管理体系完善，执行到位，且能保证水泥的连续供应，对预拌混凝土的生产和质量控制有利。

（3）胶凝材料尽可能采用同一厂家的，切忌“朝三暮四”。因为不同厂家生产的产品其质量有一定差别，与外加剂的相容性也有差别，经常更换厂家不利于混凝土生产质量的控制。

（4）提高检测手段，加强配合比的验证和原材料的验收及检验工作，为混凝土生产质量控制提供可靠依据。

（5）加强胶凝材料与外加剂相容性检验，及时发现问题及时解决，尽量避免混凝土拌合物交付后发生异常情况。

（6）严格按规定周期检定生产计量称量装置，并加强自校和维护保养工作，防止发生卡、顶、传感器灵敏度不良现象导致计量失准；当计量装置出现失准时，应立即停止生产，查找原因，及时修理并检定或校准合格后方可生产。

（7）加强筒仓的管理工作，避免胶凝材料入错用错情况的发生。

（8）应提高矿物掺合料的抽样检验频率，防止伪劣假冒产品用于混凝土生产。

（9）合理应用刷车水，不宜用于强度等级高的混凝土和外观质量要求严的混凝土。

（10）对剩余混凝土的质量和重新使用进行准确评估及处理，应有相关的试验数据作为依据。

8.6.2 “假不合格”原因分析及预防措施

“假不合格”是预拌混凝土自身质量没有问题，而是由混凝土试件和结构实体强度检测引起的。根据现行国家规范，试件不合格与供方有一定关系，理应参与追溯和处理，而结构实体强度不合格往往是检测方法以及不规范施工原因造成的，由于供方垫资较多，仍然无法置身事外，但是最终采用钻芯法检测基本都合格。

8.6.2.1 需方原因

（1）个别需方动机不纯，弄虚作假，制作的试件故意不合格或不出示试件不合格报告，但以强度不合格为由赖账，或提出扣除部分货款。

（2）浇筑时随意往混凝土中加水、振捣不实等，造成结构实体强度检测不合格。

（3）混凝土浇筑方式不当，“一灌到顶”容易发生混凝土结构实体整体匀质性差、局部薄弱的情况。

（4）混凝土浇筑后不养护、拆模过早、冬期施工养护不当早期受冻。

（5）混凝土浇筑控制不当，强度等级浇错部位。

（6）对试件管理不善、代表性差，是导致“假”不合格的主要原因：

1）混凝土相关规范中对混凝土标养试件有严格的规定，但许多施工现场不具备标养条件。要不没有设置标养室，要不有养护室但温湿度不符合要求。

2）试件制作不规范。许多施工单位取样人员未经岗前培训，不懂混凝土取样及试件成型方法，试件振捣不实，导致所成型的试件缺乏代表性。

3）有些施工现场成型的试件露天放置，或成型后几天才脱模；试件脱模后随意堆放，根本不养护，造成所送检的试件强度低。

4）拆模不规范。拆模时间通常比较随意，有时只是勉强能拆，造成试件缺棱掉角，拆模时间过早又不细心，极易造成试件混凝土内部损伤，严重影响试件强度。

5）有些施工现场使用的塑料试模是从建材市场购买来的，塑料材质很差，模腔尺寸偏差超过标准规范的要求，所成型试件不标准，但需方现场试验员根本不关心或不注意这些，拿来就用。

8.6.2.2　检测方面原因

目前，建筑工程所使用的材料质量、结构实体质量（包括混凝土强度）都必须委托第三方检测机构进行检测，所出具的检测报告才能作为工程质量验收的依据。但是，作为“公正检验”的第三方检测机构，有的也存在一些问题：

1. 混凝土试块尺寸与强度检验

像压试块这种粗活，一般都是比较年轻的检测人员来干。由于检测机构每天要压的试块数量非常多，而且检测人员年轻缺乏经验，因此在压试块前基本没有测量试件尺寸的习惯，当发生试块强度不合格且追溯人员无经验时，往往对不合格试块的代表部位采用非破损或半破损的方法对强度进行重新检测，假如检测的结构实体强度仍然不合格，就会演化成质量事故。

现行国家标准《混凝土物理力学性能试验方法标准》GB/T 50081—2019 第 5.0.4 条明确规定：试件到达试验龄期时，从养护地点取出后，应检查其尺寸及形状，尺寸公差应满足本标准第 3.3 节的规定（也可详见本书第 6 章第 6.4.2.1 节）。显然，检测人员不测量试件尺寸是违规行为，容易导致误判错判的发生，可能给样品相关单位带来严重的后果。

笔者发现，混凝土试件的尺寸对检测结果有很大影响，特别是使用塑料试模成型的 150mm 立方体试件容易变形，有的试模本身尺寸就不标准，成型的试件很难找到一个标准的平面，要不中部凸起、要不中部凹心，有的试件边长尺寸可达 1～2mm 的偏差，使试件在强度检验时试验机上压板呈微斜状，影响了试件的变形破坏模式，这种混凝土试件可造成抗压强度降低 10%～20% 的试验误差。

因此，混凝土试模和试件问题应引起相关人员的高度重视，在购买和使用时应对试模或试件尺寸进行测量，杜绝造成混凝土强度假不合格的发生。

2. 结构实体混凝土强度检测方法

结构实体混凝土强度常采用回弹法检测，该方法存在较大的试验误差。回弹不合格的部位采用钻芯法几乎都“合格”，详见第 7 章内容。

3. 试验机对抗压强度的影响

长期以来，人们总习惯将影响混凝土强度的不确定因素归结为混凝土本身的离散性，往往忽略了试验机对抗压强度的影响，事实上抗压强度试验结果并不完全可靠，试验机由于本身各种特征的差异，对于混凝土强度试验结果具有很大影响。质量相同的试件在不同试验机上试验，强度差异有时可达 20% 以上；即使是同一台试验机，试验结果也有相当大的波动，差异不但体现在强度大小上，有时试件的变形破坏模式也有所不同。

（1）球座的影响

试验机设置球座的目的，在于保证在试验加荷以前，即试件表面和端板逐步接近但还未接触的调整准备期间，有一个端板可以自由旋转，以补偿试件两面不够平行的缺点，均匀地对整个表面加荷。为保证旋转自由，球座一般设置在上承压板上，这样可以减少或消除摩擦力。

通常认为，球座的自由旋转只应以初始一段准备期为限。一旦试件受力开始试验，从某一相对低荷开始，球座应被有效制动，不再旋转。此时应要求两端板无旋转地相对平行接近靠拢。在使用某些润滑剂的条件下，早期的摩擦力可能大到足以妨碍自由旋转，而后期又不足以有效地制动，锁住球座。

球座对于强度指标及断裂破坏模式具有重大影响，关键问题是球座倾侧、旋转的自由程度如何。球座的表现不但和润滑剂关系密切，还和面积大小、接触形式、表面加工抛光、接触面半径等许多因素有关。如果球座旋转的自由程度失常，球座发生一定倾侧不能自动找平，试件的一个侧面出现过度压坏，所产生的试验结果误差较大，且很难确定，这与上、下承压板的平面平行度差距有关。由于试件本身内在不均匀（如沉降分层）的影响，使得这一误差进一步复杂起来。由于上承压板球座不能自由旋转所产生的抗压强度误差可达 10% 以上的误差，严重时超过 20%。

（2）偏心率的影响

试件安装时多少存在一些偏心，很难做到完全对中。即使试件和试验机相对位置能较好对正，而试验机各部件在对中方面也未必十分理想。偏心率产生弯曲力矩，导致应力分布不均匀使试件一侧压碎，是影响强度的重要因素。对中不良的影响实际上并不单方面由安放试件偏心率决定，与试验机特点也有关。

球座经过良好润滑或不加润滑表现不同，会在强度上造成巨大差别。在球座有良好润滑的条件下，当球座（上压板）、试件与下压板，均处于试验机对中垂直轴线上时，强度最高。如果试件安装偏心较大，同样可造成抗压强度达 10% 以上的误差。

8.6.2.3 抽样检验方面

为确定产品是否合格，必须进行检验。检验方式可分为逐个检验和抽样检验两种。由于预拌混凝土是一种流态状拌合物，因此其性能的检验只能采用抽检的方式进行。

混凝土的匀质性很差，体系复杂，具有微结构的不确知性和性能的不确定性。因此，欲使抽样更接近于真值，应增加抽样和试件成型数量，数量越多代表性越好。对于某一批次的混凝土来讲，为使抽样具有一定的代表性，强度试件的数量最好不少于 10 组。数量过少将降低代表性，增加错判概率。但在实际操作中有时又不可能大量抽样，这将降低检验结果的代表性，造成过失误差也就在所难免，特别是同一检验批只成型 1 组试件时，容易造成“假”不合格问题的发生（低于设计强度的 115%）；如若抽样制作的试件尺寸存在问题时，“假”不合格问题更易发生。

8.6.2.4 思维观念存在问题

大部分的施工单位或工程监理相关人员，存在不允许预拌混凝土有一组 28d 试件强度低于设计强度值的 100% 甚至 115% 的情况，这是一个错误的思维观念。

由于有的试件代表性存在问题、试验设备的不准确、试验条件的非随机性变化、试验方法的不合理，以及试验人员不良的操作习惯或疏忽大意以致操作错误而产生检测试验误差是客观存在的。因此，不允许有一组 28d 强度低于设计强度值的 100% 是不合理的。

根据《混凝土强度检验评定标准》GB/T 50107—2010 的规定，混凝土强度的评定和验收是按“批”而不是按“组”。因此，只要按该标准评定合格，即使最小值代表值小于 100% 也应当接受，否则就是不懂或无理取闹，不符合实际和标准要求。

事实上，每一组试件测得的数值并不是实物的真值，只能通过采取一系列标准的操作尽量使试件检验数值接近真值而已，如果某一环节未做到位，造成试件的强度代表值小于标准值完全是有可能的。对混凝土强度要求过高将造成资源和能源的巨大浪费，并对结构质量可能产生不利影响（强度高混凝土抗裂性能差），得不偿失。

8.6.3　小结

为杜绝混凝土强度发生真不合格，供方必须严格按有关规定进行原材料的进场检验，优化混凝土配合比，严格控制混凝土生产质量，保证交付的混凝土拌合物及硬化性能满足设计和施工要求。

发生混凝土强度“假”不合格的原因较多，当发生时，相关人员应分析原因，认真复检，不应盲目处理，防止发生错判漏判而造成浪费和损失。为预防假不合格问题的发生，供方技术人员在平时的工作中，应加强与需方的技术交流，尽力减少假不合格所带来的不良后果。

8.7　水下灌注桩断桩

水下灌注桩是指在即将建设的建筑物基础部位土层上，采用钻孔机械设备按设计规定的位置和尺寸钻孔，并在钻孔过程中不断置换泥浆，钻孔符合要求后立即放入按设计要求事先制作好的钢筋笼，再采用钢质导管将混凝土拌合物灌入孔中，待混凝土拌合物凝结硬化后就成了桩，即所谓的水下灌注桩。

水下灌注桩实际上是建筑物基础的一部分或本身就是独立的桩基础，其主要作用是提高建筑物的牢固性、减少沉降，因此大大提高了建筑物的安全和使用寿命。水下灌注桩因具有承载力高、施工方便等优点，在我国桥梁、高层建筑等工程中被广泛应用。

为保证桩的承载力达到设计要求，水下灌注桩成型后混凝土结构实体必须是一个完整的整体。在施工过程中，若某种原因导致混凝土桩身某一部位出现严重缺陷（如夹泥、不密实等），这种因混凝土整体性问题造成达不到设计要求时，即发生了所谓的断桩。因此，水下桩的混凝土灌注必须连续进行，一气呵成。

8.7.1　预防断桩措施

为防止水下灌注桩发生断桩事故，主要采取以下措施：

（1）每次灌注后必须彻底清洗掉导管内壁附着的砂浆。

（2）导管使用前必须进行试压检验，检验在水压力为0.6～1.0MPa下进行，发现导管连接处漏水必须卸掉重新连接，直至不漏水为止。否则不仅因漏水会造成混凝土拌合物易发生浆骨分离，容易产生堵管和断桩事故，而且将大大降低混凝土强度。

（3）为确保顺利灌注和不发生堵管和断桩事故，导管埋入混凝土的深度宜为2～6m。若埋入混凝土的深度超过6m，因上部混凝土拌合物自重大停止自动填充桩孔，引起堵管的发生。

（4）应注意导管不得提出混凝土面，否则桩身会因夹泥而造成断桩。

（5）混凝土拌合物性能不良容易引起堵管，产生拌合物性能不良的主要原因有：

1）砂率。水下灌注桩混凝土砂率不宜小于40%，也不宜大于50%，并宜使用中砂生产混凝土。

2）胶凝材料用量。为确保混凝土拌合物具有足够的流动性和良好的和易性，胶凝材料总用量不宜少于350kg/m^3，并应适当掺加外加剂，如减水剂、缓凝剂等。

3）灌注时，混凝土拌合物坍落度应控制在200mm±20mm范围内，不宜使用坍落度小于180mm、和易性不良或已离析的混凝土灌注。

4）混凝土拌合物初凝时间不宜小于8h，且1h坍落度经时损失不宜大于20mm，否则容易产生堵管事故。

5）不宜使用最大粒径大于40mm的粗骨料生产混凝土。由于水下灌注桩混凝土属于大流动性混凝土，粗骨料粒径过大容易引起浆骨分离，使拌合物的匀质性不良，容易产生粗骨料聚集而导致堵管问题的发生。

（6）灌注时漏斗中应放置箅子，以防混凝土中有大块物体进入导管造成堵管。

（7）应连续灌注混凝土，中途停顿时间不宜大于30min。

（8）连续灌注是防止桩孔壁发生坍塌造成混凝土夹泥的最好办法。

（9）在灌注过程中，应匀速向漏斗内灌注混凝土，避免突然灌注大量的混凝土造成导管内空气未排出而发生堵管。

（10）当发生堵管时，可立即采用直径14～16mm的螺纹钢人工插入导管来回插捣，一般能解决堵管问题；长度不够可采取焊接连接加长。

8.7.2 断桩处理方法

发生断桩事故处理不易，往往造成较大的经济损失。断桩有以下几种处理方法：

（1）当发生堵管时，可尽快提出导管并清理干净，在混凝土初凝前采用“二次剪球湿接法”进行接桩。这种抢时间的接桩法一般都能获得圆满成功，从而大大降低补桩造成的经济损失。

二次剪球湿接法是在新浇灌的混凝土发生堵管时，而且必须在时间充足（估计混凝土未发生初凝）的情况下才能应用。方法是：将清理干净的导管重新放置于离混凝土拌合物顶面约 100mm 处加球胆。用同等级的砂浆将导管灌满，在砂浆灌满导管的瞬间，将导管下降到混凝土拌合物顶面位置，利用砂浆将混凝土拌合物顶面的泥浆、残渣冲刷掉，砂浆下完继续灌混凝土，直至符合规定的高度。

（2）当混凝土灌注高度不高，且断桩时间不长，可以用吊车将钢筋笼拔出，然后用钻机往下钻，并用反循环倒吸混凝土的措施，排除部分已浇的混凝土，钻至原来的深度后检查沉渣厚度，符合要求再下钢筋笼，重新灌注混凝土。

（3）如果断桩位置在设计标高的上部，可在混凝土具有一定的强度后，挖开桩周围的土，然后进行支模接桩。接桩前，必须凿除不密实和强度存在问题的混凝土，整理好钢筋，支模并将混凝土灌注到设计标高位置。如果断桩位置土层较深，应放弃接桩，采取补桩的方式为妥。

（4）补桩方法损失较大，一是在设计不允许的情况下在原位重新钻孔和灌注混凝土；二是在设计允许的情况下在断桩相邻的位置补 2～4 根桩替代。

凡是断桩后经处理过的成桩，应逐一进行承载力试验，检验其承载力是否达到设计要求；也可采用基桩低应变反射波法来检测桩身结构完整性。

8.8　混凝土离析与泌水

离析是指混凝土拌合物发生浆骨分离、石子堆积或下沉的现象。

泌水是指拌合物中泌出部分拌合水，并浮于表面的现象。泌水出现的时间有较明显的差异，有的混凝土拌合物在停止搅拌后很快就会出现泌水，这种现象称常规泌水；而有的新拌混凝土和易性良好，但停止搅拌 30min 或 1h 以后，或浇筑振捣后才出现泌水，这种现象称滞后泌水。随着水泥水化的产生，拌合物流变性逐渐丧失，体积趋向稳定，泌水现象慢慢停止。

离析与泌水常常相伴而生，还有一种现象也伴随而生，那就是“抓底”。抓底现象表现为板面上附着的砂浆不易铲除，混凝土拌合物变得僵硬，但经重新搅拌后基本能恢复到初始状态。这些现象的产生是混凝土拌合物保水性能差或外加剂反应慢引起的，使用聚羧酸高性能减水剂容易发生这种现象。离析与泌水导致拌合物体积稳定不良，在重力作用下使密度大的材料下沉，密度小的材料上浮的现象。

8.8.1 产生的原因

混凝土拌合物发生离析与泌水现象，与使用的原材料及混凝土配合比相关；而其泌水量的多少或严重程度，与结构尺寸、体积及施工有关。如相同的混凝土拌合物浇筑在楼板部位泌水量少，而浇筑在基础筏板、柱子或墙体部位则泌水量较多。另外，振捣时间越长泌水量也越多，而且表面砂浆层较厚，对混凝土结构的整体质量不利。

（1）与胶凝材料品质和用量有关，如胶凝材料用量少、粉煤灰颗粒较粗、矿粉掺量过大等。

（2）在施工过程中往混凝土拌合物里加水，使水胶比增大，以及过振时易引起拌合物泌水或加重泌水的产生。

（3）骨料级配不良、粒径大、砂率小或砂中 315μm 以下颗粒含量少。

（4）新拌混凝土坍落度过大、混凝土拌合物黏聚性差。

（5）减水剂掺量过大、分散效果慢或与胶凝材料的相容性不良。特别是使用聚羧酸系高性能减水剂时，由于这种减水剂对含泥量、用水量和环境气温的变化比较敏感，控制不好就容易发生严重泌水离析现象。

（6）缓凝剂掺量过大，凝结时间长将加重离析泌水的产生；缓凝剂或阻锈剂与胶凝材料不匹配也会发生滞后泌水。

（7）生产时搅拌时间过短或过长，混凝土拌合物匀质性差。

（8）环境温湿度、风力大小、阴天及日照强度等，对拌合物离析泌水程度有一定的影响。

针对以上原因并结合实际情况，采取一种或综合措施，可减少或完全避免离析和泌水现象的发生。

8.8.2 对施工的影响

（1）已离析的混凝土拌合物和易性差，并易产生抓底现象，当采用泵送工艺浇筑时，若混凝土的泵送不连续，容易造成输送管堵塞。

（2）浇筑时已发生严重离析和泌水的混凝土拌合物，由于石子的聚集不易振捣，平面结构局部表面易发生石子裸露，造成抹面困难。

8.8.3 对结构实体的影响

（1）泌水将增加粗骨料和水平钢筋下方聚集水囊的量，硬化后形成空隙，降低混凝土的密实性能，从而削弱了水泥石与骨料和钢筋的粘结力。

（2）泌水会造成混凝土中部分轻物质随水一起向上迁移并浮于表面，凝结后形成强度较低的软面，使表面耐磨性差容易起灰和开裂，并降低耐久性能。

（3）泌水的混凝土将在结构侧面留下一道道水痕或砂痕，影响美观。因此，对于表面质量要求较高的结构，如清水混凝土等，必须杜绝使用泌水的混凝土浇筑。

（4）离析和泌水的混凝土拌合物浇筑后，石子容易下沉，导致结构下部石子聚集过多，易产生蜂窝、麻面等质量，在钢筋最密处容易导致孔洞等质量事故；而上部砂浆层厚，砂浆层水胶比较大，在凝结硬化过程中塑性收缩与下部不一致，更容易引发开裂问题。因此必须杜绝已严重离析和泌水的混凝土用于结构浇筑。

（5）泌水将降低混凝土结构的密实性，对结构的抗渗性、抗冻性和抗腐蚀性等产生不利影响。

混凝土泌水并不都是有害的，在正温条件下，轻微泌水对于不浇水养护的混凝土结构是有利的，能起到养护的作用，减少干裂的产生。当然，明显泌水的混凝土影响结构整体匀质性，上部砂浆层的水胶比大，强度降低，易裂，影响结构的承载力，应尽量杜绝。

8.8.4　防治与处理方法

（1）防止离析和泌水的根本途径是提高混凝土拌合物的黏度，改善骨料级配，适当提高砂率，控制水胶比、坍落度和用水量，掺入矿物掺合料和引气剂等。其中，矿物掺合料可选择较细的，如硅灰比粉煤灰效果好，粉煤灰又比矿渣粉效果好等。

（2）加强胶凝材料与外加剂相容性检验和生产配合比的验证工作，及时发现问题及时解决，尽量避免或消除离析和泌水现象的发生。

（3）当泌水量较大时，应及时将水引走，平面结构在初凝前应进行二次收面，收面后立即采用塑料薄膜覆盖养护。

（4）应杜绝施工过程中往混凝土拌合物里加水，可以减少或避免离析和泌水现象的发生。当施工使用了离析和泌水的混凝土，应注意钢筋较密处的振捣，防止孔洞质量事故的发生，而钢筋不密的地方，应适当减少振捣时间，可降低离析和泌水给结构带来的不良后果。

（5）供需双方应加强混凝土拌合物的交货检验工作，发现严重离析和泌水的混凝土坚决不用于结构的浇筑。

8.9 混凝土堵管

在混凝土泵送过程中，发生堵管是一个非常普遍的问题，堵管会影响施工进度，严重时影响混凝土结构质量。

8.9.1 一般要求

（1）混凝土的泵送，按现行行业标准《混凝土泵送施工技术规程》JGJ/T 10—2011 的有关规定执行，并采用由远而近的方式浇筑，减少泵送过程中接管影响作业。

（2）施工现场安装混凝土泵过程中，应逐一检查输送管中有无异物，安装完毕泵送水检查，确认混凝土泵和输送管中无异物后，接着灌入润泵水泥砂浆。润泵水泥砂浆可作结构接头砂浆，铺置厚度不应大于 30mm，但不得作为混凝土拌合物使用。

（3）预拌混凝土运送至浇筑地点，在给混凝土泵喂料前，应采用中、高速旋转搅拌筒，使混凝土拌合均匀。如混凝土拌合物出现严重离析，应退回调整，不得泵送。

（4）开始泵送时，混凝土泵应处于慢速，匀速并随时可反泵的状态，泵送速度应先慢后快，逐步加速。同时，应观察混凝土泵的压力和各系统的工作情况，待各系统运转顺利后，方可按正常速度进行泵送。

（5）混凝土拌合物的浇筑温度，最高不宜超过 35℃，最低不宜低于 5℃。

（6）混凝土泵送应连续进行，如必须中断时，其中断时间不宜超过 1h，在中断停歇期间，可每隔 10～15min 反泵再正泵两三个行程。

（7）在混凝土泵送过程中，若需接输送管时，应预先用水湿润管道内壁。

（8）当超高层建筑采用接力泵送混凝土时，设置接力泵的楼面应验算其结构所能承受的荷载，必要时应采取加固措施。

（9）混凝土输送管，应根据工程和施工场地特点、混凝土浇筑方案进行配管，尽量缩短管线长度，少用弯管和软管。输送管的铺设应保证安全施工，便于清洗管道、排除故障和装拆维修。

（10）在同一条管线中，应采用相同管径的混凝土输送管；同时采用新、旧管段时，应将新管布置在泵送压力较大处。

（11）混凝土输送管应根据粗骨料最大粒径、混凝土泵型号、混凝土输出量和输送距离，以及输送难易程度等进行选择。输送管应具有与泵送条件相适应的强度。应使用无龟裂、无凹凸损伤和无弯折的管段。输送管的接头应严密，有足够强度，并能快速装拆。

（12）混凝土输送管的固定，不得直接支承在钢筋、模板及预埋件上；当垂直管固定在脚手架上时，应经脚手架设计与施工人员复核同意，必要时进行加固。

（13）炎热季节施工，宜用土工布等遮盖混凝土输送管，避免阳光照射。

（14）布料设备不得碰撞或直接搁置在模板、钢筋上，手动布料杆下的模板和支架应加固。

（15）混凝土泵的安全使用及操作，应严格执行使用说明书和其他有关规定。同时，应根据使用说明书制定专门操作要点。混凝土泵的操作人员必须经过专门培训，合格后方可上岗独立操作。

（16）混凝土泵送过程中，不得把拆下的输送管内的混凝土撒落在未浇筑的部位，废弃的和泵送终止时多余的混凝土应按预先确定的办法，及时进行妥善处理。

（17）当浇筑大方量混凝土或多台混凝土泵同时泵送时，搅拌站应增加现场调度人员进行密切配合，服从需方统一指挥。确保发车节奏与混凝土泵送的连续性和各泵之间的均衡供应，满足施工组织设计中的有关要求，并保证混凝土从搅拌至浇筑完毕的延续时间符合有关规定的要求。

（18）混凝土泵送即将结束前，应正确计算或了解尚需用的混凝土数量，并应及时通知混凝土搅拌站。

（19）混凝土泵送管路接头应连接牢固，密封、不漏浆；要布置弯管的地方，尽量使用转弯半径大的弯管，减少压力损失，避免堵管。

8.9.2　预防堵管的措施

堵管是混凝土泵送施工过程中常见的故障，它包括机械和混凝土两种故障。根据发生堵管的原因采取有效的预防措施，可避免或减少堵管问题的发生。

（1）应合理控制入泵混凝土拌合物的坍落度，不应小于 100mm；当混凝土拌合物较黏时不宜小于 160mm。

（2）混凝土拌合物发生严重泌水、离析现象若现场无法调整时，应退货。

（3）粗骨料最大粒径不宜大于 31.5mm，混凝土砂率应能满足泵送混凝土对和易性的需要，选用级配良好的骨料生产混凝土，粗骨料针片状颗粒含量大不宜大于10%。

（4）施工过程中接管时应先湿润后接，不宜干管泵送，且应控制泵送功率，不宜过小。

（5）润管砂浆应能满足润管的需要且不离析，待润管砂浆基本泵出喂料斗后再放入混凝土。

（6）加强外加剂与胶凝材料相容性检验，避免坍落度损失快造成混凝土泵送困难。

（7）合理调配运输车辆，尽量保持泵送的连续性，若泵送中断时间过长，宜采取间歇泵送方式防止管内拌合物产生沉淀。间歇泵送可采用每隔 5min 左右进行两个行程反泵，再进行两个行程正泵的泵送方式堵管即可排除。若已经进行了反泵、正泵几个操作循环，仍未排除堵管，应及时拆管清洗，否则将使堵管更加严重。

（8）泵送时，速度的选择很关键，不能一味图快，欲速则不达。首次泵送时，由于管道阻力较大，此时应低速泵送，泵送正常后，可适当提高泵送速度。

（9）应根据输送管道长度合理选用泵送机械，泵送机械功率必须与管长相匹配。

（10）混凝土拌合物胶凝材料用量不宜少于 300kg/m^3，细骨料通过 0.315mm 筛孔的颗粒含量不宜少于 15%。

（11）使用前检查泵管，发现管壁内有混凝土残留物必须处理后再使用，否则内壁的凹凸不平或在泵送过程中脱落容易造成堵管。

（12）泵送时，喂料斗内应始终有足够的混凝土（余料不得低于搅拌轴），防止缺少混凝土吸入空气造成堵管。

（13）混凝土 10s 时的相对压力泌水率 S_{10} 不宜大于 40%，过大易造成堵管。

（14）禁止泵送时现场加水，容易产生离析而堵管。

（15）往下泵送大流动性混凝土时，应在垂直向下的管路下端布置一缓冲水平段或管口朝上的倾斜坡段，以减少混凝土自落产生离析而堵塞。

（16）严格骨料验收制度，不得混入砖块、石块、已硬化的混凝土块及其他杂物，喂料斗应加装箅子，放料时发现有堵管的物料应立即拾出。

（17）输送管管段之间的接头必须密封严密，不发生漏浆情况。

（18）及时清除运输车罐筒中的混凝土残留物，发现叶片损坏应更换，确保运输过程中混凝土拌合物的匀质性。

（19）加强混凝土拌合物的交货检验工作，拒绝泵送和易性不良、已泌水与离析的混凝土。

（20）当环境温度超过 30℃时，可采用土工布等材料将泵管包裹，以减少外温对混凝土拌合物性能造成的影响。

8.10 混凝土色差

对于色差要求高的混凝土结构，如清水混凝土等，供需双方必须加强内部管理并密切配合，否则任何一方工作没做到位都可能造成混凝土结构颜色明显不一致。色差产生的原因主要与混凝土原材料、配合比、坍落度、施工操作、模板和养护等有关。

混凝土表面色差的控制是一个质量全过程的控制，需要精细化的管理和高标准、严要求的施工，才能得以保证。为保证混凝土结构色差、色泽一致，应做好以下工作：

1. 原材料

原材料是控制混凝土色差的源头，使用的各类原材料最好是同一厂家，同一批次，颜色和技术参数一致，而且储量要充足。当施工周期施工较长时，每种胶凝材料首批进场要封样，以便今后进行各批次的色泽对比，发现有明显色差时尽量不使用；骨料的颜色、含泥量、粒径和级配不能发生较大的波动；外加剂要求厂商配方的变动不能对混凝土色泽产生影响。

2. 配合比

原则上从第一次生产至工程结束，不同天生产的混凝土配合比相同，投料及搅拌时间要一致。每次生产前，最好对配合比进行验证，避免原材料发生变化或环境条件变化而发生异常情况，如泌水、离析、凝结时间等。

3. 坍落度

在满足施工要求的条件下，尽可能采用较低的坍落度，坍落度过大的混凝土匀质性较差，且容易发生泌水问题（将造成结构侧面出现水纹或砂线），对混凝土色泽将产生不利影响。

4. 运输

混凝土拌合物的运输车在装料前应检查罐内是否清洗干净，是否有积水，否则不予装料；在运输中不得随意加水和二次添加外加剂；在卸料前将罐快速旋转至少 60s 再行卸料。

5. 施工操作

施工前应制定浇筑方案，并在施工过程中严格执行。如混凝土的浇筑方法、振捣方法、坍落度控制、收面等。

混凝土的浇筑应分层浇筑，竖向构件分层厚度不宜超过 500mm。混凝土的振捣应均匀，严禁过振、漏振、欠振。

6. 模板

混凝土模板必须清理干净，模板内不得有积水；模板的质量要好，周转次数不宜过多，表面不光洁或有瑕疵的模板坚决不能用，否则将产生明显的色差。涂刷隔离剂要均匀，严禁使用废机油。

模板的拆除时间不能过早，混凝土拆模时的强度不宜低于 10MPa（指结构侧面），可根据同条件养护的试件强度来确定拆模时间。

7. 养护

养护对混凝土结构色泽的影响往往容易被忽视，特别是混凝土中掺有矿渣粉时，湿养方法及时间的长短将对混凝土色泽产生明显的影响。为避免和减少混凝土表面产生明显的色差，必须做好混凝土早期的养护工作，而且养护方法及时间要保持基本相同，至少养护 7d。

混凝土拆模后立即用清洁的饮用水养护，不得使用中性水或对混凝土表面有污染的养护剂。

8. 成品保护

成品混凝土应用塑料薄膜包裹封严实，避免被风刮走或刮破，以防止上一层浇筑时被流淌的混凝土浆液和撒落的混凝土污染。

第9章 典型案例

自从混凝土预拌并以商品的形式出售以来，供需双方之间产生的各种矛盾和纠纷不断。常常“公说公有理婆说婆有理”，小问题吵吵闹闹握手言和，但是关系到质量责任或产生较多的经济损失时，往往会发生相互推诿谁也不愿承担后果的情况。

究其原因，主要是预拌混凝土是一种特殊的商品，其自身质量将直接影响结构实体质量，其施工质量同样会对结构实体质量产生很大的影响，如浇筑、振捣、抹面、养护、模板安装与拆除以及对成品的保护等。不仅如此，预拌混凝土结构质量还受到结构设计、施工工艺、环境条件、检测方法以及相关人员认知或思维意识的影响。有些质量问题产生的原因不是单方面的，而是与多种因素相关，因此，当混凝土结构实体发生质量问题时，相关人员发表的意见或看法好像都有一定的道理，这就是供需双方往往很难说服对方、互不满意、纠纷不断的原因。有时，供方为了能继续供货或顺利回收货款，小问题常常甘愿吃点小亏了事，但当面临较大的责任或经济损失超出可接受的范围，且有确切的证据证明责任在对方时，也会据理力争。

为提高本书的实用性，本章特汇总了一些与预拌混凝土质量有关的实际案例，内容包括预拌混凝土的生产、施工、结构实体强度检测及仪器设备等引发的问题、不合格或事故。但愿这些案例能使读者有所启发，在预防与处理类似问题时更得心应手。

9.1 案例1 简析一起回弹法引发的混凝土结构质量纠纷

9.1.1 引言

建筑工程混凝土浇筑一定时间后或在进行主体结构质量验收时，有关单位基本都要对其实体进行强度检测。而预拌混凝土是一种特殊的产品，即使交货检验结果是合格的，但当实体检测“有问题”时，需方仍然要求供方去现场处理问题。

由于“回弹法”检测操作简便、快速，能在短时间内得出检测结果，因此广泛应用于混凝土结构实体的强度检测。但是，回弹法受硬度和强度相关关系、结构养护方式、回弹仪精度、组成材料与配合比、混凝土密实度、测试面、碳化层等各种因素的影响，误差较大，因此引发了许多错判误判的问题；不少工程因回弹强度“不合格”又进行钻芯法检测，不仅造成构件“伤痕累累”，同时也给施工单位或混凝土公司造成了一定的经济和名誉损失。特别是预拌混凝土的供方，因其处于建筑行业的弱势地位，常常被迫扮演了“冤大头”的角色。

9.1.2 工程概况

某商住楼为混凝土剪力墙结构，设计为地下1层、地上27层，总建筑面积为23867m^2。该工程主体一层～三层混凝土剪力墙结构设计强度等级为C50，梁、板设计强度等级为C30，浇筑时间均为2017年4月，采用泵送工艺施工。

9.1.3 回弹法检测

2017年6月初，当地县级质监站在进行工程质量巡检时（用回弹仪检测），发现该楼一～三层混凝土强度未达到设计强度等级要求，建设单位按质监站要求委托当地一家工程检测公司（实际是质监站改制前的下属试验室）对这些部位进行所谓的正式强度检测。接受委托后，2017年6月8日，检测公司技术人员到达工程现场，并采用回弹法（使用ZC3-A型混凝土回弹仪）对这3层混凝土结构进行了检测，检测结束后签发的检测报告内容见表9-1～表9-6。

一层梁（C30）回弹检测结果　　表9-1

序号	检测轴线	测区数	混凝土强度换算值（MPa）			碳化值（mm）	现龄期混凝土抗压强度推定值（MPa）
			平均值	标准差	最小值		
1	1-2/G-L	5	23.6	1.24	22.4	4.0	22.4
2	6-9/G	5	19.7	0.42	19.2	4.5	19.2
3	2-4-2-7/G	5	18.0	0.48	17.5	4.5	17.5
批量检测结果	平均值（MPa）	标准差（MPa）	检测批推定区间				评定结果
			上限值（MPa）		下限值（MPa）		
	20.4	0.71	17.7		14.0		低于设计强度

一层剪力墙（C50）回弹检测结果　　表9-2

序号	检测轴线	测区数	混凝土强度换算值（MPa）			碳化值（mm）	现龄期混凝土抗压强度推定值（MPa）
			平均值	标准差	最小值		
1	1-3/K-L	5	17.1	1.87	15.6	5.0	15.6
2	1-5/B-E	5	27.1	1.22	26.4	4.0	26.4

续表

序号	检测轴线	测区数	混凝土强度换算值（MPa）			碳化值（mm）	现龄期混凝土抗压强度推定值（MPa）
			平均值	标准差	最小值		
3	1-2/G-L	5	23.2	0.81	22.3	4.0	22.3
4	2-5/A-E	5	22.6	0.76	21.7	5.0	21.7
5	2-7-2-11/G	5	30.2	1.78	28.5	4.0	28.5
批量检测结果		平均值（MPa）	标准差（MPa）	检测批推定区间			评定结果
				上限值（MPa）		下限值（MPa）	
		24.0	1.29	18.4		13.4	低于设计强度

二层剪力墙（C50）回弹检测结果　　表 9-3

序号	检测轴线	测区数	混凝土强度换算值（MPa）			碳化值（mm）	现龄期混凝土抗压强度推定值（MPa）
			平均值	标准差	最小值		
1	2-15/H-L	5	36.8	1.21	35.7	3.0	35.7
2	2-3/H-L	5	28.6	1.25	27.4	4.0	27.4
3	1-16/S-L	5	31.9	1.03	30.9	3.5	30.9
4	1-18/E-G	5	30.6	1.36	29.4	3.5	29.4
5	1-5-1-8/F	5	33.2	0.99	32.0	3.5	32.0
批量检测结果		平均值（MPa）	标准差（MPa）	检测批推定区间			评定结果
				上限值（MPa）		下限值（MPa）	
		32.2	1.17	28.5		25.3	低于设计强度

二层梁（C30）回弹检测结果　　表 9-4

序号	检测轴线	测区数	混凝土强度换算值（MPa）			碳化值（mm）	现龄期混凝土抗压强度推定值（MPa）
			平均值	标准差	最小值		
1	2-17/D-L	5	31.4	0.80	30.4	2.5	30.4
2	2-1-2-3/L	5	28.7	6.70	17.1	1.5	17.1
3	1-16/D-H	5	32.0	1.11	30.4	2.5	30.4
批量检测结果		平均值（MPa）	标准差（MPa）	检测批推定区间			评定结果
				上限值（MPa）		下限值（MPa）	
		30.7	2.87	26.3		20.6	低于设计强度

三层剪力墙（C50）回弹检测结果　　表 9-5

序号	检测轴线	测区数	混凝土强度换算值（MPa）			碳化值（mm）	现龄期混凝土抗压强度推定值（MPa）
			平均值	标准差	最小值		
1	1-3/8-G	5	27.2	0.92	26.0	4.0	26.0
2	1-8-1-12/G	5	28.6	0.99	27.7	3.5	27.7

续表

<table>
<tr><td rowspan="2">序号</td><td rowspan="2">检测轴线</td><td rowspan="2">测区数</td><td colspan="3">混凝土强度换算值（MPa）</td><td rowspan="2" colspan="2">碳化值（mm）</td><td rowspan="2" colspan="2">现龄期混凝土抗压强度推定值（MPa）</td></tr>
<tr><td>平均值</td><td>标准差</td><td>最小值</td></tr>
<tr><td>3</td><td>2-4/E-J</td><td>5</td><td>32.6</td><td>1.36</td><td>31.2</td><td colspan="2">3.5</td><td colspan="2">31.2</td></tr>
<tr><td>4</td><td>2-2/D-F</td><td>5</td><td>33.5</td><td>1.03</td><td>32.2</td><td colspan="2">3.0</td><td colspan="2">32.2</td></tr>
<tr><td>5</td><td>2-4/K-L</td><td>5</td><td>31.4</td><td>0.39</td><td>30.7</td><td colspan="2">3.5</td><td colspan="2">30.7</td></tr>
<tr><td rowspan="3" colspan="2">批量检测结果</td><td rowspan="2">平均值（MPa）</td><td rowspan="2">标准差（MPa）</td><td colspan="4">检测批推定区间</td><td rowspan="2" colspan="2">评定结果</td></tr>
<tr><td colspan="2">上限值（MPa）</td><td colspan="2">下限值（MPa）</td></tr>
<tr><td>30.7</td><td>0.94</td><td colspan="2">27.5</td><td colspan="2">24.7</td><td colspan="2">低于设计强度</td></tr>
</table>

三层梁（C30）回弹检测结果 **表 9-6**

<table>
<tr><td rowspan="2">序号</td><td rowspan="2">检测轴线</td><td rowspan="2">测区数</td><td colspan="3">混凝土强度换算值（MPa）</td><td rowspan="2" colspan="2">碳化值（mm）</td><td rowspan="2" colspan="2">现龄期混凝土抗压强度推定值（MPa）</td></tr>
<tr><td>平均值</td><td>标准差</td><td>最小值</td></tr>
<tr><td>1</td><td>1-2/D-L</td><td>5</td><td>28.2</td><td>0.93</td><td>27.0</td><td colspan="2">2.0</td><td colspan="2">27.0</td></tr>
<tr><td>2</td><td>1-12/B-G</td><td>5</td><td>29.5</td><td>0.81</td><td>28.6</td><td colspan="2">2.0</td><td colspan="2">28.6</td></tr>
<tr><td>3</td><td>2-3/D-H</td><td>5</td><td>33.4</td><td>2.80</td><td>29.6</td><td colspan="2">1.0</td><td colspan="2">29.6</td></tr>
<tr><td rowspan="3" colspan="2">批量检测结果</td><td rowspan="2">平均值（MPa）</td><td rowspan="2">标准差（MPa）</td><td colspan="4">检测批推定区间</td><td rowspan="2" colspan="2">评定结果</td></tr>
<tr><td colspan="2">上限值（MPa）</td><td colspan="2">下限值（MPa）</td></tr>
<tr><td>30.4</td><td>1.51</td><td colspan="2">27.2</td><td colspan="2">23.1</td><td colspan="2">低于设计强度</td></tr>
<tr><td colspan="10">检测结论：依据《建筑结构检测技术标准》GB/T 50344—2004、《回弹法检测混凝土抗压强度技术规程》JGJ/T 23—2011、《混凝土结构现场检测技术标准》GB/T 50784—2013，该工程设计文件和检测结果，所检测构件（一层墙梁、二层墙梁、三层墙梁）现龄期混凝土抗压强度推定值不满足设计要求</td></tr>
</table>

9.1.4 钻芯法检测

建设单位收到回弹法检测报告后，立即通知施工单位、监理公司及预拌混凝土供应公司相关人员，在施工单位会议室召开了“质量问题分析”会议。

会议上，建设、施工及监理各方代表直接将“问题”的源头指向混凝土公司，认为预拌混凝土“有问题”。混凝土公司技术人员在会议上一再表示：按《预拌混凝土》GB/T 14902—2012 规定，预拌混凝土的质量验收应以交货检验结果为依据，在交货检验结果合格的情况下，实体质量应由施工单位负责。并根据实践经验解说了回弹法检测误差大，不能以“回弹结果”为依据评定预拌混凝土及结构实体强度合格与否的原因。但是，施工单位却认为交货检验结果只能代表所取样车辆中的混凝土质量，并不能代表每一车混凝土都是合格的。

会议争议激烈，为尽快处理“麻烦”，混凝土公司技术人员提出采用可信度更高的“钻芯法”进行重新检测。但没有得到建设单位的支持，认为那是在损伤结构，且担心被业主发现引发更多的问题，并提出由混凝土公司负责，邀请至少3个有一定知名度的行业专家前来“会诊”。几天后，在同一会议室举行了第二次专题会议，会议上专家对回弹法检测发表了深入的看法，并支持混凝土公司提出的采用“钻芯法”进行重新检测，最终建设单位同意采纳。通过商议，各方一致同意委托本地有一定知名度的大型检测公司进行钻芯法强度检测。

2017年6月22日，接受委托的检测公司技术人员到达工程现场，在施工、监理及混凝土公司几方代表人员的见证下，按建设单位提出的要求，此次只对负一层至二层的混凝土剪力墙进行钻芯取样，共钻取了47个芯样。但是，在进行芯样试件抗压强度检验时，混凝土公司技术人员发现芯样试件的加工尺寸偏差较大，不符合规范要求，且所检验的4个芯样试件的抗压强度均不到30MPa，立刻提出异议，并要求重新加工。当观察到检测公司的芯样加工设备落后时，为以防万一，混凝土公司技术人员特带领施工及监理单位代表，一同前往专业的加工单位进行重新加工。剩余的43个芯样试件经重新加工后，其抗压强度检验及评定结果见表9-7（按检测报告内容）。

C50混凝土剪力墙芯样抗压强度检验及评定结果　　表9-7

序号	楼层	钻芯部位	高径比	抗压强度（MPa）
1	负一层	1-15/D-G	0.99	68.2
2	负一层	1-15/K-L	1.00	67.3
3	负一层	1-8/F	1.01	75.2
4	负一层	1-4/D-G	1.01	59.2
5	负一层	1-3/D-G	0.99	61.2
6	负一层	1-7/K-M	0.97	67.0
7	负一层	2-5/A-E	0.96	65.4
8	负一层	2-14/B-F	0.99	65.9
9	负一层	2-17/C-E	0.99	72.0
10	负一层	2-18/D-G	0.99	65.6
11	负一层	2-9-2-15/H	1.00	68.1
12	一层	1-3/D-G	1.01	69.9
13	一层	1-8-1-12/G	1.01	55.6
14	一层	1-15/D-G	0.99	70.6
15	一层	1-16/J-L	1.00	70.8
16	一层	1-17/C-F	1.00	74.5
17	一层	1-15/K-L	1.00	71.3

续表

序号	楼层	钻芯部位	高径比	抗压强度（MPa）
18	一层	2-6K-M	1.00	70.2
19	一层	2-4/D-G	1.01	71.6
20	一层	2-7-2-11/G	1.00	70.7
21	一层	2-16/D-G	0.99	68.2
22	一层	2-16/K-L	0.99	73.7
23	一层	2-18/D-G	0.99	66.9
24	一层	1-5/B-E	1.00	63.8
25	一层	1-4/A-E	0.99	71.7
26	一层	2-17-2-18/L	1.00	70.9
27	二层	1-3/D-G	0.99	72.2
28	二层	1-3/K-L	1.00	68.9
29	二层	1-8-1-12/G	0.99	68.1
30	二层	1-6-1-8/F	1.03	67.6
31	二层	1-15/E-G	0.98	66.7
32	二层	1-13/K-L	0.99	63.1
33	二层	1-15/K-L	1.00	77.1
34	二层	1-16/J-L	1.00	80.6
35	二层	2-3/J-L	1.00	63.1
36	二层	2-6/K-M	1.01	65.2
37	二层	2-4/D-G	1.01	69.1
38	二层	2-7-2-11/G	1.01	43.8
39	二层	2-11-2-12/F	1.00	73.2
40	二层	2-15/D-G	1.00	71.7
41	二层	2-16/K-L	1.00	72.2
42	二层	2-16/D-G	0.99	57.4
43	二层	2-4/J-L	0.99	69.0

按批评定结果

构件总数	抽检数量	平均值（MPa）	标准差（MPa）	检测批推定区间		是否满足设计要求
				上限值（MPa）	下限值（MPa）	
144	43	68.0	6.19	59.9	55.0	满足

检测结论：该工程负一层至二层剪力墙现龄期混凝土强度推定区间上限值大于该工程图纸设计值，满足该工程设计要求

9.1.5 问题处理

由于钻芯法是采用取芯机，从被检测的实体结构上直接钻取圆柱形的混凝土芯样，然后将芯样切割、打磨成符合规范要求的尺寸，再按规范要求进行抗压强度检验。这种方法较为直观地反映了混凝土结构的实体强度，可信度较高（在芯样试件尺寸符合规范要求的情况下）。而且检测全过程均是在三方代表的见证下进行的（包括芯样钻取、试件加工、强度检验），各方也保存了相关照片和视频，因此最终此事不了了之。

9.1.6 检测结果分析

本次该工程混凝土结构实体分别采用了回弹法与钻芯法进行强度检测，而两种检测方法的检测数据存在巨大的差距，导致“合格”判定的天壤之别。同时，从检测数据上也可以看出其他一些问题，现分析如下：

1. 回弹与芯样强度比对

此次 C50 剪力墙混凝土采用回弹法在 75 个测区进行了强度检测，采用钻芯法共钻取了 43 个芯样，虽然两次检测的楼层有所不同（钻芯部位没有负一层回弹数据），但从检测数据来看，负一层至二层的芯样抗压强度无明显区别，且平均值为 68.0MPa；而回弹法推定的现龄期混凝土抗压强度平均值为 27.8MPa，仅为芯样平均抗压强度的 40.9%，且仅为设计强度等级的 55.6%。

两次检测结果差距之大与网上报道的另一项目类似。该项目 12 栋楼混凝土结构，某检测公司检测其强度为“均不合格”，最低强度仅为设计强度的 27%；而省检测中心的检测结果是：承载力满足规范要求占比 97.3%，不满足规范要求占比 2.7%，达到了设计规范要求。

2. 回弹推定强度比对

此次 C50 剪力墙混凝土回弹推定的平均强度值为 27.8MPa，而 C30 梁的回弹推定平均强度值为 24.7MPa。C50 比 C30 混凝土的强度仅高 3.1MPa?

分析造成这种现象的原因，应从混凝土表面硬度来说，而影响混凝土表面硬度的原因，是混凝土浇筑后的保湿养护条件。剪力墙混凝土浇筑后一般终凝左右就开始拆模，而梁一般要 7d 以上才拆除模板；剪力墙拆模明显比梁早，在同样不采取任何养护措施的情况下，拆模越早的结构拌合水蒸发就越多，特别是表面失水更严重，水泥水化很不充分，直接影响结构表面的硬度，因此与拆模较晚表面水化较好的 C30 梁的混凝土接近不足为奇。总之，回弹法测定的是混凝土表面砂浆层的硬度，用硬度来推定强度必然存在很大的误差，不可靠。

3. 碳化深度比对

在用回弹法检测混凝土表面硬度的同时，检测公司测定了混凝土的碳化深度。而同时浇筑的 C50 与 C30 混凝土，C50 的碳化深度平均值为 3.8mm，C30 的碳化深度平均值为 2.7mm。

从理论角度来说，在混凝土水泥用量 C50 比 C30 明显多、矿物掺合料的掺量比例 C50 比 C30 明显少的情况下，C30 混凝土的碳化本应该比 C50 混凝土更快更深，但事实却恰恰相反，这一现象进一步说明混凝土浇筑后的保湿养护条件是关键因素（C30 拆模较晚）。晚拆模不仅对混凝土强度的正常发展有利，而且对表面的碳化也极为有利，将明显提高混凝土的强度与耐久性能（减少干缩开裂）。

4. 关于回弹法的应用

按现行国家标准《混凝土结构工程施工质量验收规范》GB 50204—2015 的规定，回弹仪只用于配合钻芯法检测，即在检测混凝土实体强度时，1 个检验或验收批的混凝土结构构件，按平均回弹值最小的 3 个测区确定为钻芯位置，回弹检测不再用于强度推定，更不应将所推定的“现龄期混凝土抗压强度值”作为是否满足设计要求的依据。

9.1.7 总结与思考

虽然这起质量风波结束了，但从事件中可以看出，其原因不仅仅是现行行业标准的“回弹法”，还与某些检测公司不负责任及不按现行国家标准执行的做法有关；甚至“不合格”更好，可以采取其他措施进行重新检测，如表面打磨后再测、过一段时间再测或者钻芯检测等。反复检测能增加他们收入，有的还理直气壮道：“目前没有更好的检测方法了”。

《回弹法检测混凝土抗压强度技术规程》JGJ/T 23—2011 总则 1.0.2 条明确规定：本规程适用于普通混凝土抗压强度的检测，不适用于表层与内部质量有明显差异或内部存在缺陷的混凝土强度检测。

混凝土表层与内部质量是否有明显差异，可能很少有检测公司去关注这个问题。但是，从大量工程的混凝土结构强度检测情况来看，如今的混凝土表层与内部质量基本都有明显差异。其表面碳化并非是真正意义上的碳化了，碳化层已不再是以“碳酸钙”为主的“硬壳”，碳化层反而比内部混凝土“软”了。有的混凝土专家称这一现象为“假性碳化”或“异常碳化”。然而，某些检测公司却不顾这一事实，仍然采用回弹法检测并照本宣科推定混凝土强度，以及回弹法还存在其他一些问题，因此必然会造成许多误判或错判的发生，甚至给相关单位造成重大的经济损失。

事实上，回弹法检测“不合格”的部位，钻芯法检测基本都合格。回弹法引发的质量纠纷在全国各地不断上演，此案例仅仅是冰山一角。不少地区为了提高回弹法检测的准确性，减少矛盾和浪费的发生，不惜花费大量人力物力建立适用于本地区的回弹测强曲线，放弃采用全国统一回弹测强曲线。

2007 年 9 月，清华大学廉慧珍教授在《混凝土》期刊发表了“质疑回弹法检测混凝土抗压强度”一文，之后不久混凝土界不断有行业专家、工程技术人员发文响应。虽然此事已过去十多年，但是针对现如今混凝土表面硬度普遍变“软”这种异常碳化现象，该如何检测和推定强度仍需行业专家、学者制订可靠的办法，帮助解决这一造成回弹法误差较大的问题。

另外，混凝土浇筑后不按规范要求进行养护很普遍，可以说，混凝土结构实体强度检测“有问题”、结构产生有害裂缝等，大部分都是不养护或养护不到位造成的。养护条件对混凝土性能的正常发展及工程使用寿命影响很大，因为养护不足直接损伤了表层混凝土的密实性与强度，使防止钢筋发生锈蚀的能力明显降低，而混凝土抵抗外界有害物质侵入的能力也将成倍降低，希望引起相关单位和业内人士的高度重视！

9.2　案例 2　楼板裂缝事故引发四百余万元索赔官司

9.2.1　案情起因

2016 年 2 月 23 日，HS 公司（需方）与 SL 公司（供方）签订了《预拌混凝土购销合同》，约定由 SL 公司向 HS 公司供应所承建的 ××× 设备厂展示区 B 栋所需的预拌混凝土。

2016 年 6 月 1 日，HS 公司使用 SL 公司供应的混凝土浇筑该楼三层梁板，混凝土设计强度等级为 C30，共浇筑混凝土 206m^3，货款 6.5 万元。浇筑当天，HS 公司反映该三层梁板板面出现龟裂现象，当混凝土强度达到拆除模板规定要求拆模后，发现楼板有大量贯穿性裂缝。

9.2.2 案情发展

从2016年6月1日起（混凝土浇筑当天），HS公司与SL公司就楼板裂缝问题进行了多次会晤，争议不断。

2016年6月29日，HS公司委托×××检测公司的一组该三层梁板28d抗压强度试件检测报告出炉，×××检测公司出具的“混凝土试件抗压强度检测报告”的结论判定为混凝土试件抗压强度“不合格”。建设单位收到检测报告后感觉问题严重，又委托×××检测中心，并由县质监站、设计院、监理公司现场确定钻芯孔位，对该三层梁板混凝土采用钻芯法重新进行强度检测。

2016年7月5日，×××检测中心出具了“钻芯法检测混凝土强度报告”，报告结果显示混凝土的强度未达到C30等级。

2016年7月7日，县质监站召集建设、施工、监理、设计、混凝土公司等相关人员到项目现场，就本项目三层梁板问题召开协调会议，并形成一份与会代表签字确认的《重大质量事故监理例会会议纪要》。该会议纪要明确：各参会相关单位代表经现场勘查，评估确认三层板面为大面积贯通开裂，性质属重大质量事故；各参会人员根据提供的混凝土抗压强度检测报告判定混凝土公司提供的预拌混凝土为不合格建筑材料。质量事故发生后，该工程的施工被迫停止。

2016年8月，设计院受建设单位的委托，出具《×××设备厂展示区B栋现状分析及处理措施报告》，就三层梁板混凝土质量问题进行分析、复核后提出“全部拆除，重新浇筑”的修复方案。该修复方案×××工程造价咨询公司作出的工程预算为1041623元，HS公司将修复方案和工程预算提交给SL公司，要求赔偿修复。

2016年12月10日，建设单位依据《建设工程施工合同》有关承包人违约责任的规定，就其遭受的相关损失和修复费用向HS公司发出《关于×××项目B栋质量事故的索赔函》进行索赔。同日，HS公司向建设单位进行了回复。

在HS公司回函的基础上，经协商，2017年1月9日，HS公司和建设单位达成《补充协议》，明确HS公司同意向建设单位共赔偿工程质量问题造成的损失和修复费用共计4051523元（具体包括：工程延期交付损失费、缺陷工程修复费、质量检测费、复核重新设计费、人工管理费、水电费、附加监理费等）。

根据《补充协议》，关于缺陷工程修复费用由HS公司向SL公司追偿后立即投入修复施工，如HS公司追偿无果，仍由HS公司无条件按修复方案修复。关于工程延期交付损失，双方一致同意在工程竣工结算时从建设单位向HS公司应付的工程款中抵扣。

9.2.3 需方起诉

因该楼三层梁板问题发生了巨大的经济损失，供需双方多次协商无果。HS公司于2017年3月23日，将这起工程质量赔偿纠纷起诉到H市某区人民法院。

HS公司认为，因SL公司提供的C30等级预拌混凝土强度不合格，导致展示区B栋三层梁板出现重大质量事故，必须返工，且造成了停工。SL公司的行为构成严重违约，由此给HS公司造成的一切经济损失依照《预拌混凝土购销合同》的违约责任条款应当由SL公司承担。有确切证据证明，HS公司向建设单位承担的违约赔偿金合计4051523元，应由SL公司向HS公司进行赔偿。

此外，HS公司因本案申请了诉前财产保全，聘请了律师，由此发生的诉前财产保全申请立案费及担保费、律师代理费，也应当由SL公司承担。

9.2.4 供方反诉

由于HS公司尚欠SL公司货款352580元拒不支付，并认为该楼三层梁板裂缝是HS公司不规范施工造成的，HS公司所出示的“混凝土试件抗压强度检测报告”及“钻芯法检测混凝土强度报告”不具备代表性和公正性，也不符合相关现行标准规范规定要求，对HS公司提出的赔偿要求不予认可，并于2017年4月26日向同一法院提起反诉。SL公司反诉理由如下：

1. 关于板面混凝土裂缝与强度问题

原告施工浇筑的三层板面混凝土是否龟裂、结构强度是否合格，与其是否规范施工存在因果关系。

（1）首先，预拌混凝土与结构混凝土是两个不同的概念。预拌混凝土运送至施工现场时是塑性状的拌合物，是半成品。而结构混凝土是施工单位在接收预拌混凝土后负责按施工工艺成型后的硬化混凝土，是成品。被告只对预拌混凝土运送至施工现场时的质量负责，并不对原告收到预拌混凝土后的施工质量负责。原告收到预拌混凝土后，应严格按照施工工艺流程进行浇筑、振捣、抹压、养护等，其中任何一个环节不按规范施工，均可影响结构混凝土的质量，甚至达不到设计要求。

（2）原告诉状称，2016年6月1日，浇筑混凝土当天三层梁板就出现了龟裂现象，进而委托鉴定认为被告提供的预拌混凝土强度不合格所致。原告的这种认知完全与混凝土的性能发展规律不符。任何材料都有其本身使用的规律，混凝土也一样，混凝土在环境湿度为 100% 的条件下是不会发生体积收缩的。只有在混凝土浇筑后未采取保湿保温养护措施，才会在浇筑当天（几小时后）发生裂缝问题。特别是该部位混凝土是在暑期高温天气下浇筑的，浇筑后遭受太阳直接暴晒，导致拌合水发生的快速蒸发，混凝土失水过快加剧体积收缩，在这种条件下，混凝土不会因为强度高就不裂，相反，强度越高早期收缩越大，更易开裂。另外，混凝土拌合水发生了快速蒸发，使混凝土中的胶凝材料水化不充分，从而降低了结构实体的强度。

关于混凝土浇筑后的养护，现行国家标准《混凝土质量控制标准》GB 50164—2011 第 6.7.4 条明确规定："对于混凝土浇筑面，尤其是平面结构，宜边浇筑成型边采用塑料薄膜覆盖保湿"。第 6.7.5 条第 1 项："对于采用硅酸盐水泥、普通硅酸盐水泥或矿渣硅酸盐水泥配制的混凝土，采用浇水和覆盖养护的时间不得少于 7d"。《混凝土结构工程施工质量验收规范》GB 50204—2015 第 7.4.3 条条文说明："养护条件对于混凝土强度的增长有重要影响。在施工过程中，应根据原材料、配合比、浇筑部位和季节等具体情况，制定合理的养护技术方案，采取有效的养护措施，保证混凝土强度正常增长"。

然而，在该三层板面上，无法观察到用塑料薄膜覆盖的痕迹，更不可能保湿养护 7d，这是造成结构发生裂缝和强度不足的根本原因。原告没有出示编制的混凝土养护技术方案和养护记录，也没有任何证据证实是严格按照规范要求操作的。很显然，这起质量事故是原告无视规范，不规范施工造成的，应承担所有的后果。

另外，2016 年 6 月 1 日，被告向原告供应预拌混凝土期间，均按照行业标准进行了出厂质量检验，且检验结果均合格。而且，在当日的同一时间段，被告生产的 C30 预拌混凝土同时向多家施工单位供应，采用的配合比及原材料均相同，但在其他施工现场都未出现原告方类似的质量问题，这也充分证实了被告供应的预拌混凝土没有质量问题，同时也进一步说明是原告不规范的施工导致了质量事故。

2. 关于试件抗压强度问题

原告提交的 ××× 检测公司出具的一份《混凝土试件抗压强度检测报告》不能作为认定被告供应的预拌混凝土不合格的依据。具体存在以下问题：

（1）取样程序违反购销合同约定

依据双方签订的《预拌混凝土购销合同》第 3 条第 3.2 款和第 6 条第 6.3 款的约定，预拌混凝土运送至交货地点后，原告应当在 40min 内与被告的试验人员及监理方的见证取样人员根据有关规定共同取样，制作试件并标识明确后，由原告暂时保管，试块在工地静置24h后拆模；试块由原告及监理方的见证取样人员送至有标养条件的检测公司进行标准养护，到达规定养护龄期时，原告提前一天通知被告及监理方派员到约定的检测地点共同检测、签认。

但是，被告并没有参与交货时预拌混凝土的取样过程，原告也没有提供取样过程的记录、取样试件的养护记录和送检记录。所以，被告送检的混凝土试件是否具有代表性不得而知，因此不予认可。

（2）取样频率不符合规范要求

按《混凝土强度检验评定标准》GB/T 50107—2010的规定，试件的取样频率和数量为：每100盘，但不超过100m^{3}的同配合比混凝土，取样次数不少于一次。现行国家标准《混凝土结构工程施工质量验收规范》GB 50204—2015第7.4.1条明确规定："混凝土的强度等级必须符合设计要求。用于检验混凝土强度的试件应在浇筑地点随机抽取。每拌制100盘且不超过100m^{3}时，取样不得少于一次"。该条条文明确说明：执行这项规定时应注意，本条所要求的是混凝土强度等级，是针对强度评定而言的，应将整个检验批的所有各组试件强度代表值按《混凝土强度检验评定标准》GB/T 50107—2010的有关公式进行计算，以评定该检验批的混凝土强度等级，并非指某一组或几组混凝土标准养护试件的抗压强度代表值。

本次三层梁板浇筑的预拌混凝土为206m^3，按上述规范规定，原告至少应制作三组检验试件，但原告仅提供一组试件的检测报告，因此不能作为该批次预拌混凝土是否合格的判定依据。

（3）检测报告存疑

检测报告中的检验数据计算方法不正确，存在明显低级错误，被告有合理理由怀疑检测机构存在不规范操作或虚假检测的情形。按《混凝土物理力学性能试验方法标准》GB/T 50081—2019规定，每组混凝土试件强度代表值，应符合下列规定：

1）取三个试件的算术平均值作为每组试件的强度代表值；

2）当一组试件中强度的最大值或最小值与中间值之差超过中间值的15%时，取中间值作为该组试件的强度代表值；

3）当一组试件中强度的最大值和最小值与中间值之差均超过中间值的15%时，该组试件的强度不应作为评定的依据。

而原告所提供的编号为2016HS×××的混凝土试件抗压强度检测报告中，三个试件的抗压强度分别为30.8MPa、25.2MPa、24.7MPa。按上述标准，最大值和中间值之差距已超过了中间值的15%，应取中间值（25.2MPa）作为强度代表值，而该报告是以三个试件的算术平均值（26.9MPa）作为强度代表值。作为提出检测报告的×××检测公司本应是专业的检测机构，却连基本的取值方法都出错，被告无法认可该检测机构的检测能力与所签发的检测报告真实性，希望法院不予采纳该充满质疑的检测结论。

3. 关于芯样强度问题

×××检测中心出具的《钻芯法检测混凝土强度报告》，不能作为认定被告供应的预拌混凝土不合格的依据。

“钻芯法”检测的是混凝土结构实体的强度，是成品质量。而预拌混凝土是一种半成品，其成品质量不仅仅只是由预拌混凝土拌合物的质量来决定。预拌混凝土交付后，成品是由施工单位负责完成，而成品的质量将受到施工浇筑、振捣、抹面，养护、模板拆除、成品保护、结构配筋率、气候条件等诸多环节因素的影响，其中任何一个环节控制不当，均可影响结构混凝土的质量。

依据《混凝土强度检验评定标准》GB/T 50107—2010 和《预拌混凝土》GB/T 14902—2012 的规定，预拌混凝土质量检验分为出厂检验和交货检验，预拌混凝土的质量验收应以交货检验结果为依据。而“钻芯强度”反映的是混凝土结构实体的强度，不能反映预拌混凝土在交货时的真实质量，因此不能作为评定预拌混凝土合格与否的依据。

4. 反诉事由

根据 SL 公司提供的预拌混凝土购销结算书，截至 2016 年 6 月 30 日，HS 公司尚欠 SL 公司混凝土货款 352580 元未支付，该结算书由 HS 公司员工签字确认。根据合同约定，HS 公司签订的对账结算单作为货款结算的依据，如有异议，HS 公司应在 3d 内提出，否则逾期视为确认，所有余款待使用混凝土后一个月内付清。HS 公司并未在 3 日内对该对账结算单提出异议，视为其认可该结算单。

由于供需双方多次协商无果，SL 公司于 2017 年 4 月 26 日向法院提起反诉，要求 HS 支付拖欠货款本金 352580 元及违约金。

9.2.5　法院判决

1. 一审判决

H 市某区人民法院受理 HS 公司起诉和 SL 公司的反诉后，决定合并进行公开开庭审理。2018 年 4 月 10 日，经过审理，法院最终作出以下判决：

（1）原告（反诉被告）HS 公司于本判决生效之日起 10d 内向被告（反诉原告）

SL公司支付货款352580元及逾期付款违约金；

（2）驳回原告HS公司的诉讼请求；

（3）驳回被告HS公司的其他诉讼请求；

（4）本诉案件受理费40629元，保全费5000元，由HS公司负担；反诉案件受理费20315元，HS公司负担19500元，SL限公司负担815元。

如不服本判决，可以在判决书送达之日起15d内，向本院递交上诉状，并按照对方当事人或者代表人的人数提出副本，上诉于×××市中级人民法院。

2. 二审判决

由于HS公司不服×××区人民法院的判决，向×××市中级人民法院提起上诉。中级人民法院立案受理后，依法组成合议庭对本案进行了审理。最终作出以下判决：

（1）一审判决认定事实清楚，适用法律正确，驳回上诉，维持原判。

（2）二审案件受理费44061元，由上诉人HS公司负担。

9.2.6 官司感想

本案6.5万元的混凝土货款，却因施工及施工单位原因发生了400余万元的经济损失，其教训值得预拌混凝土供需双方深思。

作为混凝土生产企业，我们能够从中体会到或认识到，只有严格混凝土生产质量控制，加强质量管理制度和出厂检验，深入了解施工过程的质量控制，了解结构配筋率及浇筑长度等，当结构发生质量问题时，才有可能撇清质量责任，使企业免遭经济损失。应保留不规范施工环节的现场照片和录像，这是不时之需最有力的证据。

工程质量的优劣关系到经济社会持续健康发展，关系到广大人民群众的切身利益和生命财产安全；参与工程建设的相关单位和人员，应熟悉自身业务范围的专业知识，并严格按照相关标准规范及合同约定履行质量要求，那些无视标准规范及合同约定、伤害工程质量的做法，迟早是要出问题的！

9.3 案例3 水下灌注桩发生断桩事故的经验与教训

9.3.1 事故情况

某匝道桥水下灌注桩工程，每根桩的混凝土量均超过70m^3，采用预拌混凝土灌注。施工的前期一切正常，但灌注到 170 根以后，3d 中发生了二次堵管，并造成断桩事故。

9.3.2 堵管原因

二次堵管发生后，搅拌站技术负责人在现场目睹了导管拔出的全过程，拔出的导管在敲击下不仅有新浇混凝土和许多稀浆流出，同时流出的还有许多块状硬物体。冲洗干净后仔细观察，发现这些块状硬物体主要是硬化砂浆，其厚度达 20～30mm、宽度最大达 60mm，外观形状为一面光滑并呈弯曲状，而另一面则凹凸不平，这种物体的形状不像是生产混凝土过程中混入的，并通过与导管内径比较，其弯曲弧度与导管内径完全相符，确定是之前附着在导管上未清除干净的混凝土残留物，发生堵管的真正原因不言而喻。

导管之前使用后工人没有认真冲洗，使附着的砂浆日积月累最厚达到 30mm，这次堵管是这些附着物在混凝土灌注过程中发生了集中脱落所致。并且，搅拌站技术负责人在其他未使用的部分导管内发现了同样的问题，导致的原因被证实后，直到所有桩灌注结束没有再发生堵管事故。

9.3.3 处理方法

由于两根桩发生堵管均是在灌注第一车混凝土快结束时发生的，其灌注高度不高，且时间不长，处理方法是用吊车将钢筋笼拔出，然后用钻机往下钻，并用反循环倒吸混凝土的措施，排除部分已浇的混凝土，钻至原来的深度后检查沉渣厚度，符合要求再下钢筋笼，重新灌注了混凝土。

9.3.4 经验教训

在发生第一次堵管事故后，工程监理、施工单位和搅拌站相关人员召开了事故分析会议，会上监理和施工单位人员将矛头直指搅拌站，认为搅拌站在原材料及混凝土生产质量控制方面存在严重问题，应承担主要责任，而对搅拌站提出的是导管在使用前未清洗干净所致不予重视。当发生第二次堵管并从导管中敲下许多较厚的混凝土残留物后，他们都无语了（没人再说搅拌站有责任），并更换了操作人员和导管，此后的施工一切顺利。通过这两起事故，总结经验教训如下：

1. 施工单位

（1）施工前必须对所有操作人员进行技术交底，使每一位操作人员了解水下灌注桩的施工要点和成型技术。

（2）必须严格按有关标准规范进行钻孔、清孔和灌注混凝土，特别要注意导管使用后的清洗程度，使用时的拼装和试压，以及导管提拔时的混凝土埋入深度，避免导管埋入过深或提出混凝土灌注面引发堵管或断桩事故。

（3）应安排专人负责监督、指导各个环节的施工操作，保证混凝土灌注的顺利进行。

（4）应安排专人验收混凝土拌合物质量，发现拌合物不符合要求时，要求供方人员调整，对于现场无法调整或调整后仍然不能满足灌注要求的应拒收。如坍落度太大或已离析泌水的应坚决退货，而对于坍落度偏小的可由搅拌站现场服务人员用减水剂进行调整，调整后满足灌注要求方可接收。

（5）混凝土灌注桩的施工现场一般通车路况很差，施工单位应尽量做好临时道路的顺畅和行车安全工作，避免混凝土运输车辆陷入泥土中或翻车问题的发生，否则将耽误成孔桩的灌注或导致断桩事故的发生，双方都将受到损失。

（6）灌注混凝土时，漏斗上方应加设铁箅子，箅子孔径宜为60mm×60mm，以防混凝土中有大块物体进入导管造成堵管。

2. 供货单位

（1）严格按有关标准规范设计配合比，把好原材料质量和混凝土出厂检验关，确保混凝土拌合物具有足够的流动性和良好的和易性，坍落度符合灌注要求且保持稳定，绝不允许将拌合物性能差的混凝土交付使用。

（2）为了维护公司经济和名誉，在水下灌注桩混凝土灌注过程中，搅拌站应派专人到施工现场跟踪服务。一是保证交付的混凝土拌合物符合要求；二是合理调配运输车辆，确保混凝土的连续供应；三是在混凝土灌注过程中发生异常情况时，掌握情况并及时将信息反馈公司相关人员。

（3）每车混凝土的运载方量，应根据施工现场通车路况和每根桩的需要量合理安排运输车辆，确保能安全通行和混凝土灌注的顺利进行，若路况不利于行车安全时，应要求施工单位尽快解决。

（4）严格骨料的质量验收，含有大块物体和其他杂物的骨料坚决退货。

9.3.5 配合与沟通

水下灌注桩在施工过程中更需要供需双方的密切配合和及时沟通，并相互监督或指出对方工作未做到位之处，也是施工过程中重要的环节。只要供需双方相关人员在施工中做好准备，不断总结经验，加强各环节的管理与控制，就可确保水下灌注桩混凝土实体的质量。

9.4 案例4 混凝土浇筑“两掺”引发的质量纠纷

混凝土浇筑“两掺”：是指同一结构部位或同一楼层，在混凝土浇筑过程中同时使用两个及以上生产单位供应的混凝土。

9.4.1 案例情况

2009年8月，某在建高层住宅工程，在进入室内抹灰阶段期间，施工单位向搅拌站反映，称其供应的C20构造柱混凝土存在严重质量问题。

搅拌站技术负责人赶到现场后，通过仔细观察和敲击存在问题的构造柱，发现其强度的确存在严重问题。一是抹上去的已风干砂浆，空鼓现象相当严重，基本一敲就脱落；二是用木棒就能捣掉构造柱中的混凝土，可想而知其强度低到什么程度，难怪抹灰砂浆粘结不牢。

9.4.2 质量追溯

有问题的构造柱，其混凝土呈土黄色，明显胶凝材料用量少，更不用说水泥了。问题发生后，搅拌站技术负责人立即组织相关人员展开了一系列的质量追溯，最终获得以下结果：

（1）查看混凝土生产计量记录，该工程C20构造柱混凝土的所有生产配合比和材料使用都正常。

（2）将从构造柱捣下的混凝土充分压散，在水中浸泡2h后，用方孔筛淘洗出大于80μm的骨料颗粒，经烘干和筛分后，发现4.75mm以下的颗粒中并无人工砂，而是河砂，但该部位混凝土搅拌站全部是使用人工砂生产的。

（3）从统计的该工程C20构造柱混凝土的供应总方量来看，与结构实际需要的总方量不相符，少了许多。

（4）施工现场有小型搅拌机，且搅拌现场堆积有河砂、碎石和水泥，既有设备又有原材料，完全具备现场搅拌混凝土的条件，而且砂石完全与结构实体捣下的完全相同。

9.4.3 处理情况

搅拌站技术负责人就本次质量问题与施工单位进行了交流，并表示如果施工单位不认可是自身原因造成，可以共同做进一步的鉴定工作，施工单位自知理亏，之后再未找搅拌站理论。

9.4.4 结语

虽然该问题在很短的时间内就查清楚了，但暴露出需方行为和混凝土浇筑“两掺”方式对搅拌站产生的极不利的影响，如果无法分清责任，处理不好，混凝土企业将受到经济和名誉的双重损失。因此，预拌混凝土企业应加强自我保护意识，技术管理人员应经常深入施工现场，及时了解和掌握现场施工情况，以便发生问题时心里有数，有理有据地说服需方，尽力防止“两掺”方式发生质量问题时受到牵连。

目前，有许多工程项目施工单位同时签订两家或三家预拌混凝土供货合同，目的是为其工程的施工多垫资。在施工过程中，往往时不时更换供货方，甚至有的工程由于一次性混凝土浇筑面积较大，同一楼层同时使用两家企业生产的预拌混凝土，生怕一家供应不上断货。无论分楼层还是同一楼层与其他公司同时供货，只要供货混凝土公司技术人员都尽量到达现场核实浇筑部位。特别是同一楼层的“两掺”，必要时应有具体浇筑部位的书面划分（供需双方签字和盖章），以便发生质量问题时能妥当处理。

9.5 案例5 压力试验机问题导致的混凝土抗压强度不合格

9.5.1 案情简介

2011 年 6 月，某施工单位向供应预拌混凝土的生产企业反映，称最近送检的交货检验混凝土试块有十多组抗压强度不合格。混凝土公司试验室随后将保留的同等级混凝土试块送给施工单位以补送重检的形式再次送检，之后，施工单位仍然称补送的十多组试块还是不合格，仅达到设计强度等级值的 60%～80%，而混凝土公司试验室的检验结果均是超过设计强度等级值 120% 以上的，双方检验结果差距甚大。

9.5.2 查找原因

为了查明试块检验结果产生巨大差异的原因，混凝土公司技术负责人又准备了几组试块，与施工单位样品送检员一同前往检测公司进行旁站检验。然而，已检的 2 个试块抗压强度仍然不高，且都是试块的 1 个侧面出现过度压坏，而试块的相对面则完好无损。在进行第 3 个试块抗压时，混凝土公司技术负责人发现试块的 1 个侧面已受压，而相对面未接触到上承压板，感觉压力试验机的承压板无法自动找平，立即要求待承压板调平后再检验。

由于该压力试验机是 20 世纪 80 年代制造的老式液压式压力试验机，上下承压板又厚又大，且球座已无法自由旋转，人工也不能撼动，估计长期未进行保养。混凝土公司技术负责人提出异议后，检测公司试验员找来 4 个厚度相同的正方形铁块，放置于下承压板的 4 个角，然后启动压力试验机加荷（下承压板上升），当放于下承压板的 4 个铁块均与上承压板接触时停止加荷，通过这种方式调平承压板后，所检验的混凝土试块抗压强度均与混凝土公司试验室的检验结果基本相同。

9. 5. 3　问题处理

问题查实后，混凝土公司表示否认之前的混凝土强度“不合格”结论，并提出由施工单位自行处理。

9. 5. 4　结语

虽然本次试验误差只是承压板无法自动找平引起的，但是对检验结果的影响巨大，如果混凝土公司技术负责人不能及时发现问题，就有可能导致对混凝土结构实体大面积的强度检测，将对混凝土公司的经济和信誉造成不必要的损失。

另外，在对混凝土试块进行强度检验时，试块的放置也非常关键，若试块的放置不在压力试验机承压板的中心位置，则偏心率越大对检验结果的影响也越大，同样有可能造成“不合格”情况的发生。

除此之外，混凝土试块尺寸是否符合规范要求，试块的密实性、拆模时间及养护等，这些环节不规范的操作都有可能导致混凝土抗压强度“不合格”。

9. 6　案例 6　润管砂浆集中浇入主体结构导致质量事故

9. 6. 1　案情简介

某高层住宅楼为混凝土剪力墙结构，施工时混凝土采用泵送工艺浇筑。2021 年 6

月，施工单位向供应预拌混凝土的生产企业反映，称1d前浇筑的混凝土剪力墙局部发生严重裂缝，要求混凝土公司派人到现场处理。

混凝土公司技术负责人到达现场后，发现有一面5m左右长的剪力墙上出现了十余道较长有害裂缝，多为斜向裂缝，且斜裂至剪力墙1.8m高左右的位置终止，上部未裂，这种裂缝还是第一次见，有些古怪。

9.6.2 原因分析

根据经验初步判断，造成的原因可能是润管砂浆当混凝土用了。

（1）通过估算，发生严重裂缝问题的剪力墙，其混凝土用量为$2m^3$左右，而预拌混凝土运输车每车的装载量都超过$10m^3$，如果预拌混凝土自身质量存在问题，至少一整车都不正常，发生这种只有$2m^3$左右的混凝土存在问题的事情也许有可能。

（2）该面剪力墙1.8m以上没有裂缝，说明上部与下部的混凝土质量明显不同。经询问得知，该部位混凝土的浇筑是从楼层的西端向东端推进，并且是一次性灌满模腔的方式进行，而浇筑的起点，正是裂缝的这道剪力墙。这个信息使猜测裂缝是润管砂浆所致又更近了一大步。

（3）从结构混凝土的色泽可以发现，发生严重裂缝的剪力墙与其他剪力墙的混凝土有明显差别，为什么偏偏与众不同的地方就裂了？

（4）润管砂浆去了哪里？在该部位泵送施工浇筑时，混凝土公司提供了$2m^3$润管砂浆，由于其体积与裂缝的剪力墙体积基本相当，这更增加了混凝土公司技术负责人猜测是润管砂浆所致的信心。

9.6.3 原因确定

为了验证该裂缝剪力墙到底是混凝土还是砂浆浇筑，施工单位同意凿开查看。随后，工人将裂缝剪力墙表面凿掉10～20mm，未发现有石子，继续往里凿仍然没有石子，换个地方依然如此。

9.6.4 事故处理

由于该处剪力墙裂缝是施工方造成的，而且浇筑时间不长，上一楼层也没有浇筑混凝土，施工单位征得监理和建设单位同意后，采取将该道裂缝剪力墙从上到下全部打掉，然后用高一个等级的混凝土进行了重新浇筑。

9.6.5 经验教训

由于润管砂浆体积收缩较大，若当混凝土使用必将发生严重的开裂事故，若不进行合理处理将影响结构安全。虽然发生该类事故属于施工管理问题，但一旦发生，需方总会要求混凝土公司去现场解释和分析原因。

因此，为了尽量减少不必要的麻烦，在每个单位工程浇筑混凝土前，混凝土公司应向需方提供《预拌混凝土使用说明书》，该说明书应有润管砂浆的合理使用提示；在平时的浇筑过程中，混凝土公司技术人员应多关注润管砂浆的使用情况，发现违规使用时，应及时告知需方管理人员。

关于润管砂浆在混凝土浇筑过程中的使用，现行国家标准《混凝土结构工程施工规范》GB 50666—2011 第 8.3.9 条明确说明："润滑输送管的水泥砂浆不得用于结构浇筑，可用于湿润开始浇筑区域的结构施工缝，但接浆厚度不应大于 30mm"，并强调，该润管水泥砂浆应采用同等级混凝土配合比去除石子后拌制。

9.7 案例 7 超长地下室墙体裂缝成因与处理

9.7.1 案情描述

某物资储备中心办公楼地下室，混凝土外墙结构长 220m、高 5m、厚 0.3m，设计强度等级为 C45，2020 年 6 月 17 日浇筑。6 月 21 日，施工单位通知混凝土公司到现场处理外墙裂缝多的问题。混凝土公司技术负责人到现场后发现，外墙每隔 3～4m 出现一道竖向垂直裂缝，外墙与内墙连接处有斜向裂缝，裂缝宽度在 0.2～0.5mm 之间，裂缝中间宽、两端细。

9.7.2 原因分析

以裂缝的形态来说，引发的主要原因应是混凝土体积产生了收缩和不均匀沉降。

1. 施工工艺

混凝土中的水泥等胶凝材料凝固为水泥石的过程，不可避免地会发生体积收缩。混凝土体积收缩大小与施工工艺有关，特别是为满足泵送或免振工艺，混凝土的配合比及原材料有了很大的调整：石子减少、砂率增大、使用外加剂、拌合物坍落度大等，造成了现代混凝土（特别是泵送后）与过去的现场搅拌相比体积稳定性明显变差，收缩大幅增加。

2. 结构设计

（1）强度等级。该部位混凝土的设计强度等级为C45，强度要求偏高。造成混凝土水胶比小、水化热大，收缩增加。

（2）伸缩缝的设置。该工程地下室长度为220m，仅设置了两道伸缩缝，与规范要求严重不符。《混凝土结构设计规范》GB 50010—2010第8.1.1条规定：挡土墙、地下室墙壁等类结构，现浇式钢筋混凝土结构伸缩缝最大间距为20～30m。

新浇混凝土墙体受基面（基础筏板）的约束影响，即新浇混凝土收缩大，基面混凝土收缩很小。因此，一次性浇筑的长度越长，越加剧混凝土结构的开裂。

（3）配筋率。《混凝土结构设计规范》GB 50010—2010第9.4.4条规定：墙中温度、收缩应力较大的部位，水平分布钢筋的配筋率宜适当提高。对于易裂的墙体结构，水平钢筋间距宜在100～150mm（双排），且最小配筋率不宜低于0.4%。

设计对温度变化、混凝土变形、约束应变等考虑较少，是发生裂缝的一大因素。

3. 环境条件

该部位是在炎热的夏季浇筑，环境温度高加速了拌合水的蒸发，使混凝土易产生干燥收缩裂缝。

4. 施工

（1）浇筑。5m高的墙体，但是在施工过程中混凝土没有采取分层浇筑方式进行，而是采取了混凝土一次性灌满模腔再向前推进的方式，不符合《混凝土结构工程施工规范》GB 50666—2011第8.3.3条的规定要求，也是产生斜向裂缝的主要原因。

（2）养护。该部位混凝土浇筑结束后第二天就开始拆模，且未进行有效保湿保温养护，导致了混凝土中水分的快速蒸发、结构内外温差较大，加速结构干燥收缩和温差裂缝的产生。

现行国家标准《混凝土结构工程施工规范》GB 50666—2011第8.5.7条规定：地下室底层和上部结构首层柱、墙混凝土带模养护时间不应少于3d；带模养护结束后，可采用洒水养护方式继续养护，也可采用覆盖养护或喷涂养护剂养护方式继续养护。该部位的拆模与不养护，是裂缝产生的主因之一。

9.7.3 事故处理

浇筑45d后，对于无害裂缝使用修补砂浆进行了表面涂抹处理。而对于贯穿性裂缝，采用聚胺酯防水材料压力灌浆工艺进行了处理。该工程至竣工，裂缝处理位置未发现有渗水现象。

9.7.4　经验总结

地下室外墙混凝土应具有抗水渗透性能。但是，由于种种原因，该部位发生裂缝问题的工程非常多，是预拌混凝土供需双方产生矛盾和纠纷较多的部位。

为了满足抗渗要求，从结构设计、混凝土原材料与配合比、混凝土运输、施工等各个环节，都必须要严格执行相关标准要求才可能减少裂缝的产生。而混凝土公司作为结构材料的供应商，有些环节的质量无法把控，只能采取认真“观察”的方式来降低质量风险。即在该部位浇筑之前，技术人员应达到施工现场认真观察其配筋情况，浇筑过程中观察浇筑情况，浇筑后跟踪拆模和养护情况等，当发生裂缝问题与需方辩解时才能做到有理有据，将责任降到最低。

9.8　案例 8　模板问题导致的混凝土结构质量缺陷

9.8.1　案情描述

某商品住宅楼四层主体混凝土结构，2022 年 7 月 11 日 21:40 开始浇筑，12 日 6:30 左右浇筑完毕。13 日 10:20，混凝土公司接到施工单位管理人员电话，称这次供应的四层主体混凝土强度低有问题，要求混凝土公司派人去现场处理。混凝土公司非常重视，立即派销售经理与试验室主任前往现场查看情况。

试验室主任与销售经理到达现场后，发现 12 日凌晨浇筑完毕的剪力墙模板已全部拆除，部分剪力墙的墙面出现脱皮、麻面、大块脱落及露筋等质量缺陷。

9.8.2　原因分析

通过现场认真观察、拆模情况了解，试验室主任认为引发的质量缺陷与以下因素密切相关：

1. 模板拆除过早

该楼层剪力墙 7 月 12 日 14:00 左右开始拆模，距混凝土浇筑结束仅间隔 8h 左右的时间。由于此时混凝土强度较低，强拆模板是导致剪力墙发生质量缺陷的关键所在。

2. 与模板光洁度及未涂刷隔离剂有关

现场施工采用的是木模板。从拆除的模板上发现，部分模板表面附着的混凝土残浆有的新鲜有的老旧。新鲜的应是本次拆除模板时附着上去的，老旧的应是以前拆除模板时附着上去的，说明模板在使用前没有清理干净甚至未清理。另外，现场未见隔离剂，询问施工工人时，工人说没有隔离剂，所有模板未涂刷隔离剂。

现场还观察到，同一道剪力墙，一面发生了严重的麻面、脱皮、大块脱落质量缺陷，而另一面却是完好无损，说明剪力墙两侧面使用的模板表面光洁度存在明显差距，发生这种问题认为是混凝土质量原因造成的合理吗？

《混凝土结构工程施工规范》GB 50666—2011 第 4.4.15 条规定：模板与混凝土接触面应清理干净并涂刷隔离剂。模板表面粗糙不光洁、不涂刷隔离剂是导致质量缺陷的主要原因之一。

3. 与人员责任心和管理有关

《混凝土结构工程施工规范》GB 50666—2011 第 4.5.3 条规定：当混凝土强度能保证其表面及棱角不受损伤时，方可拆除侧模。而在实际模板拆除过程中，工人明明发现拆除模板造成了严重的质量缺陷，本应当停止拆模才对，却仍然不管不顾地继续拆，可见工人的质量意识和责任心有多淡薄，以及施工质量管理的缺失最终导致了问题的发生。

4. 与随意往混凝土中加水有关

从混凝土开始浇筑至结束，该楼层共浇筑了 151m^3 混凝土，浇筑时间却接近 9 个小时，平均每小时只浇筑约 17m^3。据混凝土公司罐车司机反映，由于浇筑速度较慢，导致部分车辆在施工现场等待时间长，待浇筑时由于混凝土拌合物坍落度小，工人往混凝土中随意加水并快速搅拌后才放料泵送浇筑。

混凝土加水导致水胶比变大，强度降低，凝结时间延长等问题。

综上所述，本次发生的质量缺陷是盲目赶工期、相关人员质量意识和责任心淡薄等原因造成的。

9.8.3 问题处理

对于脱皮较轻的混凝土墙面，用钢丝刷清除疏松层，冲洗干净后，使用水泥砂浆把表面抹压平整即可；对于墙体表层脱落较严重的部位，先凿除疏松层，用水冲洗干净后加钢丝网、支模，使用高一强度等级的灌浆料进行灌注。

9.8.4 结语

混凝土施工质量对工程质量及使用寿命的影响非常大，一些施工单位为了赶工期无视标准规范，导致了许多质量问题或事故发生。本案例希望引起施工人员的重视，为保证工程质量和广大人民群众的生命财产安全做出应有的贡献。

9.9 案例 9 混凝土拌合物稠度异常损失导致泵送堵管

9.9.1 案情描述

2021 年 10 月 20 日，某高层建筑工程十一层主体混凝土结构开盘浇筑，并采用泵送工艺。泵送时，紧随润管砂浆泵出的混凝土不但没有流动性，还呈圆柱状一段一段地堆积在楼板模板上，导致无法振捣成型，而混凝土拌合物的入泵坍落度为 220mm 左右，入泵至出泵其稠度发生了异常损失。随后，混凝土公司现场服务人员往车内混凝土中倒入 10kg 减水剂进行调整，运输车快速转罐搅拌后再次泵送，此时混凝土拌合物已稍有离析现象，但是泵出的混凝土依然呈圆柱状，导致无法继续施工。

9.9.2 原因分析

得到信息后，混凝土公司试验室主任立即赶往现场，根据观察情况意识到是使用的原材料出了问题，并做出以下分析：

（1）水泥。可能是水泥中铝酸三钙（C_3A）含量严重超标或碱含量过高，也可能是水泥中石膏掺量过多或在粉磨过程中温度过高导致了石膏脱水发生异常凝结。

（2）掺合料。验收人员疏忽大意，将垃圾灰当作正常掺合料打入了罐仓；粉煤灰含碳量过高。

（3）骨料。骨料含泥量过大；骨料品质发生了严重问题，吸水率较大；使用的水洗人工砂中含有大量的絮凝剂。

（4）减水剂。刚进厂的减水剂中忘记掺入缓凝组分等。

9.9.3 确定原因

混凝土公司试验室主任根据自己的分析，快速安排人员按排除法方式对原材料进行了排查。首先，从容易检验或快速出结果的骨料质量、掺合料质量识别（采用显微镜观察）等，进行了取样观察或检验。同时，通知减水剂厂家派人到站帮助解决问题，询问水泥厂家最近生产的水泥及检验结果是否正常。

在排查过程中，除水洗人工砂加水搅拌后发现泥粉快速沉淀外，没有发现其他问题，问题很有可能源自水洗人工砂中絮凝剂含量过大。随后，减水剂厂家技术员现场增加了缓凝组分对减水剂进行了调整，从混凝土试配情况来看，拌合物的经时损失有了大大的改善，当更换存放时间长、含水率较小的人工砂拌制时，混凝土拌合物稠度2h基本无损失。

问题查清后，所供应的混凝土拌合物及施工浇筑一切正常。

9.9.4 总结

混凝土凝结时间发生异常原因较多，引起的原因与各种原材料质量或生产配合比例发生明显变化脱不了干系，施工原因占比很小。因此，预拌混凝土生产企业应加强原材料进厂质量的控制，多观察、勤检验，严格验收与检验制度，尽力减少问题的发生。当水洗人工砂中絮凝剂含量过大时，最好退货，否则应存放一段时间再使用。

9.10 案例10 随意调整投料时间导致结构质量事故

9.10.1 事故简介

某研发中心为框架混凝土结构，顶层主体混凝土设计强度等级为C30，该部位于2021年4月9日浇筑。4月11日，混凝土公司试验室主任接到施工单位管理人员电话，要求去现场看看为什么浇筑50多个小时了柱子中的混凝土强度极低。

混凝土公司试验室主任来到现场后，看到刚拆除模板的混凝土柱子表面不密实，整体露石子。从随后拆除模板的柱子中，又发现三根柱子的混凝土存在同样问题，而且混凝土强度明显比表面正常的柱子低很多，不正常。

据施工浇筑工人反映，4月9日早晨7∶30左右，泵送的第一车混凝土不正常，紧随润管砂浆之后泵出的混凝土石子和水多，刚泵送第二车混凝土时就发生了堵管问题，但第二辆车混凝土和易性良好。泵管清理后，重新发送$2m^3$润管砂浆，之后泵送顺畅，混凝土也无异常现象。

9.10.2 事故追溯

根据现场观察结果和了解到的信息，混凝土公司试验室主任初步判断可能是第一辆混凝土运输车刷车时水未放净，导致了拌合物严重离析；或搅拌时原材料计量装置突然失灵，导致水泥用量不够。并以此为目标，立即展开了相关追溯。

（1）查看该楼层混凝土生产搅拌时的所有原材料计量记录，是否有异常；

（2）查看该楼层所有混凝土运输车辆的磅房计量数据，是否与生产搅拌方量存在明显差距；

（3）统计最近水泥进厂数量及库存量，是否与实际生产消耗相吻合；

（4）安排人员逐一到近 3d 所供货的其他施工现场，观察是否存在同样问题；

（5）询问原材料进厂验收人员及试验员，近几天在收料及试验过程中是否发现原材料质量存在异常问题。

9.10.3 确定原因

在排查过程中，除了发现第一辆运输车有问题外，没有发现其他问题。

第一辆运输车中装载了 $6m^3$ 混凝土和 $3m^3$ 润管砂浆，发现该车的磅房计量质量比生产计量质量少 450kg，但从生产计量显示的数据中又看不出问题。为了查明真实原因，混凝土公司联系了生产设备制造厂家，设备制造厂家技术人员打开生产系统后发现第一车混凝土水泥投料未完成，投料时间很短但是系统默认投料已完成，这种情况可能是生产过程中发生了投料时间的改动。按磅房计量质量计算，水泥约少投了 33%。经过询问，负责当时生产的操作员承认对投料时间进行过调整，感觉不妥生产第二车时又改了回来。该操作员上岗不到两个月，在对生产设备还不是太熟悉的情况下对生产参数进行随意调整，导致了本次质量事故的发生。

9.10.4 事故处理

查明原因后，混凝土公司如实向施工单位进行了回复，后经设计、施工、监理、建设单位和混凝土公司几方协商，对该楼顶层主体混凝土结构进行以下处理：

（1）对存在质量问题的混凝土柱子全部凿除，包括柱子上部的梁板。凿除时必须认真观察梁板混凝土，对强度存疑的必须彻底清除。

（2）清除干净后，采用 C40 混凝土进行重新浇筑。

（3）对未凿除的其他部位，待 14d 后进行一次实体强度检测。

9.10.5 经验教训

在混凝土公司，主机操作人员一般工作时间较长、工作枯燥、环境条件差、人员不太稳定。因此，新人上岗前企业必须进行系统的专业培训，工作的初期最好有老操作员陪同，待完全熟练后方可允许单独操作；生产系统中的参数不得随意调整，特别是原材料的投料时间及生产配合比等；应定期或不定期对操作人员进行安全教育和质量教育，避免操作失误导致设备损坏、人员伤亡或混凝土质量发生显著变化。

混凝土公司应加强混凝土的出厂检验工作，严格质量管理制度，保证每车混凝土拌合物出厂质量符合施工要求；特别是要做好不同配合比第一盘的生产质量检验，发现不符合施工要求及时分析原因并进行合理调整；加强生产计量装置的检查、维护保养及校准工作，保证原材料计量误差符合相关规范要求；经常督促或提醒混凝土运输车辆司机，刷车后罐内积水必须放净。

参考文献

[1] 仲晓林，林松涛.《大体积混凝土施工规范》实施指南[M]. 北京：中国建筑工业出版社，2011.

[2] 韩素芳，王安岭. 混凝土质量控制手册[M]. 北京：化学工业出版社，2012.

[3] 田培，刘加平，王玲，等. 混凝土外加剂手册[M]. 北京：化学工业出版社，2012.

[4] 何星华，高小旺. 建筑工程裂缝防治指南[M]. 北京：中国建筑工业出版社，2005.

[5] 王铁梦. 工程结构裂缝控制[M]. 北京：中国建筑工业出版社，2007.

[6] 廉慧珍. 质疑“回弹法检测混凝土抗压强度”[J]. 混凝土，2007（9）：1-3，8.

[7] 韩素芳，耿维恕. 钢筋混凝土结构裂缝控制指南[M]. 北京：化学工业出版社，2004.

[8] 徐有邻，程志军. 混凝土结构工程施工质量验收规范应用指南[M]. 北京：中国建筑工业出版社，2006.

[9] 张誉，蒋利学，张伟平，等. 混凝土结构耐久性概论[M]. 上海：上海科学技术出版社，2003.

[10] 李福平. 回弹法检测商品混凝土强度适用性探讨[J]. 商品混凝土，2013（8）：25-26.

[11] 戴会生. 混凝土搅拌站实用技术[M]. 北京：中国建材工业出版社，2014.

[12] 游宝坤，李乃珍著. 膨胀剂及其补偿收缩混凝土[M]. 北京：中国建材工业出版社，2005.

[13] 廉慧珍. 关于《对〈质疑“回弹法检测混凝土抗压强度”〉一文中几个问题的看法》的讨论[J]. 混凝土，2008（6）：4-7.

[14] 文恒武，魏超琪. 对《质疑“回弹法检测混凝土抗压强度”》一文中几个问题的看法[J]. 混凝土，2008（6）：27-31.

[15] 徐定华，冯文元. 混凝土材料实用指南[M]. 中国建材工业出版社，2005.

[16] 王文明，张荣成.《高强混凝土强度检测技术规程》实施指南及检测新技术[M]. 北京：中国建筑工业出版社，2014.

[17] 戴治柱，高强. 回弹法到底怎么用[J]. 混凝土，2008（8）：4-5，23.

[18] 刘晓，李玉琳. 对回弹法检测混凝土抗压强度的讨论[J]. 混凝土，2008（8）：1-3.

[19] 杨绍林，袁兴龙，李东海. 关于回弹法检测与结构实体混凝土强度验收的探讨[J]. 混凝土，2009（9）：123-125.

[20] 熊浩东. 混凝土管理失控造成断桩事故案例[J]. 商品混凝土，2013（8）：60.

[21] 周科，王增平，关浩. 保定地区泵送混凝土测强曲线的试验研究[J]. 混凝土，2008（5）：52-54.

[22] 陈士良. 现浇楼板的裂缝控制[M]. 北京：中国建筑工业出版社，2003.

[23] 刘思岩，刘丽丽，单文武，等. 养护方式对混凝土碳化性能影响的试验研究. 混凝土技术，

2010（10）.
[24] 袁兴龙，杨绍林，王洪亮，等．浅析施工环节对混凝土结构质量的影响 [J]．商品混凝土，2022（7）：71-74.
[25] 赵恒树．回弹法和钻芯法检测过程中存在的问题与对策 [J]．混凝土技术．2011（9）：58-60.
[26] 吴德义．回弹法检测混凝土强度的应用实践 [J]．混凝土，2006（1）：107-108.
[27] 于素健，陈建林，韩明岚，等．青岛地区混凝土回弹法测强曲线的试验研究 [J]．混凝土，2007（5）：106-108.
[28] 杨绍林，邹宇良，韩红明．预拌混凝土企业检测试验人员实用读本（第三版）[M]．北京：中国建筑工业出版社，2016.
[29] 杨绍林，张彩霞．预拌混凝土生产企业管理实用手册（第二版）[M]．北京：中国建筑工业出版社，2012.
[30] 杨绍林，袁兴龙．简述一起楼板裂缝事故引发四百余万索赔官司 [J]．商品混凝土，2023（1-2）：45-48.
[31] 杨绍林．浅谈预拌混凝土亏方原因与纠纷解决方法 [J]．商品混凝土，2011（7）：6-11.
[32] 杨绍林．关于混凝土企业质量风险—外部因素若干问题探讨 [J]．商品混凝土，2013(9)：8-11.
[33] 杨绍林．水下灌注桩发生断桩事故的经验与教训 [J]．商品混凝土，2012（4）：73-76.
[34] 杨绍林．混凝土表面起砂原因与防治方法 [J]．商品混凝土，2011（9）：5-10.
[35] 杨绍林．关于防冻混凝土与抗冻混凝土的讨论 [J]．商品混凝土，2011（7）：30-32.